网络空间全球治理

大事长编

— 2022 —

中国网络空间研究院　编

商务印书馆
The Commercial Press

图书在版编目（CIP）数据

网络空间全球治理大事长编.2022 / 中国网络空间
研究院编. — 北京：商务印书馆，2024
ISBN 978－7－100－23000－1

Ⅰ.①网… Ⅱ.①中… Ⅲ.①互联网络—治理—研究
—世界—2022 Ⅳ.①TP393.4

中国国家版本馆 CIP 数据核字（2023）第175897号

封面设计：薛平　昊楠

网络空间全球治理大事长编（2022）
中国网络空间研究院　编

商 务 印 书 馆 出 版
（北京王府井大街36号　邮政编码 100710）
商 务 印 书 馆 发 行
山 东 临 沂 新 华 印 刷 物 流
集 团 有 限 责 任 公 司 印 刷
ISBN　978－7－100－23000－1

2024年2月第1版　　开本 710×1000　1/16
2024年2月第1次印刷　印张 25¾
定价：148.00元

序

当前，世界百年未有之大变局加速演进，人类社会现代化进程又一次来到历史的十字路口。以数字技术为主要特征的新一轮科技革命和产业变革正在重构全球创新版图，世界进入全面数字化转型的新历史时期。与此同时，多重挑战和危机交织叠加，世界经济复苏艰难，发展鸿沟不断拉大，俄乌冲突硝烟弥漫，互联网领域发展不平衡、规则不健全、秩序不合理等问题仍然突出，网络空间治理呼唤更加公平、合理、有效的解决方案。

习近平总书记强调，面对数字化带来的机遇和挑战，国际社会应加强对话交流、深化务实合作，携手构建更加公平合理、开放包容、安全稳定、富有生机活力的网络空间。2022年，各国政府、国际组织、互联网企业、技术社群、民间机构等各主体在国际复杂环境下，积极探索、谋求发展，在推进网络空间治理、网络空间规则制定等方面积累了许多宝贵经验。中国坚持以构建网络空间命运共同体理念为指引，高举和平、发展、合作、共赢旗帜，深化网络空间国际合作，积极参与网络空间国际治理进程，坚持互联网发展成果惠及全人类。

中国网络空间研究院牵头组织业内专家，精心编纂《网络空间全球治理大事长编（2022）》，打造网络空间治理研究领域的品牌工具书，旨在以中国视角展现世界互联网发展治理态势，准确客观地描述网络空间全球治理的新进展新特点，展现治理规则的发展规律和未来走向，体现构建网络空间命运共同体的具体实践。

本书客观记录和认真总结2022年度网络空间全球治理重大事件和发展进程，

梳理相关政策法规、治理理念、实践经验、技术标准等，介绍国际组织、各国政府、企业、技术社群、行业组织等在网络空间治理领域的最新动向。本书对联合国推进网络空间国际规则制定、全球数字贸易规则、数据治理、网络平台治理、数字货币发展与监管、俄乌网络冲突等年度前沿热点议题进行了研究分析，以月份为脉络，全景式展现年度网络空间全球治理发展情况。

希望本书对我们开展网络空间治理与国际交流合作具有参考价值，让我们共同寻求网络空间治理难题的破解之道，推动构建更加紧密的网络空间命运共同体，携手创造人类更加美好的未来。

中国网络空间研究院

简要目录

详细目录

―――――――

第一部分 2022年网络空间全球治理要事概览

第二部分　2022年网络空间全球治理大事记汇编

第一部分

2022 年网络空间
全球治理要事概览

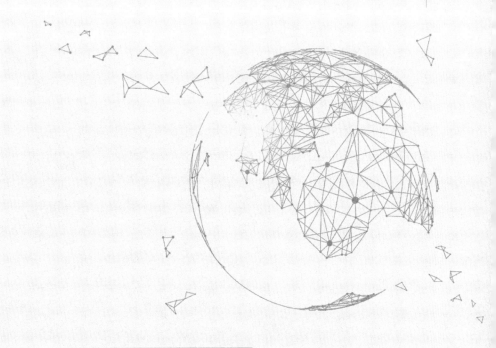

第一章　联合国推动网络空间全球治理进程

2022年，联合国（United Nation，UN）积极应对数字化发展现状，呼吁各方弥合分歧，持续推进《全球数字契约》磋商进程。联合国信息安全开放式工作组、《联合国打击网络犯罪公约》特设委员会、联合国互联网治理论坛等履行工作职责，推动各方参与网络空间国际规则制定和讨论。国际电信联盟（ITU）等促进全球信息通信技术国际合作，加速推进实现可持续发展目标。

一、联合国推动制定《全球数字契约》

（一）联合国秘书长技术事务特使就《全球数字契约》征求多方意见

10月24日，联合国秘书长技术事务特使办公室召开全球多利益相关方会议[1]，就《全球数字契约》制定听取各方意见，200余人参加讨论。2022年上半年，联合国秘书长技术事务特使办公室官网开辟了在线通道，呼吁全球利益相关方以机构或个人名义提交对《全球数字契约》的意见建议，重点就七大领域有关原则达成共识：连接所有人，避免互联网碎片化，保护数据，人权在互联网适用，对歧视和误导性内容引入问责标准，人工智能（Artificial Intelligence，AI）监管，数字公共产品。

延伸阅读 ————————————————————————————

《全球数字契约》有关背景

《全球数字契约》（Global Digital Compact）由联合国提出，旨在为全人类构建开放、自由和安全的数字未来制定共同原则，为数字未来

1　"Secretary-General's Envoy on Technology Townhall"，https://indico.un.org/event/1002698/，访问时间：2023年10月30日。

发展提供基本原则。为响应2020年《纪念联合国成立75周年宣言》中提出的"加强数字合作"，2021年9月，联合国秘书长安东尼奥·古特雷斯在《我们的共同议程》报告中提出，基于2020年公布的《数字合作路线图》，将推动由多利益相关方（包括政府、联合国系统、私营部门、社会组织以及个人等）商议达成《全球数字契约》。

《数字合作路线图》阐述了国际社会如何更好地把握数字技术机遇，同时应对其带来的挑战。该文件借鉴了数字合作高级别小组（2018年成立）提出的建议以及会员国、私营部门、社会组织、技术社群等各方建言，呼吁实现普惠、安全、包容、可负担的互联网接入，呼吁将保障人权作为数字技术的核心，减轻网上危害和数字安全威胁，尤其要保护弱势群体。

《全球数字契约》以《数字合作路线图》为基础，重点指出政府、公司、社会组织等各方应当遵守的核心原则，以及各方落实这些原则的关键承诺和行动。[1]

延伸阅读

联合国秘书长技术事务特使简介

联合国秘书长技术事务特使（Secretary-General's Envoy on Technology）是基于联合国秘书长数字合作高级别小组在2019年6月题为"相互依存的数字时代"报告中提出的建议所设立，现任特使阿曼迪普·辛格·吉尔（Amandeep Singh Gill）由联合国秘书长在2022年6月10日任命。技术事务特使设办公室的主要职责包括：一是领导执行《数字合作路线图》，协调《数字合作路线图》制定的一系列行动，并与联合国各实体和相关团体密切合作，充分尊重联合国不同机构的任务；二是就《数字合作路线图》中关于促进全球数字合作的建议进行对话，抓住技术带来的机遇并降低风险，推动实现2030年可持续发展目标；三

---

[1] "Global Digital Compact", https://www.un.org/techenvoy/global-digital-compact，访问时间：2023年1月20日。

是担任数字合作的倡导者和协调人，充分发挥枢纽作用，推动会员国、私营部门、社会组织、学术界、技术社群等与联合国系统加强联系；四是推进《全球数字契约》制定。[1]

（二）联合国宣布《全球数字契约》磋商进程召集人

《全球数字契约》是一份需要联合国会员国通过的共识性国际文件。10月27日，联合国大会主席宣布，任命卢旺达常驻联合国代表克拉韦尔·加泰特（Claver Gatete）和瑞典常驻联合国代表安娜·卡林·埃内斯特伦（Anna Karin Eneström）担任共同召集人，牵头《全球数字契约》在联合国的政府间磋商进程。[2] 按照2022年9月8日联合国大会做出的第76/307号决议，联合国未来峰会将于2024年9月22至23日举行，旨在重申《联合国宪章》（Charter of the United Nations）、重振多边主义、推动各方履行承诺、商定应对风险挑战的解决办法和重建会员国间信任等方面发挥重要作用。峰会期间将通过经政府间谈判协商一致、题为"未来契约"的成果文件，《全球数字契约》是该成果文件的重要组成部分。

（三）联合国互联网治理论坛多利益相关方咨询专家组就《全球数字契约》发布声明

11月4日，联合国互联网治理论坛多利益相关方咨询专家组（MAG）就《全球数字契约》发布声明[3]，呼吁联合国互联网治理论坛社群积极参与契约制定过程：一是发挥国家和地区级互联网治理论坛关键作用，讨论和确定本地以及区域层面的互联网治理方案，为契约制定贡献观点；二是发挥最佳实践论坛、政策网络、动态联盟（Dynamic Coalitions）等联合国互联网治理论坛闭会

1　"About the Office of the Secretary-General's Envoy on Technology", https://www.un.org/techenvoy/content/about，访问时间：2023年4月17日。

2　"Letter from the President of the General Assembly—OCA Global Digital Compact Co-facs", https://www.un.org/pga/77/wp-content/uploads/sites/105/2022/10/Letter-from-the-PGA-OCA-Global-Digital-Compact-Co-facs.pdf，访问时间：2023年10月31日。

3　"IGF 2022 MAG Statement—Ensuring a Multistakeholder Approach to the Global Digital Compact", https://intgovforum.org/en/filedepot_download/24/23090，访问时间：2023年12月1日。

期间活动作用，为契约提供有价值的意见；三是把《第十七届联合国互联网治理论坛年会关键信息》等成果文件作为契约的内容来源；四是采用多利益相关方模式制定契约和筹备联合国未来峰会。

二、联合国信息安全开放式工作组确定非国家行为体参与模式

（一）联合国信息安全开放式工作组讨论非国家行为体参与工作组的模式

3月28日至4月1日，联合国信息安全开放式工作组第二次实质性会议召开。会议主要讨论了联合国信息安全开放式工作组工作安排、国际安全领域的现存和潜在威胁、网络空间负责任国家的规则规范和原则、国际法在网络空间的适用、网络空间信任建立措施、能力建设、定期机构对话等事项。会议期间，多数国家支持国际法适用于网络空间，也有一些国家呼吁制定具有法律约束力的文书来规范国家在网络空间中的行为。由于在2021年12月召开的第一次实质性会上，各方未就非国家行为体参与联合国信息安全开放式工作组进程的方式问题达成一致，非国家行为体如何参与联合国信息安全开放式工作组也成了本次会议讨论的重要议题。2022年4月22日，联合国信息安全开放式工作组就主席提案中的利益相关方参与模式达成一致意见，同意利益相关方组织可作为观察员参加联合国信息安全开放式工作组正式会议；在专门的利益相关方会议上，被认可的组织可发表口头声明，并在联合国信息安全开放式工作组官方网站上提交书面意见。[1]

延伸阅读 ───────────────────

联合国信息安全开放式工作组简介

联合国信息安全开放式工作组全称"联合国信息和通信技术安全

─────────────

[1] "Letter from OEWG Chair", https://documents.unoda.org/wp-content/uploads/2022/04/Letter-from-OEWG-Chair-22-April-2022.pdf, 访问时间：2023年5月2日。

和使用问题不限成员名额工作组"（Open-ended working group on security of and in the use of information and communications technologies），是根据联合国大会决议设立的专项工作组。当前的联合国信息安全开放式工作组依据2020年联合国大会第75/240号决议[1]设立，自2021至2025年为期五年。工作组的任务包括进一步制定国家负责任行为的规则、规范和原则；考虑各国旨在确保信息和通信技术使用安全的举措；在联合国框架下，建立各国广泛参与的定期对话；继续研究信息安全、数据安全等领域的现有和潜在威胁，以及预防和应对措施。上一届联合国信息安全开放式工作组根据2018年联合国大会第73/27号决议[2]设立，旨在通过更广泛、透明、包容的参与渠道继续推进联合国信息安全政府专家组（Group of Governmental Experts on Information Security，GGE）报告已经形成的共识。受到全球新冠疫情的影响，第一届联合国信息安全开放式工作组相关会议多次取消或改为线上举行。

延伸阅读

利益相关方参与联合国信息安全开放式工作组进程的模式

联合国信息安全开放式工作组会员国致力于以系统、持续和实质性的方式与利益相关方进行接触。

根据第1996/31号决议，具有联合国经济和社会理事会咨商地位的有关非政府组织，可告知联合国信息安全开放式工作组秘书处是否有兴趣参与工作组工作。

与联合国信息安全开放式工作组职责范围和宗旨相关的其他非政府组织也应告知秘书处是否有兴趣参与，并提交关于该组织的目标、

1　"A/RES/75/240"，https://documents-dds-ny.un.org/doc/UNDOC/GEN/N21/000/24/pdf/N2100024.pdf?Open Element，访问时间：2023年4月17日。

2　"A/RES/73/27"，https://documents-dds-ny.un.org/doc/UNDOC/GEN/N18/418/03/pdf/N1841803.pdf?Open Element，访问时间：2023年4月17日。

方案和活动等信息。在未被提出异议的情况下，这些组织可以作为观察员参加工作组的正式会议。

经认可的利益相关方将能够出席联合国信息安全开放式工作组的正式会议，并在专门的利益相关者会议上做口头发言，在工作组官方网站上提交书面意见。

鼓励会员国秉持包容精神，审慎地利用无异议机制。

如果对某一非政府组织提出反对意见，提出反对意见的会员国将需要向联合国信息安全开放式工作组主席说明其反对意见，并自愿向主席说明反对意见的依据。主席将应任何会员国的要求与之共享所收到的信息。

联合国信息安全开放式工作组主席将借鉴以往做法，在闭会期间召开与利益相关方的非正式磋商会议。

联合国信息安全开放式工作组是一个政府间进程，参与谈判和决策是会员国的专属权利。

联合国信息安全开放式工作组模式不作为其他联合国进程的先例。

（二）联合国信息安全开放式工作组第三次实质性会议通过年度进展报告

7月25至29日，联合国信息安全开放式工作组召开第三次实质性会议。[1] 本次会议对工作组主席于6月起草的年度进展报告草案进行了两轮讨论，并举行利益相关方会议，就草案中提到的能力建设和具体行动建议进行沟通。会议最终就年度进展报告达成了一致，使之成为进一步开展协商的路线图。报告内容于8月8日由联合国秘书长提交第77届联合国大会审议。[2]

---

1 "Open-Ended Working Group on Information and Communication Technologies", https://meetings.unoda.org/open-ended-working-group on information-and-communication-technologies-2021，访问时间：2023年9月16日。

2 "Developments in the field of information and telecommunications in the context of international security", https://documents-dds-ny.un.org/doc/UNDOC/GEN/N22/454/03/PDF/N2245403.pdf?OpenElement，访问时间：2023年9月17日。

（三）联合国信息安全开放式工作组召开多利益相关方磋商会议

12月5至9日，联合国信息安全开放式工作组召开闭会期间的非正式磋商会议。工作组主席在10月发布的公开信函中表示，按照年度进展报告中的要求，闭会期间会议重点讨论建立信任措施，例如"主席在第四次实质性会议召开前，酌情与各国、区域和次区域组织以及包括企业、非政府组织和学术界在内的多利益相关方召开一次会议，讨论可以支持和促进建立信任的议题"。[1]

三、联合国推进打击网络犯罪进程

（一）《联合国打击网络犯罪公约》特设委员会召开系列会议

2至9月，《联合国打击网络犯罪公约》特设委员会举办了三届会议，持续推进打击网络犯罪国际公约的起草工作。联合国主要会员国以及其他有关主体代表参加会议，先后就公约起草工作路线、公约框架、具体内容条款等进行了多次协商和谈判。

表1　《联合国打击网络犯罪公约》特设委员会系列会议

会议名称	时间	参会成员	主要内容
第一届会议	2022年2月28日至3月11日	联合国150个会员国代表以及一些非会员国观察员、联合国系统内实体代表、非政府组织和其他组织观察员等出席会议	共举行了19次会议，进行了一般性辩论，并讨论了公约的目标和范围、公约结构、公约主要内容、特设委员会工作方式等议题。会议通过了公约结构以及特设工作委员会的路线图和工作方式。按照会后公开报告，公约结构主要包括九大要素：序言、总则、刑事定罪、程序措施和执法、国际合作、技术援助（包括经验交流）、预防措施、实施机制、最后条款。

---

1 "Letter from the Chair", https://documents.unoda.org/wp-content/uploads/2022/10/Letter-from-Chair-on-intersessional-meetings-18-Oct-2022.pdf，访问时间：2023年12月20日。

续表

会议名称	时间	参会成员	主要内容
第二届会议	2022年5月30日至6月10日	联合国143个会员国代表以及其他非会员国观察员等出席会议	共举行了19次会议，委员会主席介绍了3月底与多利益相关方举行的第一次闭会期间协商的情况报告，与会各方重点就公约的总则、刑事定罪、程序措施和执法三部分条款内容进行了谈判。各会员国通过发表或联合发表立场文件的方式表达看法。
第三届会议	2022年8月29日至9月9日	149个联合国会员国代表以及其他非会员国观察员等出席会议	共举行了15次会议，委员会主席通报与多利益相关方举行的协商会议情况，重点就公约框架中的序言、国际合作、技术援助、预防措施、实施机制、最后条款等部分内容条款进行协商。

延伸阅读

联合国打击网络犯罪进程有关背景

2010年，联合国《关于应对全球挑战的综合战略：预防犯罪和刑事司法系统及其在变化世界中的发展的萨尔瓦多宣言》[1]提出设立一个不限成员名额政府间专家组，全面研究网络犯罪问题及会员国、国际社会和私营部门采取的对策，包括就国家立法、最佳做法、技术援助和国际合作加强信息交流，以期审查各种备选方案，完善打击网络犯罪的国内法律和国际法等。同年12月，联合国预防犯罪和刑事司法委员会成立对网络犯罪问题进行全面研究的不限成员名额政府间专家组（简称联合国网络犯罪政府专家组，Open-ended intergovernmental expert group to conduct a comprehensive study of the problem of cybercrime）。联合国网络犯罪政府专家组举行了七次会议，对关于网络犯罪研究形成基础成果，就打击网络犯罪达成基本共识。

---

1 "关于应对全球挑战的综合战略：预防犯罪和刑事司法系统及其在变化世界中的发展的萨尔瓦多宣言"，https://www.un.org/zh/documents/treaty/A-RES-65-230，访问时间：2023年4月18日。

2019年12月27日，联合国大会第74/247号决议[1]决定设立一个代表所有区域的不限成员名额特设政府间专家委员会（全称关于打击为犯罪目的使用信息和通信技术行为的全面国际公约特设委员会，简称打击网络犯罪公约特设委员会，The Ad Hoc Committee to Elaborate a Comprehensive International Convention on Countering the Use of Information and Communications Technologies for Criminal Purposes），以制定关于打击为犯罪目的使用信息和通信技术的国际公约。按照2021年5月26日联合国大会第75/282号决议[2]，从2022年1月开始，特设委员会应至少召开六届会议，每届为期十天，其后结束工作以便向联合国大会第78届会议提交公约草案。

（二）《联合国打击网络犯罪公约》特设委员会发布综合谈判文件

11月7日，为筹备《联合国打击网络犯罪公约》特设委员会第四届会议，委员会主席在秘书处的支持下，起草了"关于打击为犯罪目的使用信息和通信技术的全面国际公约的总则、刑事定罪条款以及程序措施和执法条款的综合谈判文件"[3]。该文件包含三章共55个条款，基本上是对此前各会员国关于公约草案总则、刑事定罪和"程序措施和执法"三部分内容提案的汇编。总则部分，涉及公约目的、适用范围、保护主权、尊重人权等；刑事定罪部分，涉及非法访问、非法截取、干扰计算机数据和数字信息、干扰计算机系统和信息通信技术系统或设备、滥用设备和程序、计算机及信息通信技术相关伪造诈骗盗窃、侵犯个人信息、侵犯版权、儿童在线保护、打击恐怖主义等；

1　"A/RES/74/247"，https://documents-dds-ny.un.org/doc/UNDOC/GEN/N19/440/27/PDF/N1944027.pdf?Open Element，访问时间：2023年4月18日。

2　"A/RES/75/282"，https://documents-dds-ny.un.org/doc/UNDOC/GEN/N21/133/50/pdf/N2113350.pdf?Open Element，访问时间：2023年5月3日。

3　"Consolidated negotiating document on the general provisions and the provisions on criminalization and on procedural measures and law enforcement of a comprehensive international convention on countering the use of information and communications technologies for criminal purposes"，https://www.unodc.org/documents/Cybercrime/AdHocCommittee/4th_Session/Documents/A_AC291_16_Advance_Copy.pdf，访问时间：2023年12月12日。

程序措施和执法部分，涉及司法管辖、程序措施范围、流量数据的实时收集等。综合谈判文件尚未涉及术语，因为各国同意只有在谈判实质性条款取得进展后才应解决这个问题。第五届会议于2023年4月召开，将制定新一版的综合谈判文件。

延伸阅读

部分国家和地区对公约前三章的建议条款

综合谈判文件主要来源于各会员国的提案以及第二届会议期间会员国所发布的声明和表达的立场，部分国家和地区对公约草案前三章条款提出的书面建议内容简要如下：

一、关于公约草案的"总则"部分[1]

俄罗斯、中国、白俄罗斯、布隆迪、尼加拉瓜和塔吉克斯坦提出"宗旨""适用范围""保护主权""术语和定义"等条款。提案提出，缔约国应根据国家主权、各国主权平等和不干涉他国内政原则履行其根据本公约承担的义务。除非本公约另有规定，本公约不授权一缔约国的主管机关在另一缔约国的领土行使管辖权和履行另一国本国法律规定的专属于该国机关的职能。

美国主要提出了"术语的使用""适用范围""保护人权和基本自由及法治""保护主权"等条款。其中提出缔约国应在充分尊重人权和基本自由及法治的情况下履行其根据本公约承担的义务，同时缔约国应以符合各国主权平等和领土完整以及不干涉别国内政原则的方式履行其按本公约所承担的义务。

欧盟（European Union，EU）及其成员国主要提出了"宗旨声明""术语的使用""适用范围""《公约》的影响"等条款。

---

1 "会员国就打击为犯罪目的使用信息和通信技术的全面国际公约的刑事定罪条款、总则以及程序措施和执法条款提交的提案和意见汇编（A/AC.291/9/Add.1）"，https://documents-dds-ny.un.org/doc/UNDOC/GEN/V22/023/28/PDF/V2202328.pdf?OpenElement，访问时间：2023年5月3日。

二、关于公约草案的"刑事定罪"部分[1]

俄罗斯联合中国等五国主要提出了"责任的确定""非法获取数字信息""非法拦截""非法干扰数字信息""破坏信息和通信网络""制作、使用和传播恶意软件""非法干扰关键信息基础设施""未经授权获取个人数据""非法贩运设备""信息和通信技术相关的偷窃""与制作和传播带有未成年人色情图像的材料或物品有关的信息和通信技术相关犯罪""鼓励或胁迫自杀""实施危害未成年人生命或健康的非法行为犯罪""制作和使用数字信息以误导用户""煽动颠覆或武装活动""与恐怖主义活动有关的犯罪""与极端主义有关的犯罪""与贩运武器有关的犯罪""为纳粹主义平反、为灭绝种族或危害和平与人类罪辩护""非法分销假冒药品或医疗产品""与分销麻醉药品和精神药物有关的犯罪""利用信息和通信技术实施国际法确立为犯罪的行为""利用信息和通信技术侵犯版权和相关权利""协助、预备和企图实施犯罪""法人责任"等条款。

美国主要提出了"非法访问""非法拦截""干扰数据""干扰系统""滥用设备""与计算机有关的伪造""与计算机有关的欺诈""涉及儿童性虐待材料的计算机相关犯罪""与侵犯版权及相关权利有关的计算机相关犯罪""参与和未遂""法人责任""起诉、审判和制裁""洗刷网络犯罪所得行为的刑事定罪""妨害司法的刑事定罪"等条款。

欧盟及其成员国主要提出了"非法访问""非法拦截""非法干扰数据""非法干扰系统""滥用设备""未遂及协助与教唆""法人责任""起诉、审判和制裁"等条款。

印度主要提出了"损坏计算机、计算机系统等""未能保护数

1　"会员国提交的关于打击为犯罪目的使用信息和通信技术行为全面国际公约的刑事定罪条款、总则及程序措施和执法条款的提案和材料汇编（A/AC.291/9）"，https://documents-dds-ny.un.org/doc/UNDOC/GEN/V22/023/22/PDF/V2202322.pdf?OpenElement，访问时间：2023年5月3日。

据""篡改计算机源文件""借通信服务发送攻击性信息等""接收被盗的计算机资源或通信装置""假冒身份""利用计算机资源冒名行骗（假冒）""侵犯隐私""网络恐怖主义""以电子形式发布或传输淫秽材料""违反合法合同而披露信息"等条款。[1]

三、关于公约草案的"程序措施和执法"部分[2]

俄罗斯联合中国等五国主要提出了"程序规定的范围""条件和保障措施""收集借助信息和通信技术传输的信息""快速保全累积的电子信息""快速保全和部分披露流量数据""提交令""搜查和扣押以电子方式存储或处理的信息""实时收集流量数据""管辖权""保护证人的措施"等条款。

美国主要提出了"程序规定的范围""加速保全已存储的计算机数据""提交令""搜查和扣押已存储的计算机数据""实时收集流量数据""拦截内容数据""管辖权""没收和扣押""没收的犯罪所得或财产的处置""建立犯罪记录""保护证人""帮助和保护被害人""加强与执法机关合作的措施"等条款。

欧盟及其成员国主要提出了"程序措施的范围""条件和保障措施""加快保全已存储的计算机数据""提交令""搜查和扣押已存储的计算机数据""管辖权""帮助和保护被害人"等条款。

印度主要提出了"面向数据的管辖权""搜查和扣押以电子方式存储或处理的信息""实时收集流量数据""收集内容和元数据""拦截内容数据""快速保全已存储的计算机数据"等条款。

---

1 "会员国就打击为犯罪目的使用信息和通信技术行为的全面国际公约的刑事定罪条款、总则及关于程序措施和执法的条款提交的提案和材料汇编（A/AC.291/9/Add.3）"，https://documents-dds-ny.un.org/doc/UNDOC/GEN/V22/030/10/PDF/V2203010.pdf?OpenElement，访问时间：2023年5月3日。

2 "会员国就打击为犯罪目的使用信息和通信技术行为的全面国际公约的刑事定罪条款、总则及关于程序措施和执法的条款提交的提案和材料汇编（A/AC.291/9/Add.2）"，https://documents-dds-ny.un.org/doc/UNDOC/GEN/V22/023/34/PDF/V2202334.pdf?OpenElement，访问时间：2023年5月3日。

四、联合国互联网治理论坛推进改革进程

（一）联合国互联网治理论坛召开专家组会议

3月30日至4月1日，联合国互联网治理论坛专家组会议举行。[1] 会议由联合国经济和社会事务部召集，来自政府部门、国际组织、私营部门、社会组织和技术社群的35位专家受邀参会讨论。会议旨在进一步研究落实联合国秘书长《数字合作路线图》和《我们的共同议程》两份文件中的有关要求，包括：一是考虑联合国互联网治理论坛如何为推进数字合作和实施及与其相关的倡议做出贡献；二是考虑如何提升联合国互联网治理论坛作用，促进全球多利益相关方讨论互联网政策问题。中国互联网络信息中心有关负责人代表中国社群参会。

延伸阅读

联合国互联网治理论坛简介

联合国互联网治理论坛（Internet Governance Forum，IGF），是联合国根据信息社会世界峰会（World Summit on the Information Society，WSIS）的决议于2006年设立的，是关于互联网治理问题的开放式论坛，全球秘书处设在联合国日内瓦办事处。该论坛每年举办一届，旨在促进各利益相关方在互联网相关公共政策方面的讨论和对话，是联合国框架下尊重多方参与的交流平台。

2006年，联合国秘书长设立多利益相关方咨询专家组，旨在协助其举办联合国互联网治理论坛年会，主要就议程和计划提供建议。专家组的构成总体上会考虑地域、社群和性别的平衡，其中来自政府部门的成员可以占到四成左右，其余六成由社会组织、私营部门和技术社群的代表担任。每年联合国互联网治理论坛年会面向全球公开征集研讨会等活动提案，专家组成员将作为评审对提案进行评估，决定提

1　"IGF Expert Group Meeting"，https://www.intgovforum.org/en/content/igf-expert-group-meeting，访问时间：2023年5月2日。

案是否采纳。

多个国家和地区成立了代表国家、区域以及青年群体的互联网治理论坛，通过这种模式讨论各自地区和社群中的互联网治理问题，参与到联合国互联网治理论坛进程中。根据联合国互联网治理论坛官网公布的数据，截至目前全球已有超过155个国家级、区域级、次区域级和青年IGF倡议（NRIs），覆盖四大洲超过85个国家和17个地区。[1]

中国IGF启动于2020年，经联合国互联网治理论坛正式认可，致力于促进中国社群之间以及与国际各方在互联网治理相关方面的交流互动与合作，凝聚中国社群共识并产出方案、成果，贡献中国互联网治理理念和经验。[2]截至2022年年底，中国IGF已经举办三届中国互联网治理论坛年会。

延伸阅读

联合国互联网治理论坛专家组会议对主要议题形成的观察和建议

议题1：联合国互联网治理论坛在《数字合作路线图》和《我们的共同议程》中的作用

互联网治理论坛是一个生态系统，应当作为利益相关方参与实施《数字合作路线图》和制定《全球数字契约》的平台；邀请国家级、区域级、次区域级以及青年互联网治理论坛支持这一进程；考虑联合国互联网治理论坛生态系统现有成果对《全球数字契约》的贡献形式；关注《全球数字契约》等。

议题2：联合国互联网治理论坛与政府间组织、国际组织和其他决策机构之间的关系

1　"IGF Regional and National Initiatives"，https://www.intgovforum.org/en/content/national-and-regional-igf-initiatives，访问时间：2023年5月3日。

2　"中国互联网协会中国互联网治理论坛（IGF）工作组正式成立"，https://www.isc.org.cn/article/37594.html，访问时间：2023年5月3日。

多利益相关方咨询专家组在决定年会议程时，应考虑其他组织和决策机构的需求；加强与联合国和其他国际实体的互动，包括联合国大会、秘书长办公室、技术事务特使办公室等；互联网治理论坛领导小组应在完善论坛成果、与高级别代表建立关系方面发挥主导作用等。

议题3：在国际决策生态系统中，推动联合国互联网治理论坛在输出成果方面发挥更广泛的作用

咨询专家组应进行战略规划以达成可行性成果；成果应聚焦于目标受众的需求；互联网治理论坛整个生态系统都应参与到成果形成过程中；制定年会议程时应考虑互联网治理论坛讨论可能产生的成果；制定新的宣传战略来提高互联网治理论坛的知名度等。

议题4：联合国互联网治理论坛生态系统

互联网治理论坛应当将自身界定为一个生态系统；多利益相关方咨询专家组和互联网治理论坛领导小组的工作章程应更多关注于这个广泛的体系；休会期间活动需要整合进年会工作中；多利益相关方咨询专家组应邀请休会期间活动的主体和国家与区域倡议在年会议程制定过程中大会更重要的作用等。

议题5：动态联盟、最佳实践论坛和政策网络等休会期间机制的作用和工作

委托最佳实践论坛和政策网络、鼓励动态联盟关注与互联网治理论坛年会主题相关的问题；休会期间活动应设立联络点；明确发挥动态联盟作用的方式；采取措施加深休会期间活动成果的大众认知等。

议题6：国家级、区域级、次区域级和青年互联网治理论坛的作用和工作

多利益相关方咨询专家组应考虑如何提高国家与区域倡议在互联网治理论坛年会上的参与度；多利益相关方咨询专家组和互联网治理论坛领导小组成员应在其社群和地域的互联网治理论坛中发挥积极作用；应更多关注国家与区域倡议之间的经验分享等。

议题7：联合国互联网治理论坛年会，包括长期规划、混合会议形式以及议程制定中的重点事项

互联网治理论坛年会应该采用线上线下相结合模式；支持多利益相关方咨询专家组制订长期规划；将每届年会的重点放在更明确的范围、更加具体的议题上；加大对高级别和议会环节与主论坛和其他活动进行整合；多利益相关方咨询专家组应将工作重点放在广泛的议程设置上等。

议题8：互联网治理论坛领导小组、多利益相关方咨询专家组和互联网治理论坛在联合国系统的地位

优先考虑在互联网治理论坛领导小组和多利益相关方咨询专家组之间发展建设性、合作性和互补性的关系；互联网治理论坛领导小组应专注于战略和紧迫问题；多利益相关方咨询专家组的职责范围应当根据自身情况以及领导小组的职责重新进行评定；参与互联网治理论坛或国家与区域倡议的经验可以成为挑选多利益相关方咨询专家组成员的要求等。

议题9：互联网治理论坛活动（包括秘书处）募资

互联网治理论坛需要一个明确的募资战略；互联网治理论坛领导小组应在募资方面发挥重要作用；寻求资金来源的多样化；秘书处应公开有关收入和支出的更多明细；联合国经济和社会事务部应对各国主办年会的招标程序进行审查等。

议题10：拓展互联网治理论坛外联、融入和参与的方式

互联网治理论坛领导小组应鼓励高层参与互联网治理论坛年会；对互联网治理论坛活动的参与情况进行更细致的评估；制定旨在增进认识和宣传成果的战略；考虑对年会的结构进行创新，吸引代表人数不足的群体参与等。

议题11：增强互联网治理论坛在能力建设上的作用

与已经提供互联网治理能力发展计划的其他组织开展合作；能力发展倡议应该考虑不同受众的需求；全球会议和国家与区域倡议应交流讨论与其他利益相关方能力发展有关的优先事项等。

议题12：跟进与实施

加快建立合作工作模式，发挥互联网治理论坛在推动《全球数字

契约》制定中的作用；多利益相关方咨询专家组应决定关于2022年会议与《数字合作路线图》和《全球数字契约》有关工作的模式等。

（二）联合国互联网治理论坛新设立两个动态联盟

4月8日、12日，联合国互联网治理论坛官网先后公布设立环境可持续和数字化动态联盟（简称环境动态联盟）和基于互联网的医疗保健技术动态联盟（简称数字健康动态联盟）。环境动态联盟面向所有对环境和数字化交叉事务感兴趣的人员，其工作建立在联合国互联网治理论坛的环境政策网络（PNE）及其报告的基础之上，致力于进一步推广PNE报告以及探索报告中尚未覆盖的内容。[1] 数字健康动态联盟旨在加大发挥互联网和物联网（Internet of Things，IoT）在数字健康中的重要作用，促进数字健康的技术应用，推动医疗保健服务有效普及更多人。[2] 动态联盟开始于第十届联合国互联网治理论坛年会，致力于为利益相关方就特定主题的交流与合作提供平台，目前互联网治理论坛共有24个动态联盟。[3]

（三）联合国互联网治理论坛领导小组成立

8月16日，联合国秘书长正式任命10位高级别代表担任联合国互联网治理论坛领导小组（Leadership Panel）成员。此外，2021年主办国（波兰）代表、2022年互联网治理论坛主办国（埃塞俄比亚）代表、2023年主办国（日本）代表、互联网治理论坛多利益相关方咨询专家组主席、联合国秘书长技术特使作为当然成员（Ex-officio Members）[4]加入。中国清华大学代表加入互联网治理论坛领导小组。互联网治理论坛领导小组共由15位成员构成，来自政府部门、私

1　"Dynamic Coalition on Environment (DCE)"，https://www.intgovforum.org/en/content/dynamic-coalition-on-environment-dce，访问时间：2023年7月1日。

2　"Dynamic Coalition on Digital Health"，https://www.intgovforum.org/en/content/dynamic-coalition-on-digital-health，访问时间：2023年7月1日。

3　"Explore Dynamic Coalitions"，https://www.intgovforum.org/en/content/explore-dynamic-coalitions，访问时间：2023年7月1日。

4　依据职权，不必经过选举产生的成员。

营部门、技术社群、社会组织、其他类别以及多利益相关方咨询专家组、联合国秘书长技术事务特使和互联网治理论坛主办国。小组成员任期为两年。互联网治理论坛领导小组的主要职责包括：为互联网治理论坛提供建议；推广互联网治理论坛及其成果；募集资金、为相关方参与互联网治理论坛等提供支持；与其他利益相关方和适当的政策与决策论坛交流互联网治理论坛取得的成果，并促进将这些决策者的贡献吸收到互联网治理论坛的议程设置中等。联合国秘书长安东尼奥·古特雷斯在会见领导小组成员时，呼吁其重点关注两个核心问题：一是如何强化联合国互联网治理论坛的作用；二是如何确保《全球数字契约》的重要意义。

9月22日，在联合国互联网治理论坛领导小组的非正式线上会议上，选举TCP/IP协议和互联网架构联合发明人、国际互联网协会（Internet Society，ISOC）联合创始人、"互联网之父"温顿·瑟夫（Vinton Cerf）担任主席，2021年诺贝尔和平奖获得者玛丽亚·雷沙（Maria Ressa）担任副主席。[1] 本次会上，互联网治理论坛秘书处向领导小组成员介绍了互联网治理论坛相关情况，并就工作章程内容进行了讨论。按照互联网治理论坛领导小组工作章程，主席和副主席由小组成员选举产生，每年进行轮替。

延伸阅读

联合国互联网治理论坛领导小组架构

主席

温顿·瑟夫（美国，男），TCP/IP协议和互联网架构联合发明人、国际互联网协会联合创始人

副主席

玛丽亚·雷沙（菲律宾、美国，女），Rappler新媒体公司首席执行官兼总裁、2021年诺贝尔和平奖获得者

---

1 "IGF Leadership Panel Members"，https://www.intgovforum.org/en/content/igf-leadership-panel-members?check_logged_in=1，访问时间：2023年12月31日。

成员

政府部门：

阿尔凯什·库马尔·夏尔马（印度，男），印度电子和信息技术部部长

卡罗琳娜·埃特施塔德勒（奥地利，女），奥地利欧盟和宪法事务部长

私营部门：

哈特姆·杜依达（阿联酋、埃及，男），阿联酋电信企业e&集团首席执行官

玛丽亚·费尔南达·加尔萨（墨西哥，女），墨西哥Orestia公司首席执行官、国际商会董事会主席

技术社群：

丽姿·福尔（丹麦，女），欧洲电信网络运营商协会秘书长

社会组织：

格本加·塞桑（尼日利亚，男），Paradigm倡议执行主任

其他类别：

托马斯·亨里克·伊尔维斯（爱沙尼亚，男），爱沙尼亚前总统

薛澜（中国，男），清华大学苏世民书院院长、联合国可持续发展解决方案网络领导理事会联合主席

当然成员：

保罗·米切尔（美国，男），联合国互联网治理论坛多利益相关方咨询专家组主席

阿曼迪普·辛格·吉尔（印度，男），联合国秘书长技术特使

克里斯托夫·舒伯特（波兰，男），波兰2021年联合国互联网治理论坛事务全权代表、PKO TFI管理委员会副主席

胡力艾·阿里·迈赫迪（埃塞俄比亚，女），埃塞俄比亚创新和技术部部长

吉田博史（日本，男），日本总务省（国际事务）政策协调部副部长

（四）联合国互联网治理论坛公布新一届多利益相关方咨询专家组名单

11月29日，联合国互联网治理论坛公布了新一届多利益相关方咨询专家组成员名单。[1] 本届专家组由来自世界各地有关政府部门、社会组织、私营部门和技术社群的40位专家组成，其中11位专家是首次进入专家组。专家组成员由联合国秘书长任命，主要职责是就筹备召开联合国互联网治理论坛年会提供咨询建议。本届专家组主席由美国微软公司前互联网治理高级主任保罗·米切尔（Paul Mitchell）担任，这也是他的第二个任期。按照专家组工作章程，专家组成员任期一年，一般来说可以自动续期两年，但互联网治理论坛也保留根据年度参与活跃度和贡献做出调整的权利。专家组每年大约会有三分之一的成员调整，以增强多样性并引入新的观点。

（五）第十七届联合国互联网治理论坛年会在埃塞俄比亚召开

11月28日至12月2日，第十七届联合国互联网治理论坛年会以线上线下相结合形式在埃塞俄比亚首都亚的斯亚贝巴举办。本届互联网治理论坛主题是"韧性互联网，共享可持续和共同未来"，聚焦"连接所有人并保障人权""避免互联网碎片化""数据治理和隐私保护""实现安全和问责制""加强人工智能等前沿技术治理"五大议题。来自全球170多个国家和地区的5000余位代表参加会议，共举办主论坛、研讨会、开放论坛、颁奖等293场活动。[2] 本届互联网治理论坛的五大议题来自联合国拟制定《全球数字契约》的主要内容，互联网治理论坛成果文件也将直接服务于契约的起草。中国国家互联网信息办公室国际合作局、信息化发展局等有关部门，中国科学技术协会、中国网络空间安全协会、中国互联网协会等有关团体和行业组织，清华大学、

1　"Multistakeholder advisory group renewed to prepare for the 18th Internet Governance Forum meeting in 2023"，https://www.intgovforum.org/en/filedepot_download/24/24071，访问时间：2023年12月15日。

2　"Seventeenth Meeting of Internet Governance Forum"，https://mail.intgovforum.org/IGF2022_summaryreport_final.pdf，访问时间：2023年3月1日。

北京邮电大学、北京师范大学、浙江大学、伏羲智库等有关高校和研究机构在本届互联网治理论坛年会上组织举办了活动。

延伸阅读

《第十七届联合国互联网治理论坛关键信息》要点摘录

《互联网治理论坛关键信息》（IGF Messages）[1]是每届互联网治理论坛的重要成果文件之一，由互联网治理论坛秘书处根据年会活动输出观点编纂形成，经公开征求全球社群意见建议后发布。

议题1：连接所有人并保障人权

（1）数字鸿沟

不同国家和地区之间的数字鸿沟仍然是影响国家和国际发展的强大因素；新冠疫情背景下，互联网增强了个人和经济韧性，但也表明那些尚未连接互联网的群体处于较为不利地位；有韧性和安全的数字基础设施对数字包容至关重要；利益相关方合作对于确保和促进互联网接入十分重要。

（2）性别数字鸿沟与女性权利

男性上网或拥有移动网络连接的机会明显高于女性；暴力和骚扰的威胁阻碍了女性的在线参与；应将性别平等、包容以及女性权利和保护的概念纳入《全球数字契约》。

（3）人权和数字发展

推动互联网普及应尊重人权，确保互联网对所有人都是可接入和安全的；接入互联网为获取信息和表达途径提供了重要机会；加强对数字权利的监督和实施尤其重要；互联网有助于保障受教育权；应努力帮助规模较小的本地企业最大限度地利用互联网；在线平台所带来的劳动力市场变化为创造就业和提高就业水平带来了机遇和挑战；必

---

1 "Addis Ababa IGF Messages"，https://www.intgovforum.org/en/content/addis-ababa-igf-messages-1，访问时间：2023年3月1日。

须提高公民数字化能力，教学、学习和培训方法也需要调整，适应教育和就业的新形式。

议题2：避免互联网碎片化

（1）互联网碎片化

《全球数字契约》重申构建开放连接的互联网；关于互联网碎片化的讨论所提出的问题是多层次的，不同利益相关方对这个术语给出了不同解释；广泛的政治、经济和技术因素都可能潜在地推动碎片化。

（2）应对碎片化的风险

有效的多利益相关方治理机制对于治理完整的互联网至关重要；有必要对新的或正在形成的碎片化风险保持警惕；互联网开放有助于促进用户享有人权，促进竞争和机会平等；为确保碎片化措施不会威胁到互联网的全球覆盖和互操作性，积极开展各方协调至关重要；有必要加强利益相关方之间的知识和信息共享。

议题3：数据治理和隐私保护

（1）数据的中心性

数据已成为关键资源，可以产生利润和显著的社会价值；数据生成者和使用者之间的关系十分重要；数据管理和治理是国家和国际治理中的复杂问题。

（2）数据隐私和数据正义

数据流动和数据交换应在不损害数据隐私的情况下进行；相关政策应从数据保护延伸到数据正义，让人们可以选择如何使用个人数据，以及在何处分享由其数据集产生的创新收益和好处；政府和监管机构应确保个人数据得到保护；隐私和数据保护对于人工智能和机器学习的治理尤为重要。

（3）数据治理

数据治理有关问题及其影响不应被孤立看待；国际社会要加强达成共识，推动数据为人类社会服务；各国不同的历史文化背景、法律传统、监管架构意味着不可能形成一套针对所有人的规则；透明度、参与度和问责制是数据治理的重要考虑因素；多个多利益相关方扮演着一定角色，应行使其权利且发挥影响力，促进有效的数据治理；发展中经济体需要加强其制度能力的建设。

（4）数据跨境流动

数据跨境流动对电子商务和数字贸易的许多方面至关重要；目前多边、区域和双边贸易协定不能完全适用于数据跨境流动。

议题4：实现安全和问责制

（1）政策制定者的作用

网络安全应被视为互联网政策的核心挑战；确保网络安全和预防网络犯罪是同等重要的政策领域；网络安全和网络犯罪问题具有跨组织、跨境等多重性质；应注意避免打击网络犯罪立法和有关标准对网络安全维护工作产生负面影响。

（2）网络安全

国际社会应探索切实可行的方式，将网络安全能力建设纳入到更广泛的数字发展主流中；实现网络安全的标准对于构建开放、安全和有韧性的互联网至关重要；需加大力度提高国家政策制定者和其他利益相关方对网络安全、国际规范和原则的认识。

（3）网络犯罪

网络犯罪对互联网用户构成的威胁越来越大；各国政府和政策制定者应确保打击网络犯罪和恐怖主义相关法律法规保障互联网法治与人权。

（4）内容和虚假信息

应确立解决个人和社会所面临风险的机制来应对虚假信息；媒体和数字素养技能有助于公民加强信息辨别；教育课程应包含帮助儿童安全上网的数字素养技能；加密有助于构建开放、安全和民主的互联网。

议题5：加强人工智能等前沿技术治理

（1）治理

人工智能等前沿技术的设计应尊重法治、人权、民主价值和多样性；"技术必然促进平等"的假设存在缺陷；社会需要适应人工智能对合作框架和治理模式带来的变革；单一进程不能促使全球就人工智能规范达成共识；能力建设对于前沿技术发展很重要。

（2）信任、安全和隐私

监管框架应包括帮助社交媒体和其他平台积极履行义务；算法系统运行和报告的透明度对于保障公民权利至关重要；来自技术和非技术社群的利益相关方需要交流专业知识并共同制定通用原则；承认和尊重不同国家和社群的不同制度和文化背景很重要。

五、国际电信联盟促进信息通信技术国际合作

（一）2022年信息社会世界峰会论坛举行

3月15日，2022年信息社会世界峰会论坛在线上召开，会议最后一周（5月30日至6月3日）在瑞士日内瓦国际电信联盟总部举行。本次论坛由国际电信联盟、联合国教科文组织、联合国贸易和发展会议（United Nations Conference on Trade and Development，UNCTAD）和联合国开发计划署共同组织，围绕"信息通信技术促进福祉、包容和复苏：信息社会世界峰会帮助加速实现可持续发展目标"主题，共举办了250多场会议，包括主题研讨会、国家研讨会、信息社会世界峰会行动方针促进会议、高级别对话、高级别政策会议等多种形式，来自150多个国家的专家学者通过线上线下的方式参与。论坛议程与信息社会世界峰会行动方针和可持续发展目标相一致，重点突出两者之间的联系，包括可持续发展目标优先领域，如教育、就业、基础设施和创新等。本次论坛还发布了题为"加快促进疫后复苏，推进2030年可持续发展议程的全面实施"的信息社会世界峰会行动方针。[1]中国对信息社会世界峰会论坛密切关注并积极参与，中国科协联合国咨商信息与通信技术专委会、中国互联网协会、北京邮电大学等机构在本次论坛上组织了会议活动。

1　"WSIS Forum 2022"，https://www.itu.int/net4/wsis/forum/2022/，访问时间：2023年5月3日。

（二）国际电信联盟全权代表大会选举产生新任秘书长

2022年9月29日，在罗马尼亚布加勒斯特举行的国际电信联盟全权代表大会期间，会员国代表就国际电信联盟秘书长人选进行了投票，选举多琳·伯格丹–马丁（Doreen Bogdan-Martin）担任国际电信联盟新一任秘书长。多琳·伯格丹–马丁于2023年1月1日起开始履行秘书长职责，任期四年，她也是国际电信联盟历史上的首位女性领导者。[1] 国际电信联盟是联合国负责信息通信技术事务的机构，成立于1865年，并于1947年成为联合国专门机构。中国一直以来都是国际电信联盟的重要参与者，来自中国的赵厚麟曾分别于2014年、2018年成功当选和连任国际电信联盟秘书长，其在任期间为全球信息通信事业发展做出了积极贡献。

1　"Member States elect Doreen Bogdan-Martin as ITU Secretary-General"，https://www.itu.int/en/mediacentre/Pages/PR-2022-09-29-ITU-SG-elected-Doreen-Bogdan-Martin.aspx，访问时间：2023年5月2日。

第二章　全球数字贸易规则加速演进

数字贸易发展方兴未艾，全球数字贸易规则加速演进，无论是多边、双边还是区域数字贸易合作均获得了一定成果。从多边视角来看，世界贸易组织电子商务诸边谈判在电子传输关税、电商便利化等领域取得进展；经济合作与发展组织（OECD）的数字服务税"双支柱"方案也稳步推进。从区域和双边视角来看，美国推出"印太经济框架"以回归印太地区数字经济治理；新加坡主导对外签署系列数字经济相关协定，继续推行数字贸易规则"新式模板"；中国则积极推动《区域全面经济伙伴关系协定》数字贸易规则的生效实施，并且正式成立"中国加入《数字经济伙伴关系协定》工作组"。

一、世界贸易组织电子商务诸边谈判取得进展

世界贸易组织（World Trade Organization，WTO）作为多边贸易体制的核心，一直在探索将数字贸易与电子商务相关的议题纳入WTO框架体系，构建相关的多边贸易规则，以弥补区域贸易协定在国际贸易治理中的局限性。2017年12月，在阿根廷布宜诺斯艾利斯举办的第十一届WTO部长级会议上，71个WTO成员发表了第一份《电子商务联合声明》，探索性地讨论了电子商务谈判的范围和原则，并指出在电子商务领域发起探索性工作的重要性。[1] 2019年1月，WTO宣布以"联合声明倡议"的形式正式启动电子商务诸边谈判，允许具有相同意愿的部分WTO成员就电子商务议题进行谈判并达成协议，同时签署了第二份《关于电子商务的联合声明》，共76个WTO成员参与谈判，包含美国、英国、欧盟、加拿大、韩国等发达国家和地区及中国、俄罗斯、乌克兰等发展

---

[1] "New initiatives on electronic commerce, investment facilitation and MSMEs"，https://www.wto.org/english/news_e/news17_e/minis_13dec17_e.htm，访问时间：2023年2月28日。

中国家，贸易总量占世界贸易额比重超90%。[1] 2020年12月，包含各成员提案的WTO电子商务合并案文本正式发布[2]，成员基于这份合并案文本围绕促进电子商务（enabling electronic commerce）、开放和电子商务（openness and electronic commerce）、信任和数字贸易（trust and digital trade）、交叉问题（cross-cutting issues）、电信（telecommunications）和市场准入（market access）六大议题展开讨论与谈判。[3] 成员于2021年12月宣布，在线消费者保护、开放政府数据、电子签名和验证、无纸化交易、未经请求的商业电子信息、电子合同、透明度和开放互联网准入等方面的谈判已取得实质性进展，但在电子传输、跨境数据流、数据本地化、源代码、电子交易框架、网络安全、电子发票以及关于市场准入等其他方面仍面临分歧。[4]

2022年，WTO成员重点围绕电子传输关税、电子发票、电子交易框架、网络安全、隐私、电信服务和数据跨境流动等议题加强讨论与谈判，同时对发展中国家与最不发达国家参与电子商务谈判表示重点关切，并制订相关工作计划对其予以支持。各议题在2022年谈判进展如下。

延伸阅读

WTO电子商务谈判形式

WTO电子商务谈判是一种以"联合声明倡议"的形式发起的开放式诸边谈判[5]，即由部分WTO成员针对特定领域未经共识决策机制自发启动的谈判。谈判基于各成员向WTO递交的文本提案，由日本、新加坡

1　"E-commerce co-convenors release update on the negotiations, welcome encouraging progress"，https://www.wto.org/english/news_e/news20_e/ecom_14dec20_e.htm，访问时间：2023年2月28日。

2　"Co-conveners of e-commerce negotiations cite commendable progress, discuss next steps"，https://www.wto.org/english/news_e/news20_e/ecom_10dec20_e.htm，访问时间：2023年2月28日。

3　"Joint Initiative on E-commerce"，https://www.wto.org/english/tratop_e/ecom_e/joint_statement_e.htm，访问时间：2023年2月28日。

4　"Coordinators of joint initiatives cite substantial progress in discussions"，https://www.wto.org/english/news_e/news20_e/jsec_18dec20_e.htm，访问时间：2023年2月28日。

5　"New initiatives on electronic commerce, investment facilitation and MSMEs"，https://www.wto.org/english/news_e/news17_e/minis_13dec17_e.htm，访问时间：2023年3月27日。

和澳大利亚作为WTO电子商务谈判的联合召集人组织召开全体会议、焦点小组和小组会议进行讨论谈判[1]，参与成员就相关规则的制定在部长级会议的统领下通过协商一致的决策方式进行，并最终达成协议成果；这种谈判机制能够规避一些成员利用协商一致机制对相关问题进行一票否决，从而推动国际新规则的制定。[2] 其中，开放性是"联合声明倡议"谈判的核心要素，WTO成员可自由选择是否参与谈判或接受谈判成果，如果参与成员数量达到关键多数，那么谈判成果有可能基于最惠国待遇扩及所有WTO成员，纳入WTO多边框架之中。而谈判成果实现"多边化"的途径主要有两种：一是通过承诺表修订模式实施"联合声明倡议"的谈判成果，参与成员可根据《关贸总协定》第28条或《服务贸易总协定》第21条的规定，将谈判产生的新义务包括在货物关税减让表或服务具体承诺表中；二是通过规则修正方式将"联合声明倡议"谈判成果纳入WTO多边框架，须遵守《马拉喀什协定》关于规则修正和相关决策机制的规定，并受到基于共识机制或投票的约束。[3] 从目前的发展状况看，对"联合声明倡议"的谈判成果如何纳入WTO多边框架尚未有统一的实践，有待进一步的研究和讨论。

（一）电子传输免征关税延长至第十三次部长例会

随着互联网的普及和数字技术的进步，各国在进行数字贸易往来的过程中有很大一部分商品是以数字化的形式传输交付。由于数字产品与传统的实物产品在形态上有较大差异，因此衍生出数字产品在各经济体间进行电子传输是否应当征收关税的讨论，相关议题已纳入WTO电子商务诸边谈判当中。

1　"Joint Initiative on E-commerce", https://www.wto.org/english/tratop_e/ecom_e/joint_statement_e.htm，访问时间：2023年3月27日。

2　谈晓文：《WTO诸边倡议的制度成因、发展路径与中国因应》，载《太平洋学报》，2022年第30卷第10期，第36—48页。

3　石静霞：《世界贸易组织谈判功能重振中的"联合声明倡议"开放式新诸边模式》，载《法商研究》，2022年第39卷第5期，第3—17页。

至2022年6月，为避免造成贸易和投资的严重萎缩，已有105个贸易协会呼吁延长对电子商务免征关税，这些协会包括了来自亚洲、非洲、欧洲、拉丁美洲、北美和加勒比地区的发展中国家。联合召集人表示应当使电子传输永久免征关税。[1]第十二次部长例会（MC12）决定在第十三次部长例会（MC13）前维持目前电子传输免征关税的举措，而MC13可能被推迟到2024年3月31日以后召开。[2]

尽管许多国家和地区都支持进一步延长电子传输免征关税的举措，但对电子传输是否永久免征关税的问题在不同成员间仍然存在分歧。部分WTO成员担忧对数字化商品的跨境贸易活动免征关税会给政府收入造成潜在损失。一方面据估计，2017至2020年发展中国家和最不发达国家因此损失了560亿美元的关税收入，其中发展中国家损失了480亿美元，最不发达国家损失了80亿美元，损失主要来自进口的49种产品（6位HS编码[3]），其中包括电影、音乐、电子游戏等数字产品。[4]另一方面，包括美国、加拿大、新加坡在内的支持者认为对电子传输征税存在范围的界定和技术方面的难题。[5]因此MC12同时指示总理事会要根据WTO相关机构可能提交的报告进行定期审查，审查的内容包括电子传输的范围和界定、对电子传输暂停征收关税的影响等相关问题，同时指出可以根据成员的建议、研讨会、非正式的开放式会议等各种形式来丰富讨论，并鼓励相关领域的专家、私营部门和其他国际组织参与讨论，从而寻找谈判突破口。[6]

1　"WTO Joint Statement Initiative on E-commerce: Statement by Ministers of Australia, Japan and Singapore"，https://www.wto.org/english/news_e/news22_e/jsec_13jun22_e.pdf，访问时间：2023年2月28日。

2　MC13通常应在2023年12月31日之前举行。

3　HS编码是国际贸易中货物身份的识别码，国际通行的HS编码由2位码、4位码及6位码的数字组成，6位码以上的编码及对应商品由各国自定。

4　"Growing Trade in Electronic Transmissions: Implications for the South"，https://unctad.org/en/Publications Library/ser-rp-2019d1_en.pdf，访问时间：2023年2月28日。

5　石静霞：《数字经济背景下的WTO电子商务诸边谈判：最新发展及焦点问题》，载《东方法学》，2020年第2期，第170—184页。

6　"WORK PROGRAMME ON ELECTRONIC COMMERCE—MINISTERIAL DECISION"，https://docs.wto.org/dol2fe/Pages/SS/directdoc.aspx?filename=q:/WT/MIN22/32.pdf&Open=True，访问时间：2023年3月1日。

（二）电子商务便利化议题有望达成共识文本

有关电子商务便利化的议题包括电子交易框架、电子发票、无纸化交易、物流服务等，在2022年召开的小组会议中，至少有六次会议成员对相关议题进行了审查和讨论。电子商务便利化是成员在2022年重点推进的谈判议题，相关谈判的达成有助于在货物贸易数字化的背景下进一步简化贸易管理流程，同时使海关当局能够高效地开展相关工作。[1] 联合召集人在2022年的多次小组会议上开展电子发票和电子交易框架等便利化条款方面的谈判工作，在12月召开的一次盘点会议上，成员也对贸易便利化和物流服务领域的提案进行了审查，以探索相关谈判的突破口。[2] 电子发票、电子交易框架等议题的共识文本将包含在《电子商务联合倡议》新的修订版本之中。[3]

电子发票、电子交易框架等电子商务便利化议题主要涉及与电子商务管理相关的技术性问题，尽管各成员在相关问题上制定的国内法规有所差异，但成员对于达成国际统一规则具有一定的共识。[4]

（三）成员加快安全与隐私谈判

网络安全与隐私问题也是过去一年小组会议重点讨论的议题之一。成员在2022年加快了在网络安全领域的谈判工作，努力在各成员之间寻求共识，在10月的小组会议上，成员推动在网络安全方面尽快达成共识文本。[5] 另外，WTO成员在2022年同时加强了在隐私方面的谈判，于5月成立了有关隐私议题谈判小组，并听取了各成员对隐私相关提案的一系列意见。[6] 小组在2022年下半年

---

1 "E-commerce negotiations resume with call for intensified efforts in 2022", https://www.wto.org/english/news_e/news22_e/jsec_04feb22_e.htm，访问时间：2023年3月1日。

2 "E-commerce negotiators vow to intensify work in coming year", https://www.wto.org/english/news_e/ecom_02dec22_e.htm，访问时间：2023年3月1日。

3 "E-commerce talks resume following summer break, Mauritius joins the initiative", https://www.wto.org/english/news_e/news22_e/ecom_16sep22_e.htm，访问时间：2023年3月1日。

4 徐程锦：《WTO电子商务规则谈判与中国的应对方案》，载《国际经济评论》，2020年第3期，第29—57+4页。

5 "E-commerce talks resume following summer break, Mauritius joins the initiative", https://www.wto.org/english/news_e/news22_e/ecom_16sep22_e.htm，访问时间：2023年3月1日。

6 "Co-convenors update participants on latest progress in e-commerce discussions", https://www.wto.org/english/news_e/news22_e/ecom_20may22_e.htm，访问时间：2023年3月1日。

召开了三次会议，会议均涉及隐私方面的讨论，并且在10月由国际消费者联盟组织（CI）和欧洲消费者组织（BEUC）主办的以"数据保护和隐私对消费者信任的重要性"为主题的研讨会上，举行了两次相关的盘点会议。[1]

随着数字贸易的快速发展，数据跨境传输、互联网操作访问等活动日益频繁，引发了成员对数据安全、隐私保护等问题的关注和担忧。成员在网络安全议题方面的谈判取得了一定进展，但是由于各国的数字经济发展水平、传统历史观念等方面存在差异，各成员针对隐私保护的监管治理主张仍存在较大分歧。中国与欧盟均认为WTO规则应允许和承认各成员对个人信息和隐私采取其认为适当的保护措施，欧盟同时还向世界推广其《通用数据保护条例》（General Data Protection Regulation，GDPR）中设定的个人信息保护标准，而美国则认为应以亚太经济合作组织（Asia-Pacific Economic Cooperation，APEC）的《隐私框架》作为个人信息保护的国际指南，GDPR与《隐私框架》的个人信息保护水平有较大差异。成员在2022年对相关问题进行了重点讨论，2023年将继续加紧对隐私问题的谈判以促进各成员尽快达成一致。[2]

（四）电信服务与数据流动等议题谈判仍面临较大分歧

成员在2022年召开的小组会议中还对电信服务、数据跨境流动和数据本地化等议题做了较多讨论工作。其中，成员在5月成立了新的电信小组，听取了关于电信服务更新的约束（即《电信参考文件》）的观点[3]，并在之后的小组会议上进行了多次讨论，成员主要在电信服务的开放准入问题上面临分歧。以美国、日本、欧盟为代表的发达国家和地区主张营造竞争性的电信市场；而中国对相关议题则较为保守，同时认为云计算应当归属于电信服务而非计算机服务，暂不宜对外开放，与其他成员有较大分歧。[4]

1　"E-commerce talks progress, aim at issuing a revised negotiating text by end-2022"，https://www.wto.org/english/news_e/news22_e/ecom_28oct22_e.htm，访问时间：2023年3月1日。

2　"E-commerce negotiations enter final lap, Kyrgyz Republic joins initiative"，https://www.wto.org/english/news_e/news23_e/ecom_17feb23_e.htm，访问时间：2023年3月1日。

3　"Co-convenors update participants on latest progress in e-commerce discussions"，https://www.wto.org/english/news_e/news22_e/ecom_20may22_e.htm，访问时间：2023年3月1日。

4　徐程锦：《WTO电子商务规则谈判与中国的应对方案》，第29—57+4页。

2022年，成员开始对数据跨境流动等重要问题进行更广泛的讨论[1]，同时在6月再次强调要加快数据跨境流动和数据本地化方面的谈判进程，在小组盘点会议上对相关问题进行了讨论[2]，如何平衡数据自由流动与数据安全监管成了谈判的关键难点。美国坚持推行以数据自由流动与禁止数据本地化为主的数据跨境流动"美式规则"，而英国、新加坡等成员主张应当承认各成员对数据跨境流动及计算设施位置的自主监管要求，欧盟则更加强调数据跨境流动应当以保护个人信息为前提。结合小组成员的表态及其在2022年所做的努力，这些议题很可能成为下一步谈判工作的讨论重点。

针对谈判中难以达成共识的议题，联合召集人建议成员充分发挥灵活性，可以考虑撤回没有得到合理支持的提案，同时应当及时对提案进行修改，使其能够反映其他成员的立场，从而促进谈判达成一致。目前仍有多项关键议题没有获得成员的共识，联合召集人表示将在2023年举行八次小组会议，目标是在2023年年底前完成谈判。[3]

（五）推出电子商务能力建设框架以增强谈判包容性

数字经济的发展能够惠及世界，但发展中国家和最不发达国家由于经济基础薄弱，数字基础设施建设不完善，在发展数字经济方面面临障碍。因此，《电子商务联合倡议》强调要充分考虑发展中国家和最不发达国家，以及中小微企业在电子商务方面可能面临的机遇和挑战，联合召集人表示正在制定相关倡议，以支持发展中国家和最不发达国家参与电子商务谈判。[4] 在2022年6月召开的MC12上，联合召集人宣布推出电子商务能力建设框架（E-commerce Capacity Building Framework），该框架将为发展中国家和最不发达国家提供培

1　"E-commerce negotiations resume with call for intensified efforts in 2022", https://www.wto.org/english/news_e/news22_e/jsec_04feb22_e.htm，访问时间：2023年3月1日。

2　"Co-convenors welcome good progress in e-commerce talks, launch capacity-building framework", https://www.wto.org/english/news_e/news22_e/jsec_13jun22_e.htm，访问时间：2023年3月1日。

3　"E-commerce negotiations enter final lap, Kyrgyz Republic joins initiative", https://www.wto.org/english/news_e/news23_e/ecom_17feb23_e.htm，访问时间：2023年3月1日。

4　"Co-convenors update participants on latest progress in e-commerce discussions", https://www.wto.org/english/news_e/news22_e/ecom_20may22_e.htm，访问时间：2023年3月1日。

训和援助，并帮助这些成员把握数字贸易发展带来的机会。[1] 联合召集人表示已经积极采取行动，确保在电子商务谈判结束之前为各国建立起支持性的机制，包括构建一个新的数字咨询和贸易援助（DATA）基金，由澳大利亚和瑞士向该基金提供资金，向世界银行（World Bank）的所有发展中国家和最不发达国家成员提供融资，帮助各国制定相关政策法规，从而构建透明、竞争和可信任的数字市场；同时，日本对相关国家提供了一些额外支持，例如通过日本国际协力机构（JICA）和日本对外贸易组织（JETRO）向发展中国家和最不发达国家的政府组织提供网络安全建设项目的服务，以及通过商业平台"J-Bridge"促进日本企业与东南亚、非洲等地国家的初创企业和中小微企业之间的合作；此外，新加坡与WTO秘书处合作推出第三国培训方案（TCTP），为发展中国家和最不发达国家参与电子商务谈判提供经验指导，从而帮助这些国家通过发展电子商务实现国民经济的增长。[2]

WTO电子商务谈判的小组成员在包容性方面做出的举措有助于支持更多WTO成员参与电子商务谈判，从而推动电子商务诸边谈判逐渐转向WTO多边框架下，弥合数字鸿沟，促进各方共享电子商务发展的红利。

二、数字服务税"双支柱"方案取得进展

2022年，对于数字服务税这一议题而言，是充满期待的一年，也是充满挑战的一年。全球130余个税收管辖区就OECD主导的"双支柱"方案达成共识，困扰各经济体已久的数字服务税问题迎来曙光。但与此同时，如何确定"双支柱"方案的最终细节并尽快落地实施，需要协调多方利益，面临重重挑战。2022年，数字服务税议题相关进展均围绕"双支柱"方案进行，其间OECD多次就"支柱一"和"支柱二"的核心设定向公众征询意见。虽然"支柱一"围绕金额A的相关规则已初具雏形，但具体的要素细节和执行方式仍难以确定，

1　"Co-convenors welcome good progress in e-commerce talks, launch capacity-building framework", https://www.wto.org/english/news_e/news22_e/jsec_13jun22_e.htm，访问时间：2023年3月1日。

2　"E-Commerce JSI co-convenors announce capacity building support", https://www.wto.org/english/tratop_e/ecom_e/jiecomcapbuild_e.htm，访问时间：2023年3月1日。

这直接影响了"双支柱"方案转变为各经济体立法的可行性。"支柱二"并非专门为解决数字服务税问题而设计，但因为可以从根源上解决数字经济背景下的税收侵蚀问题，在谈判中反而获得了更多的关注，并且相比"支柱一"取得了更明显的进展。

延伸阅读

数字服务税和经济合作与发展组织"双支柱"方案

为了解决数字经济背景下的税收侵蚀问题，多国单边征收数字服务税以弥补自身经济损失，但这一单边征税行为多次引起贸易摩擦。比如作为数字经济最发达、跨国数字企业数量最多的美国，对法国等国家发起301调查，以反击其单边课税行为。基于这一背景，OECD受二十国集团（Group of Twenty，G20）的委托，寻求多边解决方案。OECD提出的解决方案由"支柱一"和"支柱二"构成："支柱一"聚焦联结度规则和利润分配规则，规定同时满足"营业额高于200亿欧元"并且"利润率超过10%"的跨国企业，需要将其剩余利润25%的征税权分配给市场国（即金额A事项）；"支柱二"则更具一般性，通过对年度营业额超过7.5亿欧元的跨国企业实施不低于15%的税率，进而设定全球最低税率。

（一）新征税权规则的技术细节基本确定

针对"支柱一"的工作主要围绕新征税权（Amount A，即金额A）的关键性组成模块进行。2月，OECD首先针对"联结度和收入来源"模块发布公众咨询文件[1]，此后陆续就"税基确定""采掘业排除""受监管的金融业排除"以及"税收确定性"等七个关键性模块进行公众咨询，并收到250多项来自学术

---

[1] "OECD launches public consultation on the tax challenges of digitalisation with the release of a first building block under Pillar One", https://www.oecd.org/tax/beps/oecd-launches-public-consultation-on-the-tax-challenges-of-digitalisation-with-the-release-of-a-first-building-block-under-pillar-one.htm，访问时间：2023年3月3日。

界、企业界以及非政府组织的回复。

　　一方面为了展示秘书处在金额A技术规则制定工作中取得的重大进展，另一方面也为了滚动性接收来自利益相关方的建议，7月11日OECD发布了包括金额A关键性执行条款的《支柱一金额A进展报告》（Progress Report on Amount A of Pillar One）[1]。该报告主要汇报了金额A规则的一些技术细节，比如适用范围、联结度规则、税基规则、利润分配规则和消除双重征税规则等。该报告提及将在2023年上半年举行"双支柱"方案签署仪式，并将生效时间定为2024年。2022年10月6日，OECD再次发布《支柱一关于金额A征收管理及税收确定性方面的进展报告》（Progress Report on the Administration and Tax Certainty Aspects of Pillar One）[2]，汇报金额A执行方案的最新细节，主要是金额A剩余组成模块中的新征税权征管规则、税收确定性框架以及金额A相关问题的税收确定性三大模块，并继续征求利益相关方的建议。针对目前一些国家单边实施的数字服务税问题，12月20日，OECD也发布了《支柱一——金额A：关于数字服务税及其他相关类似措施的多边公约条款草案》（Pillar One-Amount A: Draft Multilateral Convention Provisions on Digital Services Taxes and other Relevant Similar Measures）[3]。该草案主要声明，在"支柱一"实施的框架下，需取消所有数字服务税和其他类似措施，并杜绝再次采取此类措施。

　　围绕"支柱一"金额B的相关要素，12月8日OECD发布了概述性文件[4]，并

1　"Progress Report on Amount A of Pillar One—Two-Pillar Solution to the Tax Challenges of the Digitalisation of the Economy", https://www.oecd.org/tax/beps/progress-report-on-amount-a-of-pillar-one-two-pillar-solution-to-the-tax-challenges-of-the-digitalisation-of-the-economy.htm，访问时间：2023年3月3日。

2　"Progress Report on the Administration and Tax Certainty Aspects of Amount A of Pillar One—Two-Pillar Solution to the Tax Challenges of the Digitalisation of the Economy", https://www.oecd.org/tax/beps/progress-report-on-the-administration-and-tax-certaint-aspects-of-amount-a-of-pillar-one-two-pillar-solution-to-the-tax-challenges-of-the-digitalisation-of-the-economy.htm，访问时间：2023年3月3日。

3　"Tax challenges of digitalisation: OECD invites public input on the draft Multilateral Convention provisions on digital services taxes and other relevant similar measures under Amount A of Pillar One", https://www.oecd.org/tax/beps/oecd-invites-public-input-on-the-draft-multilateral-convention-provisions-on-digital-services-taxes-and-other-relevant-similar-measures-under-amount-a-of-pillar-one.htm，访问时间：2023年3月3日。

4　"Tax challenges of digitalisation: OECD invites public input on the design elements of Amount B under Pillar One relating to the simplification of transfer pricing rules", https://www.oecd.org/tax/beps/oecd-invites-public-input-on-the-design-elements-of-amount-b-under-pillar-one-relating-to-the-simplification-of-transfer-pricing-rules.htm，访问时间：2023年3月3日。

进行公共咨询，文件内容包括金额B的设定目标、覆盖范围、定价实施以及征税确定性等。

"支柱一"无疑将改变运行近百年的国际税收规则，对各税收管辖区的经济利益和政治利益都将起到撼动作用，因此OECD如何平衡大国利益也将决定"支柱一"最终能否落地以及能否建立持久性的税收规则。

（二）"支柱二"规则设计基本完成，成员国调整有关国内立法

与"支柱一"聚焦于数字经济领域的税收改革不同，"支柱二"则着眼于现代商业中的一切税收侵蚀问题，寄希望于重塑国际税收规则，进而提升全球税收公平。鉴于"支柱二"的规则设定具有广泛性和公平性，因此在近年的谈判中反而比"支柱一"更加顺利。2021年12月，OECD发布"支柱二"立法模板，为具有签署意向的经济体提供国内法律修订的指导和规则标准。2022年3月，OECD在立法模板的基础上进一步发布解释性文件[1]，以案例和规则注释的形式进行补充。截至2022年年底，"支柱二"的规则设计和技术工作基本完成。

此外，在税收辖区立法层面，"支柱二"相比"支柱一"取得了阶段性的成就。一方面，历经瑞典、马耳他、波兰和匈牙利等国家的多次摇摆，欧盟各成员国最终于2022年12月15日全体通过"支柱二"立法草案的表决。欧盟委员会（European Commission）要求各成员国于2023年年底之前将"支柱二"立法草案转变为国家立法，并应用于2023年之后开始的财政年度。另一方面，除欧盟之外的一些辖区也就"支柱二"与国内立法的融合取得了一系列的进展。如：韩国成功将"支柱二"纳入《国际税收调整法》，并将于2024年年初生效；英国和瑞士就"支柱二"议题发布了本国立法草案，并寻求公众意见；加拿大、挪威、马来西亚和印度尼西亚等国将"支柱二"的最低税纳入年度预算，并已经、或于近年生效。

---

1 "OECD releases detailed technical guidance on the Pillar Two model rules for 15% global minimum tax"，https://www.oecd.org/tax/beps/oecd-releases-detailed-technical-guidance-on-the-pillar-two-model-rules-for-15-percent-global-minimum-tax.htm，访问时间：2023年3月3日。

虽然"支柱二"在规则设计和成员国国内立法衔接方面取得了阶段性的进展，但仍然有一些问题需要解决。一方面，"支柱二"如何与成员国国内税法进行衔接，目前OECD的立法模板尚未给出合理的解决方案，需要各税收辖区结合自身情况仔细考虑；另一方面，作为全球性的税收解决方案，需要提升"支柱二"与其他全球性税收方案的兼容性，在立法原则和征管效力等方面进行兼容。

（三）"支柱一"能否成功落地将决定数字服务税问题的未来走向

虽然"双支柱"方案取得了阶段性的成就，但是目前仍然面临一系列挑战。一方面"支柱二"尚有技术细节需要确定，另一方面"支柱一"因为技术细节繁复以及难以平衡各方利益，能否顺利落地、何时落地，仍充满不确定性。目前各方对于"双支柱"方案的争端主要集中在"支柱一"，尤其是对于金额A的确定。

以发达国家为首的利益集团一致要求在计算金额A时应充分考虑市场国已征收的预提税，以避免双重课税。但一部分发展中国家以及发展中国家集团（如G24）等则强烈反对这种设置，认为预提税和金额A是两种不同的征税权，若在设计金额A时考虑预提税，则会导致对其现有征税权的侵蚀，有悖其自身利益。

此外，以美国政府和大型跨国企业为代表的利益集团，则强烈要求"支柱一"进一步明确对于以数字服务税为代表的单边措施的定义，以及采取更强有力的措施禁止这些单边行为。这些数字服务税的被课税者认为，"支柱一"目前对于单边征税行为的界定和惩罚措施都不够完善。以发展中国家为代表的利益集团（比如由55个发展中国家组成的南方中心[1]）则认为"支柱一"不应该对数字服务税做出更严格的定义，否则将会损害发展中国家的利益。

展望未来，数字服务税最终能否被取消，关键在于各方能否就"支柱一"取得一致意见。加拿大和欧盟已经明确表示，如果2024年"支柱一"无法实

---

1 55个成员国分别为：阿尔及利亚、加纳、尼加拉瓜、安哥拉、圭亚那、尼日利亚、阿根廷、洪都拉斯、巴基斯坦、巴巴多斯、印度、巴拿马、贝宁、印度尼西亚、菲律宾、玻利维亚、伊朗、塞舌尔、巴西、伊拉克、塞拉利昂、布隆迪、牙买加、南非、佛得角、约旦、斯里兰卡、柬埔寨、利比里亚、利比亚、中国、马拉维、巴勒斯坦、哥伦比亚、马来西亚、苏丹、科特迪瓦、马里、苏里南、古巴、毛里求斯、乌干达、朝鲜、密克罗尼西亚、坦桑尼亚、多米尼加、摩洛哥、委内瑞拉、厄瓜多尔、莫桑比克、越南、埃及、纳米比亚、津巴布韦、加蓬。

施，其将采取单边的数字服务税以维护自身利益。一些国家甚至已经着手研究如何抵消其他税收辖区单边征收数字服务税所带来的税收压力，比如爱尔兰允许设立在其境内的公司在征收计算公司税时抵扣在其他税收辖区缴纳的数字服务税。"支柱一"能否顺利落地，不确定性较大。一方面"支柱一"规则复杂、难以实施；另一方面"支柱一"涉及多方博弈，各方达成一致意见较为困难。博弈主体既包括市场国与居民国之间的博弈，也包括低税国与高税国之间的博弈。此外，虽然"支柱二"取得了阶段性的成果，但大部分税收辖区仍在评估其可能带来的税收收入和经济成本（比如对于国际投资的影响）。

三、"印太经济框架"下数字贸易规则谈判启动

5月23日，美国正式宣布启动"印太经济框架"（Indo-Pacific Economic Framework for Prosperity，IPEF）[1]，初始成员包括美国、韩国、日本、印度、澳大利亚、新西兰、印度尼西亚、泰国、马来西亚、菲律宾、新加坡、越南、文莱和斐济14个国家。作为美国总统约瑟夫·拜登（Joseph Biden）上任后在亚太地区的首个重大经济举措，IPEF不关注市场准入和关税削减问题，而是聚焦于"构建数字贸易规则""提升区域供应链韧性""普及清洁能源与碳排放"以及"加强税收和反腐败"四大支柱。成员国可菜单式选择加入感兴趣的任一支柱。拜登政府的表态已证实数字贸易治理合作尤其是数字贸易规则塑造将被置于印太数字经济合作的优先位置。

自从14个成员国发布联合声明宣布启动IPEF后，美国便大力推动该框架中数字贸易规则的谈判。5月23日，拜登政府在其发布的"事实清单"[2]中提出成员国将以"高标准、包容、自由、公平"为原则，在数字经济议题上展开合

1　"Statement on Indo-Pacific Economic Framework for Prosperity"，https://www.whitehouse.gov/briefing-room/statements-releases/2022/05/23/statement-on-indo-pacific-economic-framework-for-prosperity/，访问时间：2023年2月26日。

2　"Fact Sheet: In Asia, President Biden and a Dozen Indo-Pacific Partners Launch the Indo Pacific Economic Framework for Prosperity"，https://www.whitehouse.gov/briefing-room/statements-releases/2022/05/23/fact-sheet-in-asia-president-biden-and-a-dozen-indo-pacific-partners-launch-the-indo-pacific-economic-framework-for-prosperity/，访问时间：2023年3月31日。

作。例如，IPEF将基于WTO的贸易便利化原则，升级成员国之间的贸易便利化措施，并解决在线隐私、不道德的人工智能使用等问题。6月11日，在WTO的第十二届贸易部长级会议期间，美国和其他成员国的代表在巴黎举行了非正式会议。7月13至14日，IPEF首次高级官员和四大支柱专家会议在新加坡举行，各成员就框架内各支柱内的具体谈判内容进行了初步讨论。

9月8至9日，IPEF的14个成员国在美国洛杉矶举行了首次部长级线下会议，会后各国对该框架的四个支柱分别发表了声明。对于数字经济而言，IPEF成员公布了如下谈判目标：一是建立高标准数字贸易规则，包括数据跨境流动标准和数据本地化存储标准；二是解决数字经济中的主要问题，开展深度合作以确保中小企业从地区数字贸易中获益；三是解决网络隐私、歧视性使用人工智能以及人工智能道德风险等监管问题。此外，在首次部长级会议期间，美国还联合文莱、斐济、印度、印度尼西亚、马来西亚、菲律宾、泰国和越南等国宣布在IPEF下启动"技能提升倡议"，以促进数字经济包容性发展。[1] 该倡议称，到2032年，亚马逊、苹果、思科、戴尔、微软等14家美国公司会为每个缔约成员的女性提供至少50万个数字技能领域的培训机会。

延伸阅读

印太地区数字贸易发展前景

印太地区是数字经济发展的沃土。第一，数字经济的发展对市场规模具有强依赖性，加之数字服务具有用户黏性强的特征，因而美国通过IPEF数字贸易治理获取先动者地位，可分享印太数字经济增长的好处。[2] 第二，印太地区占有世界经济总量的60%，世界经济增量的三

---

1 "The Asia Foundation Partners with U.S. Commerce Department to Launch Indo-Pacific Economic Framework for Prosperity Upskilling Initiative"，https://asiafoundation.org/2022/09/09/the-asia-foundation-partners-with-u-s-commerce-department-to-launch-indo-pacific-economic-framework-for-prosperity-upskilling-initiative/，访问时间：2023年3月31日。

2 "Domestic Perspectives on IPEF's Digital Economy Component"，https://www.csis.org/analysis/domestic-perspectives-ipefs-digital-economy-component，访问时间：2023年4月29日。

分之二也来源于此。[1] 此外，印太地区拥有全球一半的人口，其中包含
15亿中产阶级，其数字经济发展潜力和市场规模相当可观。第三，东
南亚数字经济的体量规模不容小觑，2025年东南亚数字经济规模预计
超过3600亿美元。[2] 目前，在东南亚国家中，印尼的数字经济体量排名
第一，菲律宾增长势头最猛，而新加坡的高质量初创企业最为密集。
第四，南亚地区数字经济市场潜力巨大。以印度为例，其拥有四亿非
网民，目前90%的贸易均通过现金结算，市场空间广阔。

　　印太数字贸易治理主导权显得尤为关键。数字贸易的主体是可数
字化的服务贸易，影响服务贸易竞争的决定性因素并非最先进的数字
技术，而是相关规则的制定[3]，并且制约服务贸易发展的壁垒主要是政
府在境内采取的各类限制性措施。要促进数字贸易发展，须通过参与
或引领数字贸易规则制定来降低甚至剔除这些限制性制度壁垒。当前，
以WTO为代表的多边贸易体制几乎停滞，区域贸易协定在全球贸易治
理体系中的重要性凸显。[4] 美国拜登政府寄希望于通过IPEF提升数字贸
易治理主导权，获取该地区数字经济发展红利。

四、新加坡签署系列数字经济相关对外协定

　　2022年，新加坡继续深耕数字贸易治理，对外签署一系列数字经济相关协
定，带动经济和贸易数字化转型和变革，输出了新加坡的数字贸易治理理念和
规则诉求，彰显了数字贸易规则中的"新式模板"特色。相关协定包括：新
加坡与英国在2月25日签署《英国—新加坡数字经济协定》（UKSDEA），6月
14日起正式生效。新加坡与韩国在11月21日签署《韩国—新加坡数字伙伴关系

1　"'印太经济框架'可行性存疑"，https://www.essra.org.cn/view-1000-3920.aspx，访问时间：2023年3月9日。

2　"E-conomy-sea-2022"，https://tmsk.sg/e-conomy-sea-2022，访问时间：2023年3月9日。

3　"Writing the Rules Redefining Norms of Global Digital Governance"，https://www.nbr.org/publication/writing-the-rules-redefining-norms-of-global-digital-governance/，访问时间：2023年3月9日。

4　王俊、王青松、常鹤丽：《自由贸易协定的数字贸易规则：效应与机制》，载《国际贸易问题》，2022年第11期，第87—103页。

协定》（KSDPA），2023年1月14日起正式生效。新加坡与欧盟在2022年12月15日签署《欧盟—新加坡数字伙伴关系协定》（EUSDP）。相较于两年前缔结的《数字经济伙伴关系协定》（DEPA），2022年新加坡主导签署的系列数字经济相关协定，无论是在数字经济议题广度还是在深度上都有所提升，尤其是深化和拓展了网络安全、新兴技术领域和数字包容性等议题的内容和范围。

延伸阅读

数字贸易规则的"新式模板"

全球数字贸易规则制定受阻，区域数字贸易协定稳步推进，全球已形成三大特色的数字贸易规则谈判模式，其中包括以美国签署的《美加墨协定》（USMCA）为代表的"美式模板"，以欧洲签署的系列自由贸易协定为代表的"欧式模板"和以新加坡于2020年签署的DEPA为代表的"新式模板"。

以DEPA为代表的"新式模板"在内容上突出数字贸易便利化、数字治理新领域以及数字包容性的发展。其中数字贸易便利化包括：促进跨境数据流动、促进端到端的数字贸易、加强数字系统的互操作性、禁止计算机设施本地化要求、构建网络安全环境、强调保障个人信息安全等。数字治理新领域的探索有：人工智能治理框架、拓展金融科技合作、数字身份、电子支付和电子发票等。数字包容性涵盖了帮助中小企业融入数字贸易环境，向参与数字经济存在障碍的群体分享最佳经验以及开展相关帮扶活动等。

"新式模板"共含有16个模块，相关承诺对于降低数字贸易壁垒，建立多层次、多角度的数字贸易体系，提升网络安全，激发中小企业数字转型活力，改善国家内部数字贸易环境具有深远影响。

（一）加强维护数字安全的有关承诺

DEPA是数字贸易规则"新式模板"的代表性协定。跟DEPA相比，2022

年新加坡对外签署的UKSDEA、KSDPA和EUSDP皆在网络安全、在线消费者保护等规则上提出了更高标准。具体而言，DEPA中与数字安全环境方面相关的内容主要包括模块4"个人信息保护"、模块5"建立更广泛的信任环境（网络安全合作和在线安全与保障）"、模块6"在线消费者保护"。

比较UKSDEA与DEPA的数字安全相关规则，UKSDEA深化了网络安全、在线安全与保障等内容。对比UKSDEA第8.61-L条"网络安全"与DEPA第5.1条"网络安全合作"：（1）UKSDEA网络安全合作机制要求更高。DEPA第5.1条2（b）中使用"利用现有合作机制"（using existing collaboration mechanisms）开展相关网络安全保护工作，而UKSDEA第8.61-L条"网络安全"1（b）中运用"建立或加强现有合作机制"（establishing or strengthening existing collaboration mechanisms）开展网络安全合作。（2）UKSDEA细化了应对网络威胁的政策指导意见，包括建立消费级物联网设备安全互认基准，发展网络安全劳动力培训，开展网络安全创新项目，建立基于风险而非规定性和合规的方式来制定网络安全标准来应对安全威胁，提高抵抗网络风险韧性。对比UKSDEA的8.61-O条"在线安全与保障"和DEPA第5.2条"在线安全与保障"，UKSDEA将承诺款项从DEPA中的三条增加至四条，增加的内容为"各缔约方依据各自法律法规维护开放、自由和安全的互联网"。DEPA第5.2条停留在"鼓励""认识"等非约束性语句上，而UKSDEA通过新增的第四条将网上安全和保障内容上升到强约束力的法律层面。

KSDPA也在DEPA的基础上，对网络安全合作内容进行了深化。DEPA中提出加强网络安全领域劳动力发展（workforce development）；相比之下，KSDPA协定第14.22条"网络安全合作"2（c）提到要加强网络安全领域的"青年培训和相关发展"（training and development of youths），强调青年重要性，把笼统的条款变得更清晰与具体。

EUSDP对DEPA中的安全数字环境等议题内容进行了深化。在网上消费者保护方面：（1）EUSDP使用更加严格的措辞，DEPA要求成员方"认识到"（recognize）保护消费者免受欺诈的重要性，而EUSDP使用"有必要确保"（are needed to cnsurc）国内法禁止对消费者进行欺诈的消费活动。（2）EUSDP对应该提供怎样的商品和服务信息给消费者使用正向列举，如要求供应商为消费者提供完整、准确、透明的商品和服务信息及购买条件；向消费者提供利用公平、透明、有效的机制解决因数字交易产生的争端；而DEPA列举欺诈性消费行为，如何保护消费者权益措施较为笼统，EUSDP则对于网上消费者的保护程度比DEPA要高。（3）EUSDP明确了网上保护消费者的主体部门，促使各缔约方在解决网上消费者安全问题时，明确负责主体，进一步加强了执法力度。在网络安全方面，EUSDP进一步细化了治理网络安全的途径，例如通过政府间多边合作、国际论坛以及技术服务提供商来解决网络威胁，也提出运用基于风险管理的方法来识别和防范网络安全风险。另外，EUSDP还支持建立数字监管框架、规范和标准，旨在建设更加安全的数字环境。

（二）扩展新兴领域数字议题

继DEPA拓展了新兴领域数字议题，提出人工智能治理框架、发展金融科技合作、数字身份、电子支付和电子发票等内容之后，UKSDEA、KSDPA和EUSDP也纷纷在新兴领域数字议题的深度和广度上进行拓展。

UKSDEA在人工智能治理框架、数字金融和数字身份方面细化了条款要求，也拓宽了条款覆盖内容。在人工智能领域，DEPA提出建立道德和治理框架，而UKSDEA提出了更为详细而现实的治理方案。UKSDEA第8.61-R条"人工智能与新兴技术"谈到利用基于行业标准和风险管理的最佳实践的风险监管方法，双方在人工智能研究、产业行业活动、政策、法律执行及合规、促进与国际人工智能治理框架互操作性等领域交流信息，分享经验和最佳实践；促进双方政府和非政府组织在研发、联合部署、测试、人工智能投资和商业化方面加强交流；积极参与人工智能伙伴关系（Global Partnership on Artificial Intelligence，GAPI）等国际论坛，讨论贸易与人工智能等新兴技术之间的互动问题。比起DEPA空泛地倡导建立道德和治理框架，UKSDEA规定更为详细，列举了负责的主体、合作的场所，以及具体协商的内容，提高了英国和新加坡双方在人工智能领域合作的水平。在数字金融发展议题中，DEPA对此仅在8.1条中提及加强金融科技部门之间的金融科技合作，而UKSDEA涵盖的数字金融方面则更加广泛，包括金融科技、监管科技、金融诚信、消费者保护、普惠金融、金融稳定、运营弹性和可持续性等。在数字身份议题中，UKSDEA增加了对于识别和运用数字身份相互识别的使用示例承诺规定，以此完善数字身份制度的兼容性和互操作性。

KSDPA为人工智能议题规定了明确的合作主体和内容。KSDPA第14.28条"人工智能"规定有通过相关区域、多边和国际论坛进行人工智能治理框架的合作，并且对话分享与人工智能有关的法规、政策和举措经验；相比之下DEPA第8.2条"人工智能"仅涉及认识构建人工智能道德治理框架重要性并努力采用此框架等内容。

EUSDP在新兴领域增加了许多新议题，包括：数字技能教育、企业数字化转型、半导体供应链、5G/5G以外的通信合作、金融领域数字化和数字基础设施建设等。EUSDP之所以在数字新兴议题增添更多内容，一方面，欧盟含有"欧式模板"基因；另一方面，近些年欧洲的环保主义政治运动，在某种程度上促使欧盟在数字贸易新领域不断探索。在数字技能教育方面，EUSDP指出可以通过欧盟数字技能和就业联盟、跨境青年导师网络企业家、跨境人才网络等促进数字技能合作。在企业数字化转型议题上，EUSDP强调帮助企业提高数字技能、运用数字工具改善资本和信贷获取方式、参与政府采购等。对于半导体供应链和5G/5G以外的通信合作等议题，欧盟和新加坡加强合作，共同促进超越5G的6G发展，并期望加强供应链监测和中断预警机制，提升半导体供应链的应变能力。在金融领域数字化建设和数字基础设施建设方面，EUSDP把这类议题视为数字化发展基本要点，并加强在线数字监管，促进信息共享。

UKSDEA、KSDPA和EUSDP都增加了DEPA中未涵盖的电子认证、电子签名和源代码等议题内容。这部分内容对于其他大型区域贸易协定，例如在以USMCA为代表的"美式模板"，以及以欧盟与日本经济伙伴关系协定（EPA）为代表的"欧式模板"中属于常规条款，但是DEPA却没有涵盖。2022年新签署的三份数字贸易协定都将这些议题纳入，可以看作是"新式模板"在议题内容上与"美式"和"欧式"的靠近。

（三）坚持数字包容性发展

数字包容性为DEPA中独有的创新条款，UKSDEA和EUSDP都对此进行了深化。UKSDEA在第8.61-P条数字包容条款中将数字包容问题上升到法律层面，要求各方根据法律，制定适当的劳动政策，保障数字经济工作人员的权益，倡导在多边框架下进行合作，帮助参与数字贸易存在困难的国家。这将数字包容性要求从指导性举措上升为具有法律保护的性质，并利用WTO多边框架，有利于促进全球范围的数字变革。EUSDP对数字包容性议题，措辞上运用了"政府必须"（essential for governments）解决好妇女和低社会经济群体在参与数字经济中面临的障碍，强调了解决数字包容性问题的重要性，数字包容性议题在"新式模板"中将是一个重要的且长期发展的议题。

五、《区域全面经济伙伴关系协定》数字贸易规则生效实施

1月1日，《区域全面经济伙伴关系协定》（Regional Comprehensive Economic Partnership，RCEP）协定对已提交核准书的10国[1]正式生效。协定覆盖人口约22.7亿，GDP约占全球的33%、出口额占全球的30%。作为当前世界上参与人口最多、成员结构最多元、经贸规模最大、最具发展潜力的自由贸易协定，RCEP的生效为区域经济合作的不断深化创造了崭新机遇，为世界经济的开放融通注入了强劲动力，为中国经济的持续繁荣提供了强大引擎。该协定由东盟十国发起，邀请中国、日本、韩国、澳大利亚、新西兰共同参加，通过削减关税及非关税壁垒，建立15国统一市场的自由贸易协定。RCEP充分尊重各缔约方国内措施和监管要求，提出各缔约方为实现公共政策目标所采取的措施的必要性由实施的缔约方决定，其他缔约方不得提出异议。同时，RCEP对监管水平较低的缔约方提供过渡期，例如针对部分条款，柬埔寨、老挝和缅甸等国在协定生效之日起五年内不必适用，如果有必要可以再延长三年。以上规定统筹兼顾了各缔约国的实际情况，为各国的电子商务产业发展和监管水平提高预留了充足的空间，表明了RCEP对不同监管政策和体系的兼顾和包容，促进了非歧视且公平的贸易体系的建立。

（一）三种贸易便利化措施

无纸化贸易可以大大缩短通关时间，提高跨境贸易效率，降低交易成本，提高交易透明度。RCEP要求各缔约方一要考虑包括世界海关组织在内的国际

---

1 文莱、柬埔寨、老挝、新加坡、泰国、越南、中国、日本、新西兰、澳大利亚。

组织商定的方法，努力实现无纸化贸易；二要努力接受以电子形式提交的贸易管理文件与纸质版贸易管理文件具有同等法律效力；三要努力使电子形式的贸易管理文件可公开获得。另外，RCEP还要求缔约方应当在国际层面开展合作，以提高对贸易管理文件电子版本的接受度。

电子签名是指数据电文中以电子形式所含、所附用于识别签名人身份并表明签名人认可其中内容的数据。为了更好地提高电子签名的国际认可度，RCEP中针对电子签名的法律效力规定：除非其法律和法规另有规定，不得以签名仅为电子方式而否认该签名的法律效力。

电子认证（Electronic authentication）简单来说就是采用电子技术检验用户合法性的操作。参考已有有关电子认证的国际规范，RECP规定缔约方应允许电子交易参与方就其电子交易确定适当的电子认证技术和实施模式，不应对电子认证技术和电子交易实施模式的认可进行限制；以及允许电子交易的参与方有机会证明其进行的电子交易遵守与电子认证相关的法律和法规。同时RCEP也规定对特定种类的电子交易，缔约方可要求认证方法由符合某些绩效标准或由法律法规授权的机构进行认证。缔约方应当鼓励使用可交互操作的电子认证。

（二）维护良好的电子商务环境措施

关于线上个人信息保护的相关问题，RCEP中规定每一缔约方应当采取或维持保证电子商务用户个人信息受到保护的法律框架。提出在制定保护个人信息的法律框架时，每一缔约方应当考虑相关国际组织或机构的国际标准、原则、指南和准则。同时，RCEP要求每一缔约方应当发布其向电子商务用户提供个人信息保护的相关信息，具体包括消费者如何寻求救济以及企业如何遵守任何法律要求。另外，RCEP特别提到缔约方应当鼓励法人通过互联网等方式公布其与个人信息保护相关的政策和程序。

非应邀商业电子信息（unsolicited commercial electronic message）指出于商业或营销目的，未经接收人同意或者接收人已明确拒绝，仍向其电子地址发送的电子信息。RCEP规定，缔约方需要对非应邀商业电子信息提供者进行监管，包括要求其为接收人提供阻止接受该信息的能力提供便利，要求获得接收人对于接收商业电子信息的同意以及将非应邀商业电子信息减少到最低程度。

RCEP中增加了与个人信息保护以及减少非应邀商业电子信息有关的规定，这不仅是满足实际监管的需要，也提高了条款的法制化和透明性。RCEP条款鼓励各缔约方在网络安全、消费者保护以及电子商务发展等方面积极合作，努力消除各缔约方间的贸易壁垒，切实提高了监管体系的协调性和可执行性。

（三）促进跨境电子商务发展措施

RCEP解除计算设施（computing facilities）强制本地化要求，推动数据跨境自由流动。针对计算设施和电子信息跨境传输的自由化向各缔约方提出以上的义务性要求，促进了各缔约方电子商务的发展。另外还对为满足公共政策目标所采取的措施进行了规定，要求不得构成任意或不合理的歧视或变相的贸易限制。

不得要求计算设施本地化。计算设施指用于商业用途的信息处理或存储的计算机服务器和存储设备。RCEP承认各缔约方为了保证通信安全和保密的要求，对于计算设施的使用或位置可能有各自的措施，但也规定了缔约方不得将要求涵盖的人使用该缔约方领土内的计算设施或者将设施置于该缔约方领土之内，作为在该缔约方领土内进行商业行为的条件。[1]

允许电子信息跨境传输。跨境电子商务的发展离不开跨境数据自由流动。RCEP认识到各缔约方对于通过电子方式传输信息可能有各自的监管要求，规定缔约方不得阻止在商业行为中运用电子方式跨境传输信息。与此同时，RCEP也规定了两种例外情况，一是允许缔约方采取为了实现合法的公共政策目标所必要的措施，只要该措施不会构成任意或不合理的歧视或变相的贸易限制；二是允许缔约方采取对保护其基本安全利益所必需的任何措施，且其他缔约方不得对此类措施提出异议。在国别例外方面，柬埔寨、老挝和缅甸在该协定生效之日起五年内不得被要求适用本条款，如有必要可再延长三年。越南在该协定生效之日起五年内不得被要求适用本条款。

---

[1] 《区域全面经济伙伴关系协定》（RCEP）第十二章"电子商务"，第十四条"计算设施的位置"，http://fta.mofcom.gov.cn/rcep/rceppdf/d12z_cn.pdf，访问时间：2023年10月10日。

延伸阅读

RCEP生效对跨境电商的影响

提高跨境电商物流效率。物流是跨境电商发展的重点，RCEP的正式生效实施提高了跨境电商的物流效率。通过采取预裁定、抵达前处理、信息技术运用等促进海关程序的高效管理手段，RCEP简化了跨境物流海关通关手续。例如，RCEP中明确规定了缔约方的货物放行义务，即为便利缔约方之间货物贸易，缔约方应当积极采取简化的海关清关程序，从而加快放行。当进口缔约方取得清关所需信息后，应当在48小时内放行货物。允许在出口方缴纳担保金的情况下，进口缔约方在做出放行决定之前放行货物。对于易腐货物，进口缔约方在收到清关信息后6小时内应当放行。简化的通关手续和超高的清关效率缩短了跨境物流的时间，提升了客户的消费体验。

降低跨境电商贸易成本。RCEP规定，各缔约方之间采用双边两两出价的方式对货物贸易自由化做出安排，协定生效后已核准成员之间90%以上的货物贸易将最终实现零关税，而且各缔约方可以依据自己的国情承诺立刻将关税降到零或过渡期降税到零（过渡期的时间主要为10年、15年和20年等），RCEP的关税减让降低了企业进口原材料的成本，从而提高了跨境电商出口产品的价格竞争力，进一步提高跨境电商企业的盈利能力，促进区域内跨境电子商务的发展。

推动中国跨境电商模式和规则的复制推广。相对于其他缔约国，中国的跨境电商发展较早，而且已经达到了世界先进水平。多年来中国在跨境电子商务领域的发展中积累了许多宝贵的实践经验，这些经验对其他RCEP缔约国的电子商务发展具有重要的借鉴意义。RCEP的生效实施标志着各缔约方认识到了跨境电子商务发展的重要性，在发展跨境电子商务方面达成共识。RCEP协定中鼓励各缔约国就发展电子商务加强合作和交流，这有助于推动中国跨境电商模式和规则在各缔约国的推广，促进各缔约国数字贸易技术发展，加快构建数字化电子商务监管体系。

优化区域跨境电商供应链，整合区域价值资源。供应链安全和区域价值资源的整合是跨境电商的核心。由于受到疫情和逆全球化浪潮的影响，跨境电商产业链和价值链面临前所未有的不确定性。RCEP协定生效后，区域内各缔约国的资源、商品流动、技术和服务资本合作以及人才合作将会更加便利，有利于优化区域供应链和整合资源。这也将给中国跨境电商海外仓等物流基础设施的完善带来机遇，作为跨境电商重要的境外节点，目前中国海外仓数量已经超过2000个。RCEP生效将会提高电商企业在区域内进行投资的信心，有助于电商企业增加海外仓等物流基础设施租用或自建数量。另外，通过对区域内跨境电商供应链的优化和对价值资源的整合也有利于缓解各种不利因素的负面影响，逐步提高跨境电商供应链的韧性和区域资源的利用率。

加速跨境电商转型升级。虽然跨境电商推动了传统贸易发生变革，给全球外贸注入新的动能，但其发展仍然面临区域文化差异、支付安全以及物流速度慢等现实问题。RCEP的生效为以上问题的解决提供了可行方案，颁布政策鼓励跨境电商发展，推动跨境电商适应当地产业变革都是可行之策。RCEP提出建立跨境电商发展服务平台，建设配套物流服务体系以及海外仓，这将推动区域内跨境电商转型升级，增加优质产品供应，提高物流效率，优化消费者体验。

促进贸易的便利化和规范化。整体来看，对于外贸企业和出口企业来说最头疼的问题是各国贸易协定重点和贸易标准差异性大，而RCEP的生效使得区域内的贸易规则和条款得到了统一，降低了企业投资的不确定性，提高了区域内的资本流动的效率。从条款内容来看，RCEP努力推动无纸化贸易普及，通过电子形式提交贸易管理文件，简化了传统贸易流程，提高了跨境贸易的效率，推动了贸易便利化的进程。同时，RCEP努力提高电子签名和电子认证的国际认可度，使区域内电子签名和电子认证的法律效力得到提高，促进了跨境电子商务的发展。

六、"中国加入DEPA工作组"成立

8月18日，根据DEPA联合委员会的决定，"中国加入DEPA工作组"正式成

立，中国加入 DEPA 的谈判全面推进。[1] 8 月 22 日，中国商务部新闻发言人表示，成立加入工作组意味着中国全面推进加入 DEPA 的谈判。[2] "中国加入 DEPA 工作组"将由 DEPA 成员政府代表组成，智利担任主席，在工作组框架下与中国开展磋商，推进中国加入进程。下一步，中国将与成员国在"中国加入 DEPA 工作组"框架下深入开展谈判，努力推进中国加入进程，力争尽早正式加入 DEPA，为与各成员加强数字经济领域合作、促进创新和可持续发展做出贡献。

当前，缔结数字经济协定是各国争取规则优势的重要选项，中国申请加入 DEPA 并积极推动加入进程，体现了中国与高标准国际数字规则兼容对接，拓展数字经济国际合作的积极意愿，是中国持续推进更高水平对外开放的重要行动。一方面，加入 DEPA 有助于中国加快完善数字贸易治理体系。DEPA 的约束性规则较少，聚焦于数字贸易便利化、数据跨境流动和本地化存储问题以及数字产品相关问题，还涵盖了人工智能、金融科技等多项新兴技术和中小企业合作等软性安排，旨在搭建政府间的数字贸易合作框架，解决数字贸易中的关键问题，与中国加强全球数字经济领域合作、促进创新和可持续发展的努力方向一致。通过与 DEPA 中先进的数字贸易规则对标，中国将加快数字产品市场开放，增强政府数字化治理能力，健全数据要素市场规则，营造规范有序的政策环境，促进数字经济治理体系更加完善。另一方面，中国在数字经济发展尤其是跨境电商领域具有丰富的实践经验，无论是产业、技术还是市场层面均具有较大优势。中国加入 DEPA 能够为成员提供更为广阔的市场空间，不仅可以增加 DEPA 的"辐射范围"，还有助于将 DEPA 打造为亚太地区的数字贸易规则模板，与 DEPA 成员形成"双赢"局面。

延伸阅读

DEPA 的特征及中国加入 DEPA 的背景

DEPA 由新西兰、新加坡、智利于 2019 年 5 月发起，并于 2020 年 6 月

---

1 "中国加入《数字经济伙伴关系协定》（DEPA）工作组正式成立"，http://jp.mofcom.gov.cn/article/jmxw/202208/20220803343570.shtml，访问时间：2023 年 4 月 28 日。

2 "我国全面推进加入《数字经济伙伴关系协定》谈判"，https://epaper.gmw.cn/gmrb/html/2022-08/23/nw.D110000gmrb_20220823_4-10.htm，访问时间：2023 年 2 月 21 日。

线上签署，是全球首份数字经济区域协定，涵盖了数字贸易领域的大部分议题，并且致力于推动数字贸易便利化、新兴技术创新驱动以及数字经济包容性发展。DEPA采用独特的"模块式协议"——参与方不需要同意DEPA所覆盖的16个模块的全部内容，而可以根据自身数字经济发展水平和利益诉求选择是否加入。

DEPA共包含16个模块：分别是初步规定和一般定义、商业和贸易便利化、数字产品及相关问题的处理、数据问题、广泛的信任环境、商业和消费者信任、数字身份、新兴趋势和技术、创新与数字经济、中小企业合作、数字包容、联合委员会和联络点、透明度、争端解决、例外、最后条款。其中10个实体性模块涵盖了36个条款，6个流程性模块涵盖了36个条款。实体性模块意在规定和确立成员国参与数字贸易治理的责任和义务，流程性模块意在保证协定得以顺利运行。具体来看，实体性模块包含传统议题和新议题。在传统议题方面（模块2-6），DEPA主要围绕数字贸易便利化、数字产品非歧视待遇、跨境数据流动和消费者权益保护展开。除此以外，DEPA在模块7-11中纳入了新议题，包括金融科技合作和人工智能、数据创新和公开政府数据、中小企业合作和数字包容等。流程性模块详细规定了申请加入DEPA的流程和争端解决程序。

2021年11月，中国正式提出加入DEPA的申请。在推进加入进程中，中国与DEPA成员国新西兰、新加坡、智利在各层级开展对话，举行了10余次部级层面的专门会谈、2次首席谈判代表会议、4次技术层非正式磋商，深入阐释中国数字领域法律法规和监管实践，全面展现中国在DEPA框架下与各方开展数字经济领域合作的前景。DEPA成员国欢迎中国提出加入申请，赞赏中方为加入DEPA所做的努力和展现出的诚意，积极评价中方推进数字经济对外开放和互利合作的意愿，经过认真评估，决定同意成立中国加入工作组。[1]

---

1 "我国全面推进加入《数字经济伙伴关系协定》谈判"，https://epaper.gmw.cn/gmrb/html/2022-08/23/nw. D110000gmrb_20220823_4-10.htm，访问时间：2023年2月21日。

第三章　网络核心技术发展与治理广受关注

2022年，俄乌冲突爆发加剧全球复杂局势，网络核心技术安全成为国家安全重要组成部分，受到各国广泛重视。全球网络核心技术及安全的供应链和产业链调整加速，主要国家和地区纷纷布局半导体、量子计算、5G、6G、人工智能等领域发展与治理，将相关技术列入关键和新兴技术清单。美国等部分国家频繁以"国家安全"为由，强化针对新兴技术的审查，扰乱核心技术发展和治理生态。

一、主要国家和地区半导体供应链产业链调整

2022年年初，俄乌冲突爆发，全球稀有气体供应受到严重影响，许多大型芯片代工厂寻找替代供应商以应对原材料短缺的危机。从稀有气体供给上看，全球约70%的氖气、40%的氪气以及30%的氙气来自乌克兰，近40%的钯材料供应来自俄罗斯。俄罗斯工业和贸易部（Ministry of Industry and Trade of the Russian Federation）表示，受制裁影响的俄罗斯将限制氖气等惰性气体的出口，在2022年12月31日前，只有在获得国家特别许可的情况下才可出口惰性气体。俄乌冲突叠加俄罗斯出口限制，加剧稀有气体原材料的短缺，促使芯片制造商加快寻找替代供应商和加大储备力度。延续2021年，半导体供应链和产业链调整仍然是主要国家和地区的重要议题。

（一）美国以保障"供应链安全"为由加速政策调整

1. 出台刺激政策

8月9日，美国总统拜登签署《2022年芯片与科学法案》（CHIPS and Science Act of 2022），为美国半导体的研发、制造和劳动力发展提供约527亿美元的政府补贴，为企业提供价值240亿美元的投资税抵免，鼓励企业在美国研发和制

造芯片，并在未来几年提供约2000亿美元的科研经费支持等。美国智库印中美研究所（India China and America Institute）国际贸易研究室专家称，《2022年芯片与科学法案》意在将全球信息通信技术供应链武器化。该机构还指出，美国称"芯片法案"旨在促进该国半导体制造业发展，不过其真正的战略目标是地缘政治利益。[1]

为配合法案实施，美国商务部（United States Department of Commerce，USDC）、白宫科技政策办公室（Office of Science and Technology Policy，OSTP）等陆续出台实施细则和意见征询。9月6日，美国商务部发布500亿美元美国芯片基金（CHIPS for America Fund）实施计划，提出将通过大规模投资前沿芯片制造业，提升新技术、专业技术以及半导体行业供应商的制造能力，以及加强美国在研发方面的领导地位共三项举措来推动美国本土芯片制造业的发展。该计划设立了四个主要目标：建立和扩大美国国内先进半导体的生产能力；构建充足稳定的半导体供应链；投入研发以确保下一代半导体技术在美国本土研发和生产；创造数万个芯片制造高薪工作岗位和十万多个建筑工作岗位。其中，280亿美元将用于在美国国内生产最先进制造工艺的尖端逻辑和存储芯片；100亿美元用于激励提高国内国防和汽车、信息通信技术以及医疗设备等关键领域的国内芯片产量；110亿美元用于美国国家半导体技术中心（National Semiconductor Technology Center）、美国国家先进封装制造计划（National Advanced Packaging Manufacturing Program）、最多三个新的美国制造研究所以及美国国家标准与技术研究院（National Institute of Standards and Technology，NIST）研究开发计划。该战略具体资金申请指导文件将于2023年2月初发布。[2] 9月19日，OSTP公开征询《国家微电子研究战略草案》（Draft National Strategy on Microelectronics Research），以确保微电子研发优先事项与《2022年芯片与科学法案》计划、投资和活动协同。草案由国家科学技术委员会的微电子领导力小组委员会（Subcommittee on Microelectronics Leadership，SML）

---

1 "美国智库专家：美国挑起'芯片战'将引发灾难性后果"，https://china.chinadaily.com.cn/a/202208/31/WS630f1294a3101c3ee7ae683e.html，访问时间：2023年3月25日。

2 "Biden Administration Releases Implementation Strategy for \$50 Billion CHIPS for America program"，https://www.commerce.gov/news/press-releases/2022/09/biden-administration-releases-implementation-strategy-50-billion-chips，访问时间：2023年3月7日。

负责制定。微电子领导力小组委员会则由OSTP、国家标准与技术研究院和国防部国防高级研究计划局共同领导，与十几个联邦机构部门合作。[1]

2. 建立以美国为中心的供应链产业链联盟

在东亚地区组建"芯片四方联盟"（Chips 4 Alliance）。3月，美提议与韩国、日本和中国台湾的芯片制造商组建"芯片四方联盟"，寄望通过产业联盟方式实现芯片供应链重整，推动龙头企业将各自产业链迁往美国。由于中国是韩国半导体企业重要的市场，韩国政府和企业最初难以接受美国政府的提议[2]，在美国的压力下，韩国外交部部长8月18日宣布，韩国将出席由美国领导的"芯片四方联盟"初步磋商会议。但对于"排中条款"，韩国称，将争取放宽限制，以免影响产业营收。[3] 9月28日，"芯片四方联盟"举行"美—东亚半导体供应链弹性工作小组"首次预备会议，达成初步共识，将"芯片四方联盟"作为美国主导讨论的工作平台，主要商议如何从各自角度来解决半导体供应链遇到的相关问题。[4]

强化美欧半导体产业协调。5月15至16日，美国—欧盟贸易和技术委员会（U.S.-E.U. Trade and Technology Council，TTC）召开的第二次部长级会议审议并宣布了供应链安全工作组的主要成果，其中针对半导体领域提出：建立早期预警系统，监测和解决美欧半导体供应链的薄弱环节和潜在风险点；建立跨大西洋半导体投资方法，确保供应安全，避免补贴竞赛等。在12月5日召开的第三次部长级会议上为半导体产业的需求情况和补贴政策建立了协调机制，试图避免美欧补贴竞赛；另外，美国商务部和欧盟委员会还同意建立一个共同机

1　"The Biden-Harris Administration Begins Implementation of CHIPS and Science Act to Benefit American Communities", https://www.whitehouse.gov/ostp/news-updates/2022/09/19/the-biden-harris-administration-begins-implementation-of-chips-and-science-act-to-benefit-american-communities/，访问时间：2023年3月7日。

2　"美欲组'芯片四方联盟'围堵中国？韩媒：韩政府和企业难以接受美提议"，https://3w.huanqiu.com/a/de583b/47NiIdszb3i，访问时间：2023年3月23日。

3　"South Korea to Join Chip 4 Alliance Meeting", http://www.businesskorea.co.kr/news/articleView.html?idxno=98075，访问时间：2023年3月12日。

4　"美国组建的'芯片四方联盟'首次预备会议召开"，https://k.sina.com.cn/article_5772303575_1580e5cd70190106ya.html?from=tech&kdurlshow=1，访问时间：2023年3月7日。

制，分享公共支持计划的信息，提升透明度。[1]

通过"印太经济框架"和"四方安全对话"（Quadrilateral Security Dialogue，Quad）强化半导体合作。5月23日，美总统拜登宣布启动"印太经济框架"，将增强半导体供应链的"透明度、多样性、安全性和可持续性"列为重点。9月8至9日，在美国洛杉矶举办的"印太经济框架"首次部长级会议就"防备半导体等重要物资供应链断裂"达成了共识，计划在供应链方面建立一个针对包括半导体、关键矿物、电池等重要物资的共享信息机制，防止供应链中断。5月24日，在美日印澳"四方安全对话"峰会结束后，四国发表联合声明称将共同建造半导体供应链，实现半导体的多元化与合作，增强在量子技术、生物技术方面的合作，并计划在未来五年内对印太地区的基础设施建设投入超过500亿美元。[2]与此同时，澳大利亚还与美国、日本、印度发表关键技术供应链原则共同声明，在半导体、5G等关键新兴技术领域成立相关工作组，增强产业链韧性，确保关键技术的"安全性、透明度以及供应商的自主程度"。

推进双边半导体合作。7月29日，美国与日本召开首次美日经济政策协商委员会部长级会议，提出加强供应链韧性合作，在"日美半导体联合工作组"中探讨下一代半导体的发展。[3]有媒体报道称，美日已经同意建立"新一代半导体制造技术开发中心"（暂定名），将开发2纳米芯片，目标是最早于2025年在日本国内建立量产体制。9月12日，美国和墨西哥的高级政府官员在墨西哥城举行美墨高级别经济对话，重点讨论增加在美墨半导体和信息通信技术供应链生态系统等领域的投资。美国和墨西哥还将共同开展试点项目，确定近岸半导体制造投入的可行性，并支持中小企业进一步融入美国供应链。

1　"U.S.-EU Joint Statement of the Trade and Technology Council"，https://www.whitehouse.gov/briefing-room/statements-releases/2022/12/05/u-s-eu-joint-statement-of-the-trade-and-technology-council/，访问时间：2023年5月4日。

2　"Quad Joint Leaders' Statement"，https://www.whitehouse.gov/briefing-room/statements-releases/2022/05/24/quad-joint-leaders-statement/，访问时间：2023年3月24日。

3　"Joint Statement of the U.S.-Japan Economic Policy Consultative Committee: Strengthening Economic Security and the Rules-Based Order"，https://www.state.gov/joint-statement-of-the-u-s-japan-economic-policy-consultative-committee-strengthening-economic-security-and-the-rules-based-order/，访问时间：2023年2月25日。

延伸阅读

美墨合作加强供应链韧性

2022年9月12日，美国和墨西哥高级别经济对话在墨西哥举行。会后两国发布联合声明，将就以下重点领域展开合作：一是"共同建设"，两国将改善经济环境，部署先进技术，以强化供应链韧性。二是两国将合作促进墨西哥南部与中美洲发展。三是将支持信息和通信技术、网络、网络安全、电信和基础设施领域的监管兼容性和风险缓解等。四是为中小企业等增加投资，促进其就业等。[1]

3. 频繁使用出口管制和制裁等手段

美以"解决芯片短缺"为名，巩固本国在半导体领域的优势，对半导体领域的控制进一步加码，频繁实施出口限制。10月7日，美国商务部工业和安全局（Bureau of Industry and Security，BIS）发布半导体出口管制新规。新规出台后，不少美半导体巨头大幅下调了营收目标。应用材料公司（Applied Materials）披露，新规对其2023年营收的影响或达到15亿—25亿美元。泛林集团（Lam Research）认为，受新规影响，其2023年营收或将减少20亿—25亿美元。面对政策不确定性的增加以及需求的减少，部分美国半导体企业已宣布大幅减少设备投资，如英特尔（Intel）2022年的设备投资比此前计划减少15%，美光科技（Micron Technology）拟将2023年的前工序设备投资减少50%。英伟达（NVIDIA）称，美国政府对于A100和H100芯片的出口管制可能会导致其损失约4亿美元的潜在销售收入；为了减少损失，英伟达推出了A100的替代品A800以符合出口管制规定。A800芯片数据传输速率为400Gb/s，低于A100的600Gb/s。

1　"Joint Statement Following the 2022 U.S.-Mexico High-Level Economic Dialogue"，https://www.whitehouse.gov/briefing-room/statements-releases/2022/09/12/joint-statement-following-the-2022-u-s-mexico-high-level-economic-dialogue/，访问时间：2023年3月7日。

表2　2022年美国实施芯片出口限制主要事件

时间	事件
2月24日	美国商务部宣布对俄罗斯进行制裁，对半导体、计算机、电信、信息安全设备、激光器和传感器等技术及产品（涵盖美国生产的产品，以及使用美国设备、软件和蓝图生产的外国产品）等实施禁运。
3月31日	美国财政部（United States Department of the Treasury）宣布，对俄罗斯科技和网络相关的实体与个人实施制裁，包括俄罗斯最大芯片制造商米克朗（Mikron）。
8月12日	美国商务部工业和安全局宣布，从8月15日起将金刚石、氧化镓（Ga_2O_3）两种超宽带隙基板半导体衬底材料、设计GAAFET架构（全栅场效应晶体管）的先进芯片EDA软件工具，以及用于燃气涡轮发动机的压力增益燃烧技术，列入商业管制清单，对这些技术出口进行管控。
8月31日	英伟达和超威半导体（AMD）均证实，已收到美国政府新的许可要求，对中国（包含中国香港）及俄罗斯断供高端GPU芯片，涉及被用于加速人工智能的英伟达A100、H100以及超威半导体的MI250等旗舰芯片。美国政府于8月26日通知英伟达，未来若要出口A100和H100芯片至中国（包括中国香港）及俄罗斯，必须先向美国政府申请出口许可。
10月7日	美国商务部工业和安全局公布了一系列专门针对中国且更为全面的新出口管制措施：首先，对向中国出口的先进计算和半导体制造物项实施新的出口管制；其次，将31家中国实体加入"未经核实清单"。[1]
12月15日	美国商务部工业和安全局在联邦公报中发布了对实体清单的增补和修订以及未经核实的清单中删除相应名单的情况。美国商务部通过修订《出口管理条例》，将35家中企以及1家中企日本子公司列入实体清单，将26家中国实体移出"未经核实清单"。[2]

　　11月7日，美商务部部长吉娜·雷蒙多（Gina Raimondo）表示，希望日本、荷兰尽快与美国保持步调一致，共同实施对华半导体出口限制。12月13日，荷兰阿斯麦公司（Advanced Semiconductor Material Lithography，ASML）首席执行官彼得·温尼克（Peter Wennink）对美国对华出口管制表达质疑，认

1　"美国商务部对中华人民共和国实施先进计算和半导体制造的出口管制新规"，https://china.usembassy-china.org.cn/zh/commerce-implements-new-export-controls-on-advanced-computing-and-semiconductor-manufacturing-items-to-the-peoples-republic-of-china-prc/，访问时间：2023年2月1日。

2　"Additions and Revisions to the Entity List and Conforming Removal From the Unverified List"，https://www.federalregister.gov/documents/2022/12/19/2022-27151/additions-and-revisions-to-the-entity-list-and-conforming-removal-from-the-unverified-list#h-13，访问时间：2023年2月20日。

为此举严重损害了公司的利益。此前，美国已陆续派出官员赴荷兰施压，要求阿斯麦公司扩大对中国的禁售范围。温尼克表示，在美国的压力下，荷兰政府自2019年以来已经限制阿斯麦向中国出口其最先进的极紫外光刻机（Extreme Ultraviolet Lithography），这使得销售替代技术的美国公司从中获利。阿斯麦15%的销售额来自中国，但在美国芯片设备供应商中，这一比例达到25%—30%。[1] 针对美国对华半导体出口的新管制措施，中国商务部网站12月13日发表声明称，中国将美国对华芯片等产品的出口管制措施诉诸WTO争端解决机制，以捍卫自身合法权益。美方近年来不断泛化国家安全概念，滥用出口管制措施，阻碍芯片等产品的正常国际贸易，威胁全球产业链供应链稳定，破坏国际经贸秩序。中国商务部表示，美方的行为违反国际经贸规则，损害全球和平发展利益，是典型的贸易保护主义做法。[2]

（二）欧洲推进芯片制造

欧盟推出《欧洲芯片法案》（Framework of Measures for Strengthening Europe's Semiconductor Ecosystem，又称EU Chips Act）草案。为提升欧洲国家芯片制造能力，2月8日，欧盟委员会推出《欧洲芯片法案》草案，并提交欧洲议会（European Parliament）审查。根据该法案，欧盟将投入超过430亿欧元公共和私有资金，用于支持欧盟的芯片生产、试点项目和初创企业，全面提升欧盟在芯片研发、设计、生产、封装等关键环节的能力，从而增强欧洲半导体供应链韧性，并希望到2030年将欧盟芯片产量占全球市场份额从目前的10%增加到20%，减少对美国和亚洲制造商的依赖。[3]《欧洲芯片法案》包括一项"欧盟芯片倡议"，将汇集欧盟及其成员国和第三国的相关资源，并建立确保供应安全的芯片基金。

---

1 "Dutch chip equipment maker ASML's CEO questions U.S. export rules on China -newspaper", https://www. reuters.com/technology/ceo-dutch-chip-equipment-maker-asml-questions-us-imposed-export-rules-china-2022-12-13/，访问时间：2023年3月1日。

2 "商务部条法司负责人就中国在世贸组织起诉美滥用出口管制措施限制芯片等产品贸易答记者问"，http://www.mofcom.gov.cn/article/xwfb/xwsjfzr/202212/20221203373159.shtml，访问时间：2023年3月23日。

3 "Digital sovereignty: Commission proposes Chips Act to confront semiconductor shortages and strengthen Europe's technological leadership", https://cyprus.representation.ec.europa.eu/news/digital-sovereignty-commission-proposes-chips-act-confront-semiconductor-shortages-and-strengthen-2022-02-08_en，访问时间：2023年2月20日。

同时，法案还呼吁欧盟各成员国之间建立完善的芯片供应链预警机制，积极联合多个国家，降低芯片供应短缺风险。法案需得到欧盟各成员国和欧洲议会批准才能正式生效。欧盟委员会主席乌尔苏拉·冯德莱恩（Ursula von der Leyen）称："《欧洲芯片法案》将改变欧洲单一市场的全球竞争力。在短期内，它将使我们能够预测并避免供应链中断，从而提高我们对未来危机的抵御能力。"

延伸阅读

《欧洲芯片法案》草案

《欧洲芯片法案》草案主要由三大支柱组成：支持先进芯片大规模技术能力建设和创新的"欧洲芯片倡议"（Chips for Europe Initiative）；吸引大规模产能投资并确保供应安全的新框架；建立成员国与委员会之间的协调机制，以监测市场发展和预测危机。[1] 该法案条款还包括监测欧盟产芯片出口机制，可在危机时期控制芯片出口；强调加强欧盟在芯片领域的研发能力，允许国家支持建设芯片生产设施，支持小型初创企业。

为使2030年欧盟芯片产量占全球市场份额能从目前的10%增加到20%，欧盟将重点关注五个战略目标：一是加强欧洲的研究和技术领导；二是建立和加强欧洲在先进芯片的设计、制造和封装方面的创新能力，并将其转化为产品；三是建立适当的框架，以便大幅增加产量；四是解决技能短缺问题，吸引新人才并培养熟练劳动力；五是要深入了解全球半导体供应链，掌握并预测其大致发展趋势，在互惠互利的基础上建立国际合作伙伴关系。

欧洲各国增加投资以促进本国半导体产业发展。3月2日，意大利发布的一份法令草案提出，意大利计划到2030年投入超40亿欧元吸引来自英特尔等

1　"European Chips Act"，https://digital-strategy.ec.europa.eu/en/policies/european-chips-act，访问时间：2023年2月3日。

科技公司更多投资，以促进本国芯片制造业发展。5月，德国经济部部长罗伯特·哈贝克（Robert Habeck）透露，德国将投资140亿欧元，以吸引芯片制造商前往德国，参与德国半导体产业布局。5月24日，西班牙经济部部长纳迪亚·卡尔维诺（Nadia Calvino）表示，西班牙计划到2027年向半导体和微芯片行业投资122.5亿欧元，其中93亿欧元用于建设芯片制造工厂，11亿欧元为芯片研发提供补贴，13亿欧元专门用于芯片设计。此外，通过这一计划，西班牙还将设立一个2亿欧元的芯片基金来支持本土企业在欧洲层面开发的战略项目，为当地半导体初创企业开拓业务提供资金。

延伸阅读

大型芯片企业对欧投资加速

2022年3月15日，英特尔宣布未来十年将在欧洲投资800亿欧元，第一阶段计划投资330亿欧元布局于德国、法国、爱尔兰、意大利、波兰和西班牙六国，以扩大欧洲芯片产能、提高研发能力。其中，将在德国马格德堡投资170亿欧元建造大型芯片制造厂。英特尔投资原因除了德国拥有充足的人才和基础设施，以及现有的供应商和客户生态系统，还包括德国为英特尔提供的补贴、欧盟《欧洲芯片法案》的刺激，且欧洲半导体需求旺盛。

7月11日，在法国政府财政支持下，意大利芯片制造商意法半导体和美国芯片制造商格芯宣布签订备忘录，将共同在法国建设一家新的晶圆工厂，降低电动汽车和智能手机中关键部件对亚洲和美国供应链的依赖。

（三）亚洲出台半导体激励政策

半导体产业是未来经济发展的重要支柱之一。随着人工智能、物联网、5G等新技术的普及应用，对半导体产业的需求正在迅速增长。

中国出台税收优惠政策，强调半导体产业重要性。中共二十大报告提出，必须加强对半导体的研发和生产，提升自主创新能力，才能掌握核心技术，实现产业升级和国家经济的跨越发展。报告提出，半导体技术是网络设备的核心技术之一，其在基础设施中的应用可以优化网络设备的性能和稳定性。中国必须抢抓机遇，加强半导体技术创新和应用推广，为经济社会发展注入新的动能，推动中国经济逐步向高质量发展转型。[1] 7月14日，中国国家发展改革委、工业和信息化部、财政部、海关总署发布《关于做好2022年享受税收优惠政策的集成电路企业或项目、软件企业清单制定工作有关要求的通知》，重点包括享受税收优惠政策的企业条件和项目标准；明确国家鼓励的集成电路线宽小于28纳米（含）、小于65纳米（含）、小于130纳米（含）的集成电路生产企业或项目的清单等。[2]

日本加强产业合作并提供资金支持。在产业合作方面，4月20日，台积电（TSMC）加入日本国家项目"尖端半导体制造计划开发"（Semiconductor Leading Edge Technologies），项目成员还包括日本产业技术综合研究所（National Institute of Advanced Industrial Science and Technology，AIST）、东电电子（Tokyo Electron Ltd.）、佳能（Canon）、TSMC日本3DIC研究开发中心、先端系统技术研究组合等机构。日本于2021年正式启动该项目，目标是"把半导体制造技术留在日本"，预计五年内提供760亿日元经费。TSMC在日本的研究基地TSMC日本3DIC研发中心计划与日本共同开发半导体制造中的三维后工序技术"3DIC"。[3] 在资金支持方面，11月6日，日本政府发布2022年度第二次补充预算案中的半导体支持政策概要，为日美联合推进的新一代研究中心建设提供约3500亿日元支持，为尖端产品生产基地提供约4500亿日元支持，为确保制造半导体必不可少的零件材料提供3700亿日元支持，共投入约1.3万亿日元。[4] 12月20日，日本基于2022年5月颁布的《经济安全保障推进法案》

1　"高举中国特色社会主义伟大旗帜　为全面建设社会主义现代化国家而团结奋斗——在中国共产党第二十次全国代表大会上的报告"，http://www.news.cn/politics/cpc20/2022-10/25/c_1129079429.htm，访问时间：2023年3月3日。

2　"关于做好2022年享受税收优惠政策的集成电路企业或项目、软件企业清单制定工作有关要求的通知"，https://www.ndrc.gov.cn/xxgk/zcfb/tz/202203/t20220315_1319318.html，访问时间：2023年3月3日。

3　"台积电：加入日本国家项目'尖端半导体制造技术开发'"，http://www.cepem.com.cn/news/detail/2507，访问时间：2023年2月10日。

4　"日本政府针对本国半导体建厂的补贴都给了谁？"，http://risk-info.com/details.aspx?id=7696，访问时间：2023年3月23日。

（Economic Security Guarantee Promotion Act），正式将半导体指定为即使紧急情况也需稳定保护的关键物项。

韩国加大对半导体的投资和税收优惠。7月21日，韩国公布"半导体超级强国战略"，决定大幅扩大对半导体研发和设备投资的税收优惠，引导企业至2026年完成半导体投资340万亿韩元，并争取在未来10年培养15万名专业人才。[1] 12月23日，韩国国会通过《税收特例限制法》（Restriction of Special Taxation Act）修订案，扩大半导体行业投资税收优惠，把三星电子和SK海力士等大型企业的设施投资税收优惠从之前的6%提高到8%；中型和小型企业的税收减免保持不变，分别为8%和16%。[2]

印度强化半导体激励计划并吸引国外半导体企业进入市场。1月，印度宣布批准半导体激励计划，计划投资100亿美元以吸引显示器制造商及海外半导体巨头。印度政府计划参与芯片制造硅和显示器制造以及半导体封装等阶段，从成熟的28纳米到45纳米部件的制造开始。印度将要求候选公司提供发展路线图，以便随着时间的推移转向更先进的生产技术。4月12日，美国半导体行业协会（Semiconductor Industry Association，SIA）与印度半导体协会（India Electronics Semiconductor Association，IESA）签署谅解备忘录，帮助美国半导体行业协会与印度主要半导体利益相关方建立关系，深入了解当地市场。印度半导体协会主席称，印度有全球20%的半导体设计人才，美国半导体行业协会能引导更多外国资本直接投资至印度。[3] 9月7日，印度道路和运输部部长表示，英特尔将在印度设立半导体芯片制造厂。9月13日，富士康（Foxconn）与印度矿业巨头瓦丹塔和印度古吉拉特邦政府共同签署谅解备忘录，将在古吉拉特邦的最大城市艾哈迈达巴德设立半导体与显示器制造厂，项目预计投资约200亿美元，并创造超10万个就业岗位。

---

1 "韩政府公布半导体产业发展扶持计划"，https://cn.yna.co.kr/view/ACK20220721002500881?section=search，访问时间：2023年3月4日。

2 "尹锡悦指示扩大半导体产业税制支援"，https://cn.yna.co.kr/view/ACK20221230001800881，访问时间：2023年3月2日。

3 "US Semiconductor Industry Association signs MoU with IESA"，https://timesofindia.indiatimes.com/gadgets-news/us-semiconductor-industry-association-signs-mou-with-iesa/articleshow/90806998.cms，访问时间：2023年2月14日。

（四）俄罗斯实施半导体本土化制造政策

在俄乌冲突背景下，俄罗斯积极增强半导体自主制造能力，摆脱美国等制裁危机。5月19日，俄罗斯宣布了新的半导体计划，预计到2030年投资3.19万亿卢布用于开发俄罗斯本国的半导体生产技术、芯片开发、数据中心基础设施、人才培养以及自制芯片和解决方案的市场推广。在半导体制造方面，俄罗斯计划投资4200亿卢布开发新的制造工艺和改进工作。俄罗斯的短期目标是在2022年年底前使用90纳米制造工艺提高本地芯片产量，更长期的目标是到2030年实现28纳米芯片工艺制造。在基础设施建设方面，计划投资4600亿卢布，全国数据中心预计由目前的70个增加到2030年的300个。此外，俄还计划在2022年年底前建立一个针对"国外解决方案"的逆向工程项目，将相关制造转移到国内。

9月7日，俄罗斯政府宣布，将斥资70亿卢布，支持俄最大半导体公司米克朗提升其芯片产能。据悉，该资金是以米克朗生产设备为担保的10年期贷款。米克朗目前能以0.18微米到90纳米制程技术生产半导体，是俄目前最大芯片公司。

二、主要国家和地区争相开展5G建设和6G研发布局

美国市场研究机构2022年发布研究报告预测称，6G市场将在2031至2040年间以58.1%的复合增长率增长，进而达到3400亿美元的规模。当前，全球近半数的6G专利申请来自中国。未来，亚太地区将在全球6G市场中拥有最大的收入份额，而6G也将面临尺寸、成本和功耗等主要挑战。[1]

（一）美洲

1. 美国

美国持续推进5G频谱拍卖工作。1月14日，美国联邦通信委员会（Federal

---

[1] "6G Market is Expected To Create a Revenue Pocket of USD 340 Billion, Expanding at 58.1% CAGR by 2040–Report by Market Research Future (MRFR)"，https://www.globenewswire.com/en/news-release/2022/10/11/2531481/0/en/6G-Market-is-Expected-To-Create-a-Revenue-Pocket-of-USD-340-Billion-Expanding-at-58-1-CAGR-by-2040-Report-by-Market-Research-Future-MRFR.html，访问时间：2023年3月1日。

Communications Commission，FCC）拍卖3.45GHz频段5G频谱，拍卖总收益达225亿美元。其中，美国电话电报公司（AT&T）以90亿美元成为最大竞标者。美国移动通信网络运营商T-Mobile竞标价值29亿美元，Weminuche LLC竞标价值73亿美元。9月8日，美国国家科学基金会（National Science Foundation，NSF）与美国国防部（Department of Defense，DoD）达成合作，双方将共同投资1200万美元，用于推进美国军方、政府和关键基础设施运营商的5G技术和通信。[1] 然而，美国5G部署并不顺利，以美国电话电报公司为代表的美国电信业公司正与美国航空业，就5G与航空安全问题展开博弈。在6G研发方面，8月2日，美国国防部"创新超越5G"计划（Innovate Beyond 5G，IB5G）近日启动三个新项目。一是实施"开放6G"（Open 6G）项目，快速启动开放式无线接入网络（Open RAN）上的6G系统研究，支持研发"新兴的超越/增强型5G应用"（Emerging Beyond/Enhanced 5G Applications）。将项目作为国防部开发、试验和整合可信与增强功能的中心，打造6G技术行业与联邦政府的下一代无线电（Next Generation Radio）生态系统，实现6G发展目标。二是启动频谱交换安全和可扩展性（Spectrum Exchange Security and Scalability）项目。将利用区块链技术，提供数据的持久性、可扩展性和稳健性，创建安全的分布式频谱交换中心。三是与诺基亚（Nokia）贝尔实验室合作，建立从兆赫到千兆赫的网络弹性、大规模多输入/多输出（MIMO）项目。该项工作将探索关键技术组件，使大规模多输入/多输出技术能够跨不同的波段/带宽。[2]

2. 拉美地区

墨西哥。2月24日，墨西哥最大的移动通信网络运营商Telcel在墨西哥的18个城市推出了5G商用服务。Telcel在墨西哥南部采用华为5G设备，在墨西哥北部采用爱立信（Ericsson）5G设备。该商用网络是拉丁美洲规模最大的

1　"NSF, DOD partner to advance 5G technologies and communications for U.S. military, government and critical infrastructure operators"，https://new.nsf.gov/news/nsf-dod-partner-advance-5g-technologies，访问时间：2023年3月7日。

2　"Three New Projects for DOD's Innovate Beyond 5G Program"，https://www.defense.gov/News/Releases/Release/Article/3114220/three-new-projects-for-dods-innovate-beyond-5g-program/，访问时间：2023年2月25日。

5G商用网络，目前约有100万墨西哥人连接到Telcel的5G网络。[1] 7月11日，美国电话电报公司墨西哥公司确认与诺基亚就5G技术和应用程序开发达成协议，在5G技术开发方面进行合作，探索开发适合墨西哥当地5G生态系统的5G用例。目前，墨西哥美洲电信公司（America Movil）拥有墨西哥64%的移动用户，美国电话电报公司拥有16%的用户。[2]

巴西。7月6日，巴西首都巴西利亚正式开通5G网络，成为巴西首个拥有5G网络服务的城市。巴西国家电信局（Agência Nacional de Telecomunicações, Anatel）批准电信运营商克拉罗公司（Claro）、意大利移动电信公司（Telecom Italia Mobile, TIM）和维沃移动通信公司（Vivo）在巴西利亚提供5G服务。该局还宣布，到2022年7月底，巴西26个州的首府都将开通5G服务。鉴于硬件设备主要依靠进口，目前供不应求，5G覆盖巴西全国的计划将延迟至2029年完成。在巴西5G部署过程中，巴西三大电信运营商之一的TIM在2022年3月与华为公司签署合作备忘录，计划在库里提巴共同打造巴西首个"5G城市"样板项目，共同推进巴西智慧城市建设并打造拉美及全球示范标杆。[3]

阿根廷。11月9日，阿根廷国家通信局（Ente Nacional de Comunicaciones, ENACOM）表示，阿根廷将于2023年第一季度举行5G频谱招标，并计划增加投资来安装5G网络所需的信号塔。[4] 12月28日，阿根廷国家通信局正式批准了《可靠和智能电信服务总则》，进一步规范5G网络系统提供并对5G频谱分配等问题进行了权威解释。[5]

当前，拉美地区接入5G的速度参差不齐，截至2022年2月，在智利、巴西、秘鲁、乌拉圭、哥伦比亚、阿根廷和苏里南7个南美国家已经有14个运

---

1 "墨西哥5G商用"，http://www.future-forum.org.cn/cn/onews.asp?id=3248，访问时间：2023年3月20日。

2 "Nokia and AT&T Mexico work together to deliver 5G strategic evolution"，https://www.nokia.com/about-us/news/releases/2022/07/11/nokia-and-att-mexico-work-together-to-deliver-5g-strategic-evolution/，访问时间：2023年2月22日。

3 "TIM Brasil and Huawei Sign MoU to Transform Curitiba into the Country's First '5G City'"，https://www.huawei.com/en/news/2022/3/mou-tim-5g-city-2022，访问时间：2023年2月15日。

4 "Confirman que la licitación de espectro 5G será en el primer trimestre de 2023"，https://www.lanacion.com.ar/economia/confirman-que-la-licitacion-de-espectro-5g-sera-en-el-primer-trimestre-de-2023-nid09112022/，访问时间：2023年3月5日。

5 "Rules for 5G technology approved by Argentine authorities"，https://en.mercopress.com/2022/12/28/rules-for-5g-technology-approved-by-argentine-authorities，访问时间：2023年2月17日。

营中的5G网络。但其他一些国家，甚至没有明确的频谱招标日期。与此同时，尚不具备5G频段的运营商则在小规模的私有网络上进行测试。[1] 据数据统计机构Statista有关报告显示，到2025年，预计拉美地区5G网络平均渗透率仅为7%，其中巴西、墨西哥、智利等国或超10%，而同期全球平均水平将达到14%。彭博社指出，拉美移动网络渗透率较低，2G、3G和4G网络渗透率不足80%，目前电信运营商专注于将2G和3G客户迁移到4G网络是其5G网络发展缓慢的原因之一。[2]

（二）欧洲

欧盟委员会发布的《2022年数字经济和社会指数》（Digital Economy and Society Index，DESI）显示，在新冠疫情期间，尽管欧盟成员国一直努力推进数字化，但仍在数字技能、中小企业数字化转型和先进5G网络方面存在不足，企业对人工智能和大数据等关键数字技术的采用仍然很低。因此，需要确保全面部署高度创新服务和应用所需的连接基础设施（特别是5G）。2021年，欧盟5G的覆盖率上升到欧盟人口密集地区的66%。然而，作为5G商业启动的一个重要前提条件，频谱分配仍未完成。[3]

为加快5G部署和6G创新研究，10月7日，欧盟委员会对欧盟"智能网络和服务联合计划"（Smart Networks and Services Joint Undertaking，SNS JU），首批选择的35个研究与创新项目予以2.5亿欧元资金支持，旨在为先进的5G系统构建一流的欧洲供应链，并建设欧洲的6G技术能力。[4] 12月15日，智能网络和服务计划启动第二阶段研究与创新计划征集，欧盟委员会予以1.32亿欧元支持。

---

1 "拉美国家通向5G技术之路：进展有快慢 意义很重大"，http://intl.ce.cn/sjjj/qy/202204/02/t20220402_37458278.shtml，访问时间：2023年3月20日。

2 "预计拉美地区2025年5G网络渗透率仅为7%"，http://ec.mofcom.gov.cn/article/jmxw/202208/20220803343447.shtml，访问时间：2023年3月20日。

3 "《2022年欧盟数字经济和社会指数报告》称，欧盟数字转型总体进步，但数字技能、中小企业和5G网络落后"，https://www.ccpit.org/belgium/a/20220730/20220730a6q8.html，访问时间：2023年2月26日。

4 "EU: Europe scales up 6G research investments and selects 35 new projects worth €250 million"，https://digital-strategy.ec.europa.eu/en/news/europe-scales-6g-research-investments-and-selects-35-new-projects-worth-eu250-million，访问时间：2023年5月4日。

12月13日，英国宣布将投资1.1亿英镑用于电信发展，对下一代5G和6G无线技术的研发是其中的一部分。投资金额将具体用于6G网络技术研发、英国先进电信实验室建设、与韩国合作解决电力效率、推出更具创新性与安全性的网络技术等方面。[1]

延伸阅读

欧盟"智能网络和服务联合计划"背景及主要任务

2021年11月，欧洲理事会（Council of Europe）第2021/2085号条例将"智能网络和服务联合计划"确立为一个法律和资助实体，以促进欧洲绿色和数字化转型。该计划希望将欧盟和行业资源集中到智能网络和服务中，促进与成员国就6G研究和创新以及5G部署保持一致。2021至2027年欧盟为该计划提供9亿欧元预算，与此同时，私营部门也将至少提供9亿欧元。

该计划有两个主要任务：一是通过实施相关的研究与创新计划，在2025年左右实现概念和标准化，从而增强欧洲在6G方面的技术主权，在2030年为早期采用6G技术做好准备。二是着眼于发展数字领先市场，促进经济和社会的数字化和绿色转型，推动欧洲5G部署。

延伸阅读

爱立信、高通和泰雷兹将合作开发太空5G网络

2022年7月11日，瑞典电信设备制造商爱立信、法国航空航天公司泰雷兹（Thales）和美国芯片公司高通（Qualcomm）计划合作开发卫星网络，使智能手机用户无论在何时何地都能以无线方式获得超高速

---

1 "UK to accelerate research on 5G and 6G technology as part of £110 million telecoms R and D package"，https://www.gov.uk/government/news/uk-to-accelerate-research-on-5g-and-6g-technology-as-part-of-110-million-telecoms-r-and-d-package，访问时间：2023年3月1日。

和低延迟的连接。三大科技公司联手计划通过智能手机对5G空间通信网络（NTN）进行测试和验证。未来5G NTN将为宽带数据服务提供全球覆盖，包括极端的地理位置、偏远地区或海洋。[1]

（三）亚洲

中国。9月，中国发布的《中国互联网发展报告》（2022）显示，截至6月，中国已建成全球规模最大的5G网络，累计开通5G基站185.4万个，占全球总量的60%以上，每万人拥有5G基站数达10.7个，实现5G网络覆盖全国所有地级市县城城区，以及90%以上的乡镇地区，并逐步向有条件，有需求的农村地区推进。[2]中国在"十四五"规划纲要中明确提出，要前瞻布局6G网络技术储备，先后成立国家6G技术研发推进工作组和总体专家组、IMT-2030（6G）推进组，推进6G各项工作。10月19日，中国移动成功牵头申报科技部国家重点研发计划"多模态网络与通信"中"2.1 AI驱动的6G无线智能空口传输技术"项目，后续将开展为期3年的研发工作。

日本。为实现到2024年3月将5G网络覆盖率从目前的30%左右提高到95%，到2026年年初达到97%，到2031年达到99%，日本软银集团（SoftBank Group）于4月12日宣布了一项350亿日元的计划，以扩展其5G网络。[3]除此以外，日本还积极推进6G研发，日本总务省（Ministry of Internal Affairs and Communications of Japan）牵头成立"超越5G推进联盟"（Beyond 5G Promotion Consortium），共同开展6G无线通信技术研发，目前成员包括丰田汽车（Toyota Motor）、日本电气（Nippon Electric Company，NEC）、松下（Panasonic）等多家学术机构和私营企业。[4]11月3日，日本总务省将在2023财年的第二次追加更正预算中

1　"Ericsson, Qualcomm and Thales to take 5G into space"，https://www.ericsson.com/en/press-releases/2022/7/ericsson-qualcomm-and-thales-to-take-5g-into-space，访问时间：2023年4月2日。

2　中国网络空间研究院：《中国互联网发展报告（2022）》，电子工业出版社，2022年，第33页。

3　"日本计划加快5G部署"，https://t.ynet.cn/baijia/32598103.html，访问时间：2023年3月23日。

4　"Japan eyes 6G lead with global standards backed by Toyota, others"，https://asia.nikkei.com/Business/Telecommunication/Japan-eyes-6G-lead-with-global-standards-backed-by-Toyota-others，访问时间：2023年3月15日。

拨出662亿日元，设立一项基金以支撑下一代6G无线网络的研究。[1]与此同时，日本还加强6G国际合作，5月4日，日本"超越5G推进联盟"与欧洲6G智能网络和服务行业协会（6G Smart Networks and Services Industry Association，6G-IA）签署了一份谅解备忘录，以促进下一代网络方面的合作。12日，日本和欧盟正式缔结数字伙伴关系，加强在5G安全、"超越5G/6G技术"、人工智能的安全和道德应用以及半导体行业全球供应链韧性方面对话合作。[2]

韩国。3月1日，韩国科学技术信息通信部（Korean Ministry of Science and ICT）部长在世界移动通信大会（Mobile World Congress）上发表演讲时表示，韩国将在2028年左右推出6G服务。[3]在会议期间，还与美国、芬兰和印度尼西亚的官员举行了双边会谈，商讨5G、6G和元宇宙等方面的合作。10月11日，韩国三星公司表示将在位于英国伦敦的三星研究院成立6G研究小组，专注于开发6G网络和终端设备技术，希望通过推动6G发展引领全球市场。[4]

印度。8月1日，印度完成5G频谱拍卖。10月1日，印度总理纳伦德拉·莫迪（Narendra Modi）在第六届印度移动大会上宣布启动印度的5G移动服务，并将从10月起陆续在印度国内的8个城市推出5G服务，计划在2024年3月前将5G信号覆盖全国。[5]

孟加拉国。4月2日，孟加拉国电信监管委员会（Bangladesh Telecomm-unication Regulatory Commission，BTRC）公开拍卖了2.3GHz波段中的10段10MHz频谱，以及2.6GHz波段中的12段10MHz频谱。根据孟加拉国政府规定，此次拍卖的频谱牌照的有效期为15年，运营商须在60天内支付10%的费用，其余费用则应在未来9年内分期支付。此外，电信监管委员会还表示，希望这些新的许可证

1　"Japan to earmark $450m for next-gen 6G research fund"，https://asia.nikkei.com/Business/Technology/Japan-to-earmark-450m-for-next-gen-6G-research-fund，访问时间：2023年3月15日。

2　"Joint Statement EU-Japan Summit 2022"，https://www.consilium.europa.eu/en/press/press-releases/2022/05/12/joint-statement-eu-japan-summit-2022/，访问时间：2023年3月1日。

3　"South Korea expects to be the first to launch a 6G network in 2028"，https://www.gsmarena.com/south_korea_expects_to_be_the_first_to_launch_a_6g_network_in_2028-news-57622.php，访问时间：2023年3月13日。

4　"Samsung Electronics Announces a New 6G Research Group in the UK"，https://research.samsung.com/news/Samsung-Electronics-announces-a-new-6G-research-group-in-the-UK，访问时间：2023年3月1日。

5　"莫迪宣布启动，这是'送给13亿印度人的礼物'"，https://world.huanqiu.com/article/49siEkpimqy，访问时间：2023年3月23日。

能在扩展现有网络以及实施新的5G网络方面发挥关键作用。[1]然而，由于财政紧张的原因，8月2日，孟加拉国计划部表示，国家经济委员会执行委员会（Executive Committee of the National Economic Council，ECNEC）决定暂时搁置孟加拉国电信运营商Teletalk在首都达卡所开展的5G网络扩展项目，以作为孟加拉国政府财政紧缩计划的一部分，用来缓解孟加拉国的外汇储备压力。当前，政府希望电信运营商着眼改善和扩大全国已有4G网络，被搁置的5G网络项目则可在2023年适时推出。[2]

（四）非洲

南非。3月，南非独立通信管理局（Independent Communications Authority of South Africa，ICASA）进行了5G频谱拍卖。南非计划在2025年之前关闭其2G和3G网络，全面部署4G和5G网络。[3]

尼日利亚。1月25日，尼日利亚正式发布《5G数字经济国家计划》（National Policy on Fifth Generation [5G] Network for Nigeria's Digital Economy）。根据该计划，尼日利亚通信委员会（Nigerian Communications Commission，NCC）负责协调5G网络部署，8月推出5G网络，并计划于2025年前在尼日利亚主要城市部署5G网络。[4]

津巴布韦。2月24日，津巴布韦Econet无线公司首次开通5G网络。该公司表示，到4月底，将在全国范围内部署22个基站。[5]

---

1 "Bangladesh completes 5G auction"，https://5gobservatory.eu/bangladesh-completes-5g-auction/，访问时间：2023年2月8日。

2 "Teletalk 5G expansion put on hold for now to save forex"，https://www.tbsnews.net/bangladesh/telecom/teletalk-5g-expansion-project-put-hold-now-469782，访问时间：2023年2月8日。

3 "South African Telecom applied to the court to block spectrum auctions by telecommunications regulators"，https://www.reuters.com/business/media-telecom/south-africas-telkom-asks-court-stop-spectrum-auction-again-2022-01-05/，访问时间：2023年3月20日。

4 "National Policy on Fifth Generation (5G) Network for Nigeria's Digital Economy"，https://ncc.gov.ng/accessible/documents/1019-national-policy-on-5g-networks-for-nigeria-s-digital-economy/file，访问时间：2023年2月15日。

5 "Econet Switches On Zim's First 5G network"，https://www.263chat.com/econet-switches-on-zims-first-5g-network/，访问时间：2023年4月3日。

埃塞俄比亚。5月9日，埃塞俄比亚电信公司宣布启动5G网络商用服务前测试，首先在首都亚的斯亚贝巴6个区域启动5G网络服务。[1]

延伸阅读

华为助力赞比亚迈入"5G时代"

2022年1月11日，赞比亚移动通信运营商MTN与中国华为公司合作，正式推出5G试点网络。赞比亚科技部部长穆塔蒂当天在5G试点网络启动仪式上致辞表示，5G网络是赞比亚人民在2022年获得的"新年礼物"。得益于与华为的合作，赞比亚成为非洲较早拥有5G网络的10个国家之一，大幅提升了信息通信基建水平，为正在推行的数字化转型计划提供了坚实的硬件基础。[2]

三、主要国家和地区推进网络技术审查和供应链政策调整

（一）美强化新兴技术投资审查及供应链安全

2月7日，美国发布新版《关键和新兴技术清单》（Critical and Emerging Technologies，CETs），是自2020年10月白宫（White House）发布《关键和新兴技术的国家标准战略》以来的首次更新。新清单列出的20项关键和新兴技术包括：高级计算、先进工程材料、先进的燃气轮机发动机技术、先进制造、先进的网络传感和签名管理、先进核能技术、人工智能、自主系统和机器人、生物技术、通信和网络技术、定向能技术、金融科技、人机界面、超音速、联网传感器和传感技术、量子信息技术、可再生能源开采和储存技术、半导体和微

1 "埃塞俄比亚启动5G网络试点服务"，http://news.cn/world/2022-05/11/c_1128638444.htm，访问时间：2023年4月6日。

2 "华为助力赞比亚迈入'5G时代'"，http://www.news.cn/2022-01/12/c_1128254027.htm，访问时间：2023年3月20日。

电子、空间技术等。9月15日，美国总统拜登发布了一项行政命令，行政令要求美国财政部外国投资委员会（Committee on Foreign Investment in the United States，CFIUS）在对受辖交易进行审查时考虑以下因素：一是对美国关键供应链韧性的影响；二是对美国技术领先地位影响，包括但不局限微电子、人工智能、生物制造、量子计算、先进清洁技术以及适应气候变化技术，要求委员会考虑涵盖的交易是否涉及这些领域的制造能力、服务、关键矿产资源或技术；三是对国家安全具有重要影响的行业投资趋势；四是网络安全风险；五是个人敏感数据。[1]

在强化供应链安全方面，美国总统拜登于6月16日签署供应链安全培训法案，要求美国总务管理局（U.S. General Services Administration，GSA）牵头制订培训计划，国防部及国土安全部（Department of Homeland Security，DHS）协助配合，提高美国官员信息安全及供应链安全意识。[2] 10月31日，美国国家安全局（National Security Agency，NSA）、网络安全与基础设施安全局（Cybersecurity and Infrastructure Security Agency，CISA）和国家情报总监办公室（Office of the Director of National Intelligence，ODNI）联合发布《供应商软件供应链指南：供应商推荐实践指南》（The Supplier Software Supply Chain Guide: Supplier Recommended Practice Guide），建立"持久安全框架"（Lasting Security Framework），由美国国家安全局及美国网络安全与基础设施安全局领导的公私跨部门工作组提供网络安全指导，旨在解决威胁关键基础设施和国家安全系统的风险。[3]

1　"FACT SHEET: President Biden Signs Executive Order to Ensure Robust Reviews of Evolving National Security Risks by the Committee on Foreign Investment in the United States"，https://www.whitehouse.gov/briefing-room/statements-releases/2022/09/15/fact-sheet-president-biden-signs-executive-order-to-ensure-robust-reviews-of-evolving-national-security-risks-by-the-committee-on-foreign-investment-in-the-united-states/，访问时间：2023年3月7日。

2　"Bills Signed: H.R. 1298, S. 66, and S. 2201"，https://www.whitehouse.gov/briefing-room/legislation/2022/06/16/bills-signed-h-r-1298-s-66-and-s-2201/，访问时间：2023年4月6日。

3　"ESF Partners, NSA, and CISA Release Software Supply Chain Guidance for Suppliers"，https://www.nsa.gov/Press-Room/News-Highlights/Article/Article/3204427/esf-partners-nsa-and-cisa-release-software-supply-chain-guidance-for-suppliers/，访问时间：2023年3月1日。

（二）中国发布网络安全审查办法

2月15日，中国正式实施《网络安全审查办法》，网络安全审查重点评估相关对象或者情形是否具有以下影响国家安全风险因素：

1. 产品和服务使用后带来的关键信息基础设施被非法控制、遭受干扰或者破坏的风险；

2. 产品和服务供应中断对关键信息基础设施业务连续性的危害；

3. 产品和服务的安全性、开放性、透明性、来源的多样性、供应渠道的可靠性以及因为政治、外交、贸易等因素导致供应中断的风险；

4. 产品和服务提供者遵守中国法律、行政法规、部门规章情况；

5. 核心数据、重要数据或者大量个人信息被窃取、泄露、毁损以及非法利用、非法出境的风险；

6. 上市存在关键信息基础设施、核心数据、重要数据或者大量个人信息被外国政府影响、控制、恶意利用的风险，以及网络信息安全风险；

7. 其他可能危害关键信息基础设施安全、网络安全和数据安全的因素。

《办法》将网络平台运营者开展数据处理活动影响或者可能影响国家安全等情形纳入网络安全审查，并明确掌握超过100万用户个人信息的网络平台运营者赴国外上市必须向网络安全审查办公室申报网络安全审查。根据审查实际需要，增加证监会作为网络安全审查工作机制成员单位，同时完善了国家安全风险评估因素等内容。[1]

（三）欧盟保障信息通信技术供应链安全

为应对信息通信技术供应链面临的威胁，10月17日，欧洲理事会批准通过一项关于加强欧盟信息通信技术产业安全的决议。决议中提出了一系列利用现有手段加强信息通信技术供应链安全的具体举措，包括开展公共采购和外商投资审查等，以此更好地保护欧盟信息通信技术产业。另外，欧盟还建议在公共采购过程中重视网络安全相关筛选标准，敦促欧盟委员会发布相关指南，同时

---

[1] "国家互联网信息办公室等十三部门修订发布'网络安全审查办法'"，http://www.gov.cn/xinwen/2022-01/04/content_5666386.htm，访问时间：2023年2月15日。

呼吁创建"ICT供应链工具箱"以涵盖降低供应链关键风险的通用措施，并以此推动相关供应链风险评估法令的实施。[1]

（四）英国强化敏感行业投资审查

1月，英国《2021年国家安全与投资法案》（National Security and Investment Bill）正式生效。法案将先进材料、先进机器人、人工智能、民用核能、通信、计算硬件、政府关键供应商、密码认证、数据基础设施、国防、能源、量子技术、卫星和空间技术、应急服务供应商、合成生物学、运输等列为敏感行业，对其收购需要遵守强制申报要求，并须经过英国商业、能源和工业战略部（Department for Business, Energy and Industrial Strategy，BEIS）国务大臣的批准。对上述17个行业的"合格资产"的投资无须履行强制申报义务，但可能会面临政府的介入审查。5月，英国政府部门正式启动中国闻泰科技旗下的安世半导体对英国纽波特晶圆厂（Newport Wafer Fab）达成收购案相关追溯审查工作。11月16日，英国商业、能源和工业战略部发布正式声明，以"国家安全"为由，要求安世半导体出售其2021年收购的英国半导体公司纽波特晶圆厂至少86%的股份。

截至2020年，四家云提供商为超过65%的英国公司提供云基础设施服务。英国监管机构担心，如果云服务同时出现故障或遭受网络攻击，英国金融系统将遭受大规模破坏。2022年6月，英国财政部与金融监管机构共同制定了一项关于减轻关键第三方对金融部门的风险的提案，明确金融监管机构有权向关键第三方索取信息，任命一名调查员寻找潜在的违规行为，并进行现场访问等。该提案将在适当时候引入立法程序。[2]

---

1 "The Council agrees to strengthen the security of ICT supply chains"，https://www.consilium.europa.eu/en/press/press-releases/2022/10/17/the-council-agrees-to-strengthen-the-security-of-ict-supply-chains/，访问时间：2023年2月15日。

2 "Critical third parties to the finance sector: policy statement"，https://www.gov.uk/government/publications/critical-third-parties-to-the-finance-sector-policy-statement/critical-third-parties-to-the-finance-sector-policy-statement#fn:3，访问时间：2023年3月10日。

（五）日本内阁批准立法草案以保护供应链安全

2月25日，日本内阁批准立法草案，将加大支出以加强供应链安全，并采取更多措施防范通过进口系统和软件发起的网络攻击。该法案将加强对安全敏感行业企业采购海外软件的限制，尤其是针对能源、供水、信息技术、金融和交通运输等14个对国家安全至关重要的行业企业。该法案赋予政府权力，要求公司在更新软件或采购新设备时提供预先信息，并接受采购审查。此外，该法案允许政府补贴有关企业和关键项目，以支持建立更具韧性的半导体供应链。[1]

四、主要国家和地区探索人工智能发展与治理之道

（一）美国人工智能军事化和商业化并进

美国持续推动人工智能军事化进程。2月，美国国防部正式成立国防部首席数字和人工智能办公室（The Department of Defense's Chief Digital and Artificial Intelligence Office，CDAO），加速国防部在战场上使用数据、分析和人工智能技术。[2] 6月27日，美国众议院军事委员会（House Armed Services Committee）在《2023财年国防授权法案》修正案（James M. Inhofe National Defense Authorization Act for Fiscal Year 2023，H.R. 7776）中表明，要求美军加快速度，更广泛地利用人工智能，主要内容包括：要求国防部部长在2024年年初前提交报告，概述可利用人工智能和自主能力的各个作战领域的任务；阐明升级传统系统所需的开发和部署时间、资金和资源；明确将商业人工智能和机器学习能力集成到已部署和下一代战术网络项目中的计划，该计划必须确保能够在各个军级单位运作，且无须增加数据科学家和其他专业人员。[3]

1　"Japan sets out plans to defend supply chains, see off hackers"，https://cybernews.com/news/japan-sets-out-plans-to-defend-supply-chains-see-off-hackers/，访问时间：2023年2月8日。

2　"DoD Announces Dr. Craig Martell as Chief Digital and Artificial Intelligence Officer"，https://www.defense.gov/News/Releases/Release/Article/3009684/dod-announces-dr-craig-martell-as-chief-digital-and-artificial-intelligence-off/，访问时间：2023年2月26日。

3　"House authorizers want wider AI adoption at DOD"，https://insidedefense.com/daily-news/house-authorizers-want-wider-ai-adoption-dod，访问时间：2023年2月26日。

美国加快人工智能部署。2022年，美国商务部推进人工智能机构设置，其国家人工智能咨询委员会成立五个工作组，工作内容涵盖"可信赖"的人工智能领导力、研发领导力，支持美国劳动力和提供机会，加强美国竞争力、领导力及国际合作等方面。该委员会还任命27名新专家加入委员会，提升委员会工作效率。[1] 10月4日，美国白宫科技政策办公室发布《人工智能权利法案蓝图》（Blueprint for an AI Bill of Rights），确定了人工智能领域的指导方针，并概述了指导人工智能系统在设计、使用和部署方面的五项原则，包括建立安全和有效的系统；避免算法歧视，以公平的方式使用和设计系统；保护数据隐私；确保系统通知与条款清晰可解释、及时和可访问；制定自动系统失效时使用的替代方案、考虑因素和退出机制。[2] 此外，美国还希望抢占人工智能国际标准制定权，9月29日，美国众议院研究与技术小组委员会召开"值得信赖的人工智能：管理人工智能的风险"听证会。美国国家标准与技术研究院可信人工智能项目负责人就该机构即将推出的人工智能风险管理框架发表证词，并指出美国必须积极参与人工智能国际标准制定，以保持在该领域的领先地位。[3]

延伸阅读

OpenAI推出最新产品ChatGPT

2022年11月30日，OpenAI公司推出了其最新产品ChatGPT聊天机器人，并免费开放测试。OpenAI是一家研发公司，由硅谷投资者萨姆·奥特曼（Sam Altman）和埃隆·马斯克（Elon Musk）于2015年创立，吸引了多家公司和风险投资家的资金。萨姆·奥特曼表示，在该机器人发布后的一周内，已有超过100万用户尝试使用该工具。ChatGPT

---

1 "National AI Advisory Committee Sets Working Groups, Vision"，https://www.meritalk.com/articles/national-ai-advisory-committee-sets-working-groups-vision/，访问时间：2023年4月4日。

2 "Blueprint for an AI Bill of Rights"，https://www.whitehouse.gov/ostp/ai-bill-of-rights/，访问时间：2023年2月24日。

3 "US Must Proactively Participate in International AI Standards-Setting, Officials Warn"，https://www.nextgov.com/emerging-tech/2022/09/us-must-proactively-participate-international-ai-standards-setting-officials-warn/377851/，访问时间：2023年3月7日。

是一种自然语言处理技术，它使用深度学习算法和神经网络模型来生成自然流畅的语言文本。ChatGPT模型使用一种名为"从人类反馈中强化学习"（Reinforcement Learning from Human Feedback，RLHF）的机器学习技术进行训练，可以模拟对话、回答后续问题、承认错误、质疑不正确的前提和拒绝不适当的请求。最初的开发涉及人工智能训练师为模型提供对话，他们在对话中扮演双方角色——用户和人工智能助手；而可用于公共测试的机器人版本试图理解用户提出的问题，并以类似于对话的文本形式对人类问题进行深度回答。ChatGPT可应用于数字营销、在线内容创建、回答客户服务查询、帮助调试代码等现实生活场景。[1]

（二）欧洲推进人工智能治理

欧盟。2022年，欧盟持续推动制定人工智能监管规则。9月28日，欧盟委员会通过了《人工智能责任指令》提案（AI Liability Directive，AILD），旨在制定统一规则，确保受人工智能系统伤害的人与受其他技术伤害的人在欧盟享有相同保护标准，推动统一市场发展。[2]《人工智能责任指令》需经过成员国和立法者的批准才能成为法律。12月6日，欧盟委员会与成员国就《人工智能法案》草案（Artificial Intelligence Act）达成共识，包括人工智能系统的定义、禁止类人工智能系统、对高风险类人工智能系统的要求、通用人工智能系统、与执法当局有关的范围和规定、简化合规框架、监管沙盒、监督和协调等。该法案将高风险人工智能系统归类为导致基本权利受到侵犯的系统。欧盟成员国同意禁止将人工智能用于社会评分；执法机构只有在绝对必要时，才可在公共场所使用生物特征识别，并同意将国家安全、国防等领域排除在人工智能监管规则之外。但该方案中仍有很多问题尚未解决，包括在公共场所使用面部识别可能加大对部分群体的歧视等，遭到欧洲消费者组织和部分立法

---

1 "Explainer: ChatGPT—what is OpenAI's chatbot and what is it used for?"，https://www.reuters.com/technology/chatgpt-what-is-openais-chatbot-what-is-it-used-2022-12-05/，访问时间：2023年3月2日。

2 "Liability Rules for Artificial Intelligence"，https://commission.europa.eu/business-economy-euro/doing-business-eu/contract-rules/digital-contracts/liability-rules-artificial-intelligence_en，访问时间：2023年3月1日。

者质疑。[1]

英国。1月12日，英国政府宣布，艾伦·图灵研究所（Alan Turing Institute）将在英国标准协会（British Standards Institution，BSI）和国家物理实验室（National Physical Laboratory，NPL）的支持下，建立一个人工智能标准中心（Standard of Artificial Intelligence Center），旨在增加英国对全球人工智能技术标准发展的贡献。作为一个试点项目，该中心最初将专注于：促进英国利益相关者参与全球人工智能标准的制定；鼓励人工智能团体参与世界各地标准的制定；创建工具和提供指导，帮助利益相关者参与AI标准的制定；探索与类似倡议进行国际合作，以确保AI标准制定具有广泛性并基于"共同价值观"。[2] 6月15日，英国国防部（Ministry of Defense，MoD）发布了《国防人工智能战略》（Defense Strategy Artificial Intelligence），提出通过建设前沿技术枢纽，支撑新兴技术的使用和创新，从而支持创建新的英国国防人工智能中心，实现英国政府"到2030年成为科技超级大国"的雄心。7月，英国国防部的国防科学技术实验室（Defence Science and Technology Laboratory）宣布成立国防人工智能研究中心，主要关注与解决人工智能能力发展相关的基础问题。[3]

（三）亚洲加快人工智能发展

中国。8月12日，中国科技部、教育部、工业和信息化部、交通运输部、农业农村部、国家卫生健康委六部门印发《关于加快场景创新以人工智能高水平应用促进经济高质量发展的指导意见》[4]提出，着力打造人工智能重大场景；提升人工智能场景创新能力；加快推动人工智能场景开放；鼓励常态化发布人工智能场景清单，支持举办高水平人工智能场景活动，拓展人工智能场景创新

1　"EU countries' stance on AI rules draws criticism from lawmaker, consumer group"，https://www.reuters.com/markets/europe/eu-countries-stance-ai-rules-draws-criticism-lawmaker-consumer-group-2022-12-06/，访问时间：2023年3月1日。

2　"New UK initiative to shape global standards for Artificial Intelligence"，https://www.gov.uk/government/news/new-uk-initiative-to-shape-global-standards-for-artificial-intelligence，访问时间：2023年2月10日。

3　"Defence Artificial Intelligence Strategy"，https://assets.publishing.service.gov.uk/government/uploads/system/uploads/attachment_data/file/1082416/Defence_Artificial_Intelligence_Strategy.pdf，访问时间：2023年2月4日。

4　"六部门：加快场景创新以人工智能高水平应用促进经济高质量发展"，http://news.cctv.com/2022/08/12/ARTIAKwBkUF5Tl7UGwrJQQ0z220812.shtml，访问时间：2023年2月25日。

合作对接渠道；加强人工智能场景创新要素供给；推动场景算力设施开放，集聚人工智能场景数据资源，多渠道开展场景创新人才培养，加强场景创新市场资源供给。15日，科技部发布《关于支持建设新一代人工智能示范应用场景的通知》，其中提出，坚持面向世界科技前沿、面向经济主战场、面向国家重大需求、面向人民生命健康，充分发挥人工智能赋能经济社会发展的作用，围绕构建全链条、全过程的人工智能行业应用生态，支持一批基础较好的人工智能应用场景，加强研发上下游配合与新技术集成，打造形成一批可复制、可推广的标杆型示范应用场景。首批将支持建设10个示范应用场景。[1]

新加坡。8月23日，新加坡智慧国及数码政府工作团（Smart Nation and Digital Government Group，SNDGG）和谷歌云签署备忘录，加强人工智能方面的合作。[2]

日本。10月2日，日本首相岸田文雄（Fumio Kishida）出席一场有关科学技术的国际会议时说，为推动经济安全保障，将在量子、人工智能及生物技术等领域，推动官方与民间合作，并加速投资。[3]据悉，日本防卫省（Japan Ministry of Defense）开始研究利用人工智能技术，通过社交媒体操纵日本国内舆论，让在网络上具有影响力的人潜移默化地传播对防卫省有利的信息，在网络上制造热门话题，以扩大日本网络用户对政府防卫政策的支持，以及在"有事时期"培养对特定国家的敌对心理，以起到扭转日本国民反战、厌战趋势的效果。[4]

（四）非洲人工智能产业开始起步

2月24日，联合国非洲经济委员会（UN Economic Commission for Africa，

1　"科技部关于支持建设新一代人工智能示范应用场景的通知"，https://www.most.gov.cn/xxgk/xinxifenlei/fdzdgknr/qtwj/qtwj2022/202208/t20220815_181874.html，访问时间：2023年2月25日。

2　"新加坡与谷歌将联手加强人工智能方面合作"，https://www.zaobao.com/realtime/singapore/story20220823-1305688，访问时间：2023年3月23日。

3　"日本推经济安保　量子及AI等领域官民合作加速投资"，https://www.stheadline.com/world-live/3149601/%E6%97%A5%E6%9C%AC%E6%8E%A8%E7%B6%93%E6%BF%9F%E5%AE%89%E4%BF%9D-%E9%87%8F%E5%AD%90%E5%8F%8AAI%E7%AD%89%E9%A0%98%E5%9F%9F%E5%AE%98%E6%B0%91%E5%90%88%E4%BD%9C%E5%8A%A0%E9%80%9F%E6%8A%95%E8%B3%87-，访问时间：2023年3月7日。

4　"警惕！日媒：防卫省研究利用AI操纵社交媒体舆论，培养对别国敌对心"，https://world.huanqiu.com/article/4Ao092TcHP9，访问时间：2023年3月2日。

UNECA）和刚果（布）政府共同筹建刚果（布）首个人工智能研究中心。该研究中心致力于通过人工智能推进非洲在数字政策、基础设施、金融、数字平台和创业等领域的数字技术。UNECA表示，在该中心助力下，刚果（布）将成为整个非洲大陆的区域人工智能中心，并提供高质量的人工智能人才库。[1]10月4日，埃塞俄比亚召开首届泛非人工智能会议，会议重点讨论应用人工智能的最新趋势、机遇、挑战以及人工智能助力非洲可持续发展的战略。

11月30日，南非通信和数字技术部（South Africa's Department of Communications and Digital Technology）、茨瓦尼科技大学（Tswane University of Science and Technology）和约翰内斯堡大学（University of Johannesburg）共同合作发起成立了南非人工智能研究中心（Center For AI Research, South Africa）。研究中心的成立进一步增强南非政府、学术界和工业界的合作伙伴关系，促使南非成为人工智能技术领先国家，并推动非洲大陆向前发展。[2]

五、主要国家和地区陆续出台量子信息战略规划

（一）美国出台量子信息发展规划

2月4日，美白宫科技政策办公室推出《量子信息科学和技术劳动力发展国家战略计划》（Quantum Information Science and Technology Workforce Development National Strategic Plan）[3]，旨在促进先进技术教育和推广，培养下一代量子信息科学人才。随后，美国总统拜登围绕量子计算签署三项法案及行政令，推动

---

1 "非洲加速发展人工智能产业"，https://wap.peopleapp.com/article/6901652/6764258，访问时间：2023年3月5日。

2 "Minister Khumbudzo Ntshavheni launches Artificial Intelligence Institute of South Africa and AI hubs, 30 Nov"，https://www.gov.za/speeches/minister-khumbudzo-ntshavheni-launches-launch-artificial-intelligence-institute-south，访问时间：2023年1月30日。

3 "White House Office of Science & Technology Policy and U.S. National Science Foundation Host 'Quantum Workforce: Q-12 Actions for Community Growth' Event, Release Quantum Workforce Development Plan"，https://www.whitehouse.gov/ostp/news-updates/2022/02/01/white-house-office-of-science-technology-policy-and-u-s-national-science-foundation-host-quantum-workforce-q-12-actions-for-community-growth-event-release-quantum-workforce/，访问时间：2023年4月6日。

技术安全与发展：一是签署《关于加强国家量子倡议咨询委员会的行政令》（Executive Order on Enhancing the National Quantum Initiative Advisory Committee），该行政令把咨询委员会直接置于白宫之下，帮助确保总统和其他关键决策者能够获得最新信息；二是签署《关于促进美在量子计算领域的领导地位同时降低易受攻击的密码系统风险的国家安全备忘录》（National Security Memorandum on Promoting United States Leadership in Quantum Computing While Mitigating Risks to Vulnerable Cryptographic Systems）[1]，提出了保持国家在量子信息科学方面的竞争优势所需的关键步骤，同时主张降低量子计算机对国家网络、经济和安全的风险[2]；三是签署《量子计算网络安全防范法案》（Quantum Computing Cybersecurity Preparedness Act），旨在应对量子计算的持续普及，保护政府信息的安全，打击利用新兴量子计算策略进行网络犯罪等不法行为。[3]

延伸阅读

美国国防部开发首个基于无人机的移动量子网络

2022年5月30日，美国国防部委托美国佛罗里达大西洋大学（Florida Atlantic University）、Qubitekk和L3哈里斯技术公司（L3 Harris Technologies），研发首个基于无人机的移动量子网络。该网络包括地面站、无人机、激光器和光纤。研究通过将激光聚焦在特殊的非线性晶体上，以产生纠缠单光子源；光学对准系统使用倾斜的镜子将光子直接引导到需要的地方；单个光子从源无人机依次传播到另一架无人机，从而实现安全通信。在战场上，这些无人机将提供一次性加密密钥来交换对手无法

1　"National Security Memorandum on Promoting United States Leadership in Quantum Computing While Mitigating Risks to Vulnerable Cryptographic Systems", https://www.whitehouse.gov/briefing-room/statements-releases/2022/05/04/national-security-memorandum-on-promoting-united-states-leadership-in-quantum-computing-while-mitigating-risks-to-vulnerable-cryptographic-systems/，访问时间：2023年7月6日。

2　"美国总统拜登宣布两项量子技术相关总统指令"，http://exportcontrol.mofcom.gov.cn/article/gjdt/202205/638.html，访问时间：2023年4月6日。

3　"Biden signs quantum computing cybersecurity bill into law", https://fedscoop.com/biden-signs-quantum-computing-cybersecurity-act-into-law/，访问时间：2023年2月20日。

拦截的关键信息。项目还计划在无人机中采用量子存储器，以进行纠错、中继和存储信息。该技术不仅适用于无人机或机器人，最终还将开辟一条自由太空光链路，以在建筑物和卫星上进行安全通信。[1]

（二）欧洲出台促进量子信息发展举措

欧洲国家联合推进量子计算的发展。10月4日，欧洲高性能计算联合企业（EuroHPC JU）宣布，将选择在捷克、德国、西班牙、法国、意大利、波兰六个成员国，整合这六个国家现有的超级计算机，形成一个量子计算网络，计划于2023年下半年投入使用。欧洲高性能计算联合企业是一个法律和资助实体，创建于2018年，汇集了欧盟、32个欧洲国家和三个私人合作伙伴的资源。根据欧洲理事会2021年7月通过的关于建立欧洲高性能计算联合企业的条例，欧盟将在2021至2027年期间为其投入70亿欧元，推动欧洲下一代超级计算机发展。12月19日，德国、法国和荷兰共同签署《量子技术合作联合声明》（Joint Statement On Cooperation in Quantum Technologies），意在加强三方量子生态间的协作，并构建适合人才发展的国际环境。三方均希望定期举行会面，就量子技术的研究、教育、政策和实施等最新进展交换意见，持续探索在量子领域有效协作的可能性，同时加强政策和资金的一致性。[2] 除此以外，2022年，法国、西班牙、瑞士等国还与美国签署了量子科技合作声明。

法国。2021年1月，法国宣布启动投资总额18亿欧元的量子技术国家投资规划。投资将用于未来五年发展量子计算机、量子传感器和量子通信等，并推动相关产业教育培训工作。1月4日，法国高等教育、研究与创新部（French Ministry of Higher Education Research and Innovation，MESRI）发布公报，宣布将在法国启动全国量子计算平台，旨在更好推动量子技术的应用和发展。该平台拥有初始投资7000万欧元，目标投资总额1.7亿欧元。平台致力于将量子计

---

[1] "New Insights into First Drone-Based Movable Quantum Network", https://www.azorobotics.com/News.aspx?newsID=12985，访问时间：2023年4月6日。

[2] "THE NETHERLANDS, FRANCE AND GERMANY INTEND TO JOIN FORCES TO PUT EUROPE AHEAD IN THE QUANTUM TECH", https://quantumdelta.nl/news/the-netherlands-france-and-germany-intend-to-join-forces-to-put-europe-ahead-in-the-quantum-tech-race，访问时间：2023年5月25日。

算机和传统计算机系统进行联通，面向国际实验室、初创企业和制造商等提供服务，促进其获得量子计算能力。[1]

西班牙。11月24日，西班牙的六家研究机构——光子科学研究所（Institute of Photonic Sciences，ICFO）、加泰罗尼亚纳米科学和纳米技术研究所（Catalan Institute of Nanoscience and Nanotechnology，ICN2）、高能物理研究所（The Institute of High Energy Physics，IFAE）、巴塞罗那大学（University of Barcelona，UB）、加泰罗尼亚理工大学（Polytechnic University of Catalonia，UPC）和巴塞罗那自治大学（Autonomous University of Barcelona，UAB）正式启动了"量子互联网计划"，开展量子技术研究，主要研究通信和计算、传感器和量子材料等目前尚未商业化的概念和技术开发，同时开展量子中继器和存储器的开发工作，并最终将其应用在未来的欧洲量子互联网中。[2] 该项目未来三年的研究获得了来自欧盟复苏基金资助的970万欧元以及西班牙科学与创新部的530万欧元的资助。

德国。6月21日，德国联邦教育和研究部（Federal Ministry of Education Ministry of Science and Research，BMBF）宣布了一项研究项目——量子系统研究计划（Quantum Systems Research Programme），旨在未来十年使德国占据欧洲量子计算和量子传感器领域的领先地位，并提高德国在量子系统方面的竞争力。[3]

（三）亚洲国家开始布局量子产业

日本。4月6日，日本岸田内阁公布的有关量子技术的新国家战略草案，将该新国家战略暂定为《量子未来社会展望》。战略提出将在2022年年内建成第一台国产量子计算机，提出到2030年量子技术使用者达到1000万人的目标。政

1　"French Government to Invest Over €70 Million（\$79M USD）for Launch of a National Quantum Computing Platform"，https://quantumcomputingreport.com/french-government-to-invest-over-e70-million-79m-usd-for-launch-of-a-national-quantum-computing-platform/，访问时间：2023年2月10日。

2　"Start of the future Quantum Internet research program in Catalonia with Next Generation funds"，https://www.icfo.eu/news/2105/start-of-the-future-quantum-internet-research-program-in-catalonia-with-next-generation-funds/，访问时间：2023年2月4日。

3　"Forschungsprogramm Quantensysteme"，https://www.bmbf.de/SharedDocs/Publikationen/de/bmbf/5/31714_Forschungsprogramm_Quantensysteme.pdf?__blob=publicationFile&v=5，访问时间：2023年2月4日。

府将增加两个新的研究地点，一个位于日本东北海岸宫城县仙台市的东北大学（Tohoku University），专门用于培训人员并支持研发；另一个是冲绳科学技术大学院大学（Okinawa Institute of Science and Technology Graduate University），将成为推进全球科学家联合研究的中心。[1]

韩国。1月26日，韩国科学技术信息通信部在板桥举行了韩国量子产业中心（Korea-Quantum Industry Cente，K-QIC）成立仪式。K-QIC是为了培育政府选定的十大核心新兴技术之一的量子技术而成立的。该中心还分享商业化努力和技术发展的成果，并支持行业之间的合作。韩国的量子计算研究项目旨在：确保量子计算核心技术，打造国内研究生态圈到2023年实现5量子级通用量子处理器可靠性超过90%，同时培育包括7个量子计算核心技术关键团队和26个潜力技术团队在内的33个量子计算研究组。另外，韩国科学技术信息研究院（Korea Institute of Science and Technology Information，KISTI）和美国阿贡国家实验室（Argonne National Laboratory）签署的《合作意向书》的后续措施也准备就绪。当月，科学和信息通信技术部下属的国家无线电研究所（National Radio Research Agency）宣布，在国际电信联盟电信标准化局（Telecommunication Standardization Sector of the International Telecommunications Union，ITU-T）未来网络研究组（SG13*）的网络会议上，通过了量子加密通信、5G、云计算等标准。

延伸阅读 ———————————————————————————————

中国量子技术实现突破

2022年，中国科学技术大学与南京邮电大学联合研究团队首次在实验室中实现了确定的量子纠缠纯化，纯化效率理论上能提高10亿倍，有望为未来高效率量子中继提供有力技术支撑。[2]

---

1 "日本量子计算战略：2030年量子技术使用者达到1000万人目标"，https://finance.sina.com.cn/tech/2022-04-13/doc-imcwiwst1578856.shtml?finpagefr=p_114，访问时间：2023年3月23日。

2 "量子纠缠实现高效率'提纯'未来可支撑高速量子通信"，https://news.gmw.cn/2022-01/08/content_35434625.htm，访问时间：2023年2月10日。

4月12日，清华大学物理系龙桂鲁教授团队和电子系陆建华教授团队进行合作，首次实现通信距离超100千米的相位量子态与时间戳量子态相混合编码的量子安全直接通信（QSDC）系统。[1]

（四）其他国家启动量子战略制定工作

南非。10月，南非启动南非量子技术计划（South Africa Quantum Technology Initiative，SA QuTI），旨在为南非创造有利条件，以便在量子计算技术领域建立具有全球竞争力的研究环境，并推进南非量子技术产业的发展。[2]

澳大利亚。2022年，澳大利亚政府启动国家量子战略制定工作，以发展澳大利亚的量子产业，并支持量子技术创新应用和商业化。4月7日，澳大利亚政府公布《2021年国家研究基础设施（NRI）路线图》（2021 National Research Infrastructure Roadmap），确定包括量子技术的国家战略重要性及新兴技术和研究领域，并支持建设量子技术基础设施，包括支持量子器件的设计、工程和制造、精密电子、光学、软件开发、材料和计量学。[3] 8月31日，澳大利亚组建澳大利亚量子联盟（Australian Quantum Alliance，AQA），成员包括谷歌、微软等，旨在通过促进、加强和连接澳大利亚的量子生态系统，成为澳大利亚量子产业共同发声的平台。

---

1 "100公里！我国科学家创造量子直接通信最远纪录"，http://www.news.cn/tech/20220414/806af3ebfc024b6b969641b4c9da4160/c.html，访问时间：2023年2月10日。

2 "Wits to kick-start a national quantum technologies initiative with R54 million funding"，https://www.wits.ac.za/news/latest-news/research-news/2022/2022-10/wits-to-kick-start-a-national-quantum-technologies-initiative-with-r54-million-funding.html，访问时间：2023年2月13日。

3 "2021 National Research Infrastructure Roadmap"，https://www.education.gov.au/national-research-infrastructure/2021-national-research-infrastructure-roadmap，访问时间：2023年2月11日。

第四章　数据治理全面展开

2022年全球数据合作与竞争持续深化，完善数据治理体系仍是主要国家和地区立法的重要目的，部分国家关注重点从个人信息保护向开展数据执法实践、推进数据开发共享以及跨境自由流动等拓展。全球数据流动共识进一步强化，双多边数据跨境传输和交换协议接连签署和落地，但个别国家和地区间的政治博弈仍然明显，影响全球数据治理体系健康可持续发展。

一、主要国家和地区完善数据治理体系

2022年出台的数据治理相关法案主要针对个人数据和公共数据。其中，围绕个人数据保护是各国数据治理领域的重点内容。从国别分布看，2022年，正式出台个人数据保护法案的国家主要分布在亚非拉地区。从内容来看，主要涉及数据所有权、数据用途、数据分类、数据存储以及数据跨境要求等。从呈现形式看，以法律条文和指南规范性文件为主，其中，法律条文的颁布有修订原有数据法案和通过新法案两种形式。

（一）欧盟重视数据共享，强化数据治理

2月23日，欧盟委员会正式公布《数据法案》（Data Act）草案全文[1]，其内容涉及数据共享、公共机构访问、国际数据传输、云转换和互操作性等方面规定，旨在通过确保更广泛的利益相关方获得对其数据的控制，并确保更多数据可用于创新用途，同时保留投资于数据生成的激励措施，从而最大限度地提高数据要素在经济中的价值。

5月3日，欧盟委员会发布《欧洲健康数据空间》（European Health Data

1　"Date Act"，https://ec.europa.eu/commission/presscorner/detail/en/ip_22_1113，访问时间：2023年5月10日。

Space，EHDS）[1]的提案，以确保对健康数据进行安全、高效地访问和交换，加强欧盟成员国医疗系统之间的数据共享，从而优化欧盟内部医疗服务的供给，并提高整个欧盟的医疗质量。《欧洲健康数据空间》强调了三大重点，包括建立数据访问和交换的法律框架、确保（健康）数据质量和互操作性、创建强大的基础设施。10月，欧盟委员会推出了首个获批的欧盟GDPR认证体系——欧洲隐私认证机制（Europrivacy）。这是第一个用以证明符合GDPR规定的认证机制，标志着欧盟在数据保护规则上实现了开创性飞跃。该认证机制涵盖了广泛的数据处理业务，同时也将特定部门的义务和风险考虑在内。其适用于人工智能、物联网、区块链等新兴技术，具备创新的标准格式，便于审计人员将其整合到软件和应用程序之中。同时，在区块链技术的支持下，该认证机制也可用于验证交付证书并防止伪造。

延伸阅读

《欧洲健康数据空间》对健康数据的使用要求

健康数据的主要用途，是为提供医疗服务而处理个人电子健康数据。

《欧洲健康数据空间》规定，对于基于上述主要用途处理的个人电子健康数据，个人有权立即、免费并以易读、综合和可访问的格式对数据进行访问。医疗专业人士如果处理电子格式的数据，应该能够访问其病人的电子健康数据，而不论其所在的成员国，也不论治疗的性质如何。成员国必须提供相应的数据访问服务。

医疗专业人士必须能够不受限制地访问规定的重点健康数据。欧盟委员会将为个人或重点的电子健康数据建立一个欧洲的数据交换格式，以便数据进行跨欧洲交换。

《欧洲健康数据空间》将健康数据的进一步处理定义为二次使用数据。对健康数据的任何二次使用还需要事先得到主管机构的批准。批

---

[1] "European Health Data Space (EHDS)"，https://ec.europa.eu/commission/presscorner/detail/en/qanda_22_2712，访问时间：2023年3月25日。

准中必须特别说明允许的数据使用方式以及用途。成员国有义务为此成立国家机构，以确保在数据使用的请求被批准后向数据使用者提供数据，并且有义务维持一个行政管理系统，来记录和处理数据访问请求、数据查询和数据共享审批。

5月16日，欧盟理事会批准通过了《数据治理法案》(Data Governance Act, DGA)。《数据治理法案》旨在增加对数据共享的信任度，优化数据可用性机制，并克服数据重复使用的技术障碍。《数据治理法案》还将支持建设和开发欧洲共同数据空间，覆盖私营和公共参与者等主体，涉及卫生、环境、能源、农业、交通、金融、制造、公共管理和技能等部门。《数据治理法案》于2022年6月23日生效，2023年9月开始适用。[1]

延伸阅读

欧盟《数据治理法案》主要内容

作为落实欧洲数据战略的关键支柱，《数据治理法案》补充了欧洲议会和欧洲理事会2019年6月20日关于开放数据和公共部门信息再利用的指令。[2] 该法案包括九章38条，其中，在第二章关于重复使用公共部门机构持有的某些类别的受保护数据中，明确了重复使用数据类别、禁止排他性安排、重复使用的条件，允许重复使用数据的费用、单一信息联络点获取数据的方式、重复使用的程序等内容；第三章关于适用于数据中介服务的要求，明确数据中介服务的范围、遵守通知程序、提供数据中介服务应符合的条件、各成员国应指定数据中介服务主管

---

1 "The European Data Governance Act (DGA)", https://www.european-data-governance-act.com/, 访问时间：2023年3月25日。

2 "Proposal for a REGULATION OF THE EUROPEAN PARLIAMENT AND OF THE COUNCIL on European data governance (Data Governance Act)", https://eur-lex.europa.eu/legal-content/EN/TXT/?uri=celex%3A520 20PC0767, 访问时间：2023年5月4日。

部门开展合规性监测；第四章关于"数据利他主义"（Data Altruism）[1]，规定成员国可以制定国家"数据利他主义"政策，但需通知委员会；第五章涉及主管部门和程序规定；第六章关于欧洲数据创新委员会；第七章为国际访问和转移；第八章为授权和委员会程序；第九章为最终和过渡条款。

（二）美国重视网络事件报告规则设计并加强个人信息保护立法

1月13日，美国联邦通信委员会提出一项新的数据泄露报告规则提案。美国当下实行的数据泄露报告规则要求电信运营商在泄露事件发生后的七个工作日内向美国联邦执法部门提交数据泄露信息，而公司在信息转达给联邦执法部门后才能通知客户。联邦通信委员会的新规是在近年美国电信运营商数据大规模泄露的背景下提出的，相关条款拟取消强制等待期，并要求电信运营商同时向联邦通信委员会报告。[2]

3月15日，美国正式通过《2022年关键基础设施网络事件报告法案》（Cyber Incident Reporting for Critical Infrastructure Act of 2022，CIRCIA）[3]，该法案明确了关键基础设施实体报告网络事件的流程及基本要求，要求政府部门对网络事件报告进行审查并及时共享，以保证联邦政府对即时网络事件态势的感知。该法案还突出强调了对勒索软件攻击的应对，要求建立勒索软件漏洞预警试点程序并协商成立勒索软件防护工作组。同时，该法案要求关键基础设施领域的运营实体在规定时间内向美国国土安全部报告法案所规定的网络事件。

---

[1] 根据《数据治理法案》第一章第二条（16）的定义，"数据利他主义"是指在数据主体同意处理与其有关的个人数据的基础上，自愿共享数据；或者数据持有者允许出于诸如医疗、应对气候变化、改善流动性、促进发展、改善公共服务提供、公共政策制定和科学研究目的等等普遍利益目的使用其非个人数据，而不就此寻求回报。

[2] "FCC Proposes Changes to Its Reporting Requirements for Customer Data Breaches"，https://www.mintz.com/insights-center/viewpoints/2826/2023-01-13-fcc-proposes-changes-its-reporting-requirements-customer，访问时间：2023年2月10日。

[3] "AMERICA's CyberDEFENSE AGENCY: Cyber Incident Reporting for Critical Infrastructure Act of 2022 (CIRCIA)"，https://www.cisa.gov/topics/cyber-threats-and-advisories/information-sharing/cyber-incident-reporting-critical-infrastructure-act-2022-circia，访问时间：2023年2月10日。

5月19日，美国联邦贸易委员会（Federal Trade Commission，FTC）发布一项有关教育科技公司儿童在线隐私保护声明（FTC's Policy Statement on Education Technology and the Children's Online Privacy Protection Act）。联邦贸易委员会在声明中重申关于限制教育科技公司收集、使用、保留和儿童数据安全要求的条款，并表示将对相关违法行为进行重点审查。[1]

延伸阅读

《儿童在线隐私保护法》简介

《儿童在线隐私保护法》禁止网站、在线服务、在线应用程序或移动应用程序的运营商直接向具备一定认知能力的未成年人收集信息；禁止运营商未经未成年人同意开展定向营销；要求运营商提供删除或更正不准确个人信息的服务；要求运营商必须根据用户的要求，建立并开放个人数据消除机制；禁止平台面向儿童和未成年人销售不符合网络数据安全标准的互联网连接设备。该法案通过为父母提供工具来控制对儿童在线信息的收集，从而保护儿童隐私。

《儿童在线隐私保护法》要求针对13岁以下儿童的商业网站和在线服务的运营商，或在知情的情况下从13岁以下的儿童那里收集个人信息的运营商：（1）将其收集信息的做法通知家长；（2）在收集、使用或披露儿童个人信息方面获得可核实监护人的同意；（3）允许家长阻止进一步收集、使用或将来会收集儿童个人信息的行为；（4）为父母提供获取子女个人信息的途径；（5）不要求儿童提供超出合理范围的个人信息；（6）维护合法程序，以保护个人信息的机密性、安全性和完整性。为了鼓励行业自律，该法案还包括一项"安全港"条款，允许相关行业团体请求委员会批准自律准则，以加强网站管理。[2]

---

1 "FTC to Ed Tech: Protecting kids' privacy is your responsibility"，https://www.ftc.gov/business-guidance/blog/2022/05/ftc-ed-tech-protecting-kids-privacy-your-responsibility，访问时间：2023年5月4日。

2 "Children's Online Privacy Protection Act"，https://www.ftc.gov/legal-library/browse/statutes/childrens-online-privacy-protection-act，访问时间：2023年4月2日。

7月21日，美国众议院能源和商业委员会（House Committee on Energy and Commerce）批准了《美国数据隐私和保护法案（草案）》（American Data Privacy and Protection Act，ADPPA）。ADPPA是第一个得到美国两党、两院支持的综合性国家隐私立法，该法案旨在保护美国人免于因其在线和数据行为的影响而受到损害。ADPPA主要内容包括：建立强有力的国家框架，保护消费者数据隐私和安全；为美国公民提供广泛的保护，防止公民数据被歧视性使用；要求涵盖的实体尽量减少对个人数据的收集、处理和传输，以便用户数据的使用仅限于特定产品和服务的合理需求和限制；要求所涵盖的实体在确保用户不必为隐私保护付费的同时，遵守隐私保护相关法律义务；要求覆盖实体允许用户关闭目标广告；加强儿童和未成年人数据保护；在互联网生态系统中建立统一的监管标准；促进创新，为初创企业和小型企业提供发展和竞争的机会。[1]

（三）俄罗斯限制个人信息跨境流动

4月5日，俄罗斯国家杜马信息政策委员会（Information Policy Committee of the State Duma of Russia）负责人表示，国家杜马将通过一项法案，加强对公民个人数据隐私保护。该法案解释性说明指出，现行立法实际上并未规范个人数据的跨境转移，这对当前的外交政策形势构成了重大威胁。据俄罗斯联邦统计局（Federal Service for State Statistics）称，目前有超过2500家运营商正在将俄罗斯公民的个人数据跨境转移到该法律草案列出的"不友好"国家。该法案阐明，在数据跨境传输中，信息接收者在境外运作属性起决定作用。运营商有义务告知公民授权机构跨境转移个人数据的意图。为保护公民合法权益以及俄联邦宪法秩序和国家安全、经济和金融利益，俄罗斯联邦通信、信息技术和大众传媒监督局（Federal Service for Supervision of Communications, Information Technology, and Mass Media, Roskomnadzor）决定禁止或限制跨境传输个人数据。同时，该法案引入俄罗斯法律适用于个人数据的治外法权，确定授权当局

---

[1]　"House and Senate Leaders Release Bipartisan Discussion Draft of Comprehensive Data Privacy Bill", https://energycommerce.house.gov/posts/house-and-senate-leaders-release-bipartisan-discussion-draft-of-comprehensive-data-privacy-bill，访问时间：2023年5月4日。

干预俄罗斯公民在境外的个人数据处理。[1]

7月6日，俄罗斯通过了关于《俄罗斯联邦个人数据法》（Russian Federal Law on Personal Data）的修正案。[2]本次修正案重点更新了个人数据跨境流动的规则，经营者需要通知俄罗斯联邦通信、信息技术和大众传媒监督局。具体规则包括：（1）新增前置程序——经营者需要向监管机构进行事先通知；（2）限制可以跨境流动的接受国，经营者只能向欧洲委员会《关于个人数据自动化处理中的个人保护公约》（Convention for the Protection of Individuals with regard to Automatic Processing of Personal Data）的缔约国和"白名单"中的国家或地区进行数据的跨境传输；（3）增加禁止或限制转移的情况。该法案的解释性说明中指出，"现行立法实际上没有规范个人数据的跨境传输，这在当前的外交政策形势下构成了重大威胁"。该法案的发起者表示，在俄罗斯注册的2500多个实体处理个人数据并将其传输到其他国家，包括对俄罗斯实施制裁的"不友好"国家。俄罗斯联邦通信、信息技术和大众传媒监督局批准的"不友好"国家包括美国、加拿大在内的多个北约（NATO）防务联盟的成员国，以及澳大利亚、日本和新西兰等。该草案仍需在杜马三读和上议院进行审查后，才能将草案签署为法律。[3]

8月11日，俄罗斯联邦通信、信息技术和大众传媒监督局领导的公共委员会举行了例行会议，会上讨论了已通过的《俄罗斯联邦个人数据法》修正案的新变化以及在数字服务发展的背景下保护数据主体的权利。会议强调将加强对俄罗斯公民的数据保护，并严格规定数据运营商的泄密责任。部分修正案于9月1日生效。俄罗斯联邦通信、信息技术和大众传媒监督局表示，法案的修订取决于以下原因：一是个人数据已成为当代经济中越来越有价值的资源并被过

1　"В Думу внесут законопроект о возможности запрета передачи за границу личных данных россиян", https://www.interfax.ru/digital/833320，访问时间：2023年2月16日。

2　"'Федеральный закон от 14.07.2022 № 266-ФЗ' О внесении изменений в Федеральный закон 'О персональных данных', отдельные законодательные акты Российской Федерации и признании утратившей силу части четырнадцатой статьи 30 Федерального закона 'О банках и банковской деятельности'", http://publication.pravo.gov.ru/Document/View/0001202207140080，访问时间：2023年3月25日。

3　"Russian lawmakers approve restrictions on personal data transfers", https://www.reuters.com/world/europe/russian-lawmakers-approve-restrictions-personal-data-transfers-2022-07-05/，访问时间：2023年3月13日。

度收集，需要采取适当的措施来保护个人数据主体的权利；二是重大个人信息泄露事件频发，仅2022年年初以来，俄罗斯已发生高达40余次的重大个人信息泄露事件，致使超过3亿条包含个人姓名、出生日期、性别、电子邮件地址、电话号码、居住地和健康信息等记录被泄露传播。[1]

12月21日，俄罗斯国家杜马全体会议通过了关于处理公民生物识别数据的法律。该法律明确了以下重点内容：（1）禁止强制收集生物识别信息，以及禁止对拒绝提供生物识别数据的公民进行任何歧视；（2）为使用统一生物识别系统（unified biometric identification system，UBIS）或其他信息系统处理生物识别建立法律框架；（3）禁止强制提交生物识别和基因组信息，并将收集的生物识别数据列表限制为面部图像和语音记录；（4）提供了从系统中简化删除数据的可能性，以及通过国家公共服务门户网站（Gosuslugi.ru）对数据使用的控制；（5）禁止在未经父母同意的情况下使用儿童的生物识别数据；（6）规定生物识别数据只允许在俄罗斯使用和存储，禁止进行跨境传输。[2]

同时，俄罗斯批准法案扩大检察官访问公民数据的权限。1月19日，俄罗斯国家杜马安全与反腐败委员会（Security and Anti-Corruption Committee of the State Duma of Russia）批准了一项法案[3]，允许检察官办公室不仅能在监督范围内获得俄罗斯人的个人信息，还可以收集统计数据并执行其他职能。检察官有义务销毁所有资产和资金来源的信息，并在对外国银行的反腐调查中获得额外权力。俄罗斯律师协会解释称，该法案可以避免检察官在收集犯罪数据时受《俄罗斯联邦个人数据法》修正案的限制，赋予检察官在收集犯罪数据时处理个人数据的权力，并赋予检察官履行某些其他职能的权力，包括监督公务员遵守反腐败立法要求等。

1　"Russia: Amendments to Law on Personal Data enter into effect"，https://www.dataguidance.com/news/russia-amendments-law-personal-data-enter-effect，访问时间：2023年3月12日。

2　"Russia's State Duma Passes Law Banning Forced Collection Of Biometrics"，https://www.urdupoint.com/en/world/russias-state-duma-passes-law-banning-forced-1613570.html，访问时间：2023年3月2日。

3　"Комитет ГД одобрил проект о расширении доступа прокуратуры к данным россиян"，https://ria.ru/20220119/dostup-1768500006.html?utm_source=yxnews&utm_medium=desktop&utm_referrer=https%3A%2F%2Fyandex.com%2Fnews%2Fsearch%3Ftext%3D，访问时间：2023年1月30日。

（四）日本完善个人信息保护

2月18日，日本经济产业省（Ministry of Economy, Trade and Industry，METI）发布了《数字化转型时代企业的隐私治理指导手册1.2》（In the Digitization Era Corporate Privacy Governance Guidebook Ver 1.2），为企业的隐私保护活动提供帮助。更新后的手册中增加了帮助企业加强隐私保护的具体示例，并根据2020年修订的《个人信息保护法》（Action the Protection of Personal Information）更新了现有的表述和引用。此外，手册指出了经营者应致力满足以下三大条件：一是明文规定隐私保护相关事项；二是任命隐私保护负责人；三是对隐私保护工作加大力量投入。同时，手册还指出了企业隐私保护管理的重要事项：一是构建隐私保护管理体系；二是运用规则的制定和通知；三是让隐私保护成为企业内部文化；四是加强与消费者及其他利益相关方沟通。[1]

4月1日，日本《个人信息保护法修订案》（Amendment to Personal Information Protection Act）[2]生效施行，其适用于在日本处理个人数据的所有经营者，既包括在日本境内提供商品和服务的公司，也包含在境外设有办事处的日本公司。《个人信息保护法修正案》扩大了日本数据主体的权利范围，明确规定了企业经营者数据泄露报告并通知数据主体的强制性义务以及限制了可以提供给第三方的个人信息范围。属于其他法规范围的中央政府组织、地方政府、独立行政机构和地方独立行政机构不受其合规性约束。

11月2日，日本个人信息保护委员会发布了关于医疗机构处理个人信息的警告。日本个人信息保护委员会规定，医疗机构向医疗设备制造商提供的手术视频可以很容易地与医疗和手术记录进行比较，以便识别患者。因此，日本个人信息保护委员会规定医疗机构的手术视频与日本2003年《个人信息保护法》（APPI，2003年第57号法案，2015年修订）中定义的个人信息相对应。更具体地说，日本个人信息保护委员会规定了处理手术视频时必须遵守的规则。第一，医疗机构经营者在向第三方提供个人信息时，必须指定使用目的，并且不

1　"DX時代における 企業のプライバシーガバナンスガイドブック ver1.2"，https://www.meti.go.jp/policy/it_policy/privacy/guidebook12.pdf，访问时间：2023年2月8日。

2　"Overview of the Act on the Protection of Personal Information of Japan in light of its Amendment coming into effect on April 1, 2022"，https://www.tmi.gr.jp/eyes/blog/2022/13236.html，访问时间：2023年2月4日。

得超出实现指定目的所需的视频处理范围；第二，未经相关人员事先同意，医疗机构经营者不得向第三方提供个人信息，但需注意的是，由于按照日本个人信息保护委员会的规定医疗器械制造商不属于学术研究机构的范畴，因此，在征得患者同意时，仅向患者解释手术视频将用于学术研究是不够的；第三，根据规定，医疗机构经营者必须采取必要和适当的措施，防止其处理的个人信息泄露，员工在处理个人信息时，必须对员工进行必要和适当监督，以确保上述个人信息的安全。[1]

（五）南美国家修订原有数据法案

2月10日，巴西国民议会（National Congress of Brazil）颁布了宪法修正案（EC 115），其中包括个人数据保护的基本权利和保障。巴西联邦参议院议长罗德里戈·帕切科（Rodrigo Pacheco）代表国民议会强调了修正案对增强公民自由的重要性，称新的宪法命令有利于保护公民的隐私，并促进了对巴西的技术投资。[2] 3月31日，巴西众议院（Brazil's Chamber of Deputies）提出一项紧急法案，将修订2018年8月14日第13.709号法律《一般个人数据保护法》（General Data Protection Law，LGPD，经2019年7月8日第13.853号法律修订）和1996年12月20日第9.394号法律《关于在学生环境中处理儿童和青少年个人数据的国家教育准则和基础法》。众议院指出，目前的法律只允许在父母或法定监护人明确同意的情况下处理儿童的个人数据。修正案将允许公布学校人口普查和全国学士学位考试时收集的一部分个人数据，以及一些匿名或者以假名形式存在的儿童和青少年的数据。[3] 6月13日，巴西发布了第1124号临时措施，修订了2018年8月14日颁布的第13.709号法律《一般个人数据保护法》，并赋予巴西数

1　"Japan: PPC issues alert on handling personal information in medical institutions"，https://www.dataguidance.com/news/japan-ppc-issues-alert-handling-personal-information，访问时间：2023年5月4日。

2　"Promulgada emenda constitucional de proteção de dados"，https://www12.senado.leg.br/noticias/materias/2022/02/10/promulgada-emenda-constitucional-de-protecao-de-dados，访问时间：2023年4月2日。

3　"Projeto altera lei de dados pessoais para permitir compartilhamento de informações do Censo Escolar e do Enem"，https://www.camara.leg.br/noticias/863023-PROJETO-ALTERA-LEI-DE-DADOS-PESSOAIS-PARA-PERMITIR-COMPARTILHAMENTO-DE-INFORMACOES-DO-CENSO-ESCOLAR-E-DO-ENEM，访问时间：2023年4月3日。

据保护局（Autoridade Nacional de Proteção de Dados，ANPD）技术和决策自主权。[1] 8月12日，巴西众议院宣布了第1515/22号法案，该法案规定了2018年8月14日第13.709号法律《一般个人数据保护法》在国家安全、国防、公共安全以及刑事犯罪调查和起诉方面的适用性。众议院解释称，该法案禁止私人公司处理与国家安全和国防有关的数据，但公法管辖的法律实体要求的程序除外；关于获取信息的问题，个人可以在向主管当局提出请求后获取其个人数据；关于数据传输，该法案允许向在公共安全、国防和刑事诉讼领域工作的国际组织或海外代理人传输个人数据。最后，众议院指出，在违法行为发生的情况下，该法案规定数据库运行的部分暂停将长达两个月，并在行政和刑事范围内追究代理人的责任。

11月10日，阿根廷数据保护机构——公共信息获取机构（Agency for Access to Public Information，AAPI）发布了《个人数据保护法》（Personal Data Protection Act）中犯罪分类规定的修订决议[2]，该法将犯罪分类分为轻微、严重和非常严重，并规定了制裁等级。其中，轻微罪行包括未向国家数据库登记直接处理个人数据，未及时向国家数据库报告变更、更新或取消事项的情形，以及未及时向国家个人数据保护局要求的正确形式提供信息。严重罪行包括向国家数据库登记时申报虚假数据，在没有充分法律依据的情况下处理个人数据，收集个人数据时侵犯数据主体的知情权，未能按所述目的处理个人数据以及保留数据的时间超过法定登记时间。非常严重罪行包括没有在隐私政策中报告处理个人数据负责人的身份数据；保留不准确的个人数据，或未能对有关数据进行更正、更新或删除；将个人数据传输到个人信息保护水平不充分的国家或地区，以及没有采取匿名方式收集和处理敏感数据。

2月23日，乌拉圭数据保护局（URCDP）发布了《乌拉圭个人数据保护指南》。该指南旨在为公民以及负责保障隐私权和数据保护的公共和私营部门提供服务，并明确了乌拉圭数据保护局的运作和职责等。因此，指南详细说明

1　"Brazil: Provisional measure published amending LGPD with respect to ANPD"，https://www.dataguidance.com/news/brazil-provisional-measure-published-amending-lgpd，访问时间：2023年4月3日。

2　"Argentina: AAIP issues Resolution amending enforcement classification"，https://www.dataguidance.com/news/argentina-aaip-issues-resolution-amending-enforcement，访问时间：2023年3月5日。

《2008年保障个人资料及人身保护令资料行动》第18.331号法律的范围，强调数据保护的原则，讨论了数据主体的权利，如访问权、信息权、更正权、删除权等，以及对敏感个人数据的处理方式。[1] 10月20日，乌拉圭政府颁布了第20075号有关数据保护的法律，其中，第20075/2022号法律第62条对关于保护个人数据的第18.331号法律第13条和2008年《人身保护数据法》进行了修正，以使数据处理更加透明。

（六）非洲国家推动数据保护

4月8日，卢旺达国家网络安全机关发布《关键数据保护术语及含义》（Key Data Protection Terms and Their Meanings）指南。指南阐明了个人数据、敏感个人数据、隐私、数据控制者、数据处理者、数据处理、数据主体、第三方等关键数据保护术语的含义。[2]

4月25日，尼日利亚新成立的数据隐私管理局（Nigeria Data Protection Bureau，NDPB）呼吁国家身份管理委员会（National Identity Management Commission，NIMC）制定数据保护和隐私标准，加强该国数字身份生态系统。[3] 10月11日，尼日利亚发布《2022年数据保护法案（草案）》（Nigeria Data Protection Bill，2022），概述了其个人数据保护的法律框架。其中，针对处理个人信息的原则和法律依据的内容，涉及开展数据保护影响评估、任命数据保护官员、明确数据控制者和数据处理者的义务，以及数据保护合规服务等。根据该法案，尼日利亚还将建立数据保护委员会，以监管个人数据的处理活动。[4]

8月5日，肯尼亚数据保护专员办公室（Office of the Data Protection Commis-

1　"Guía sobre Protección de Datos Personales en Uruguay"，https://www.gub.uy/unidad-reguladora-control-datos-personales/comunicacion/noticias/guia-sobre-proteccion-datos-personales-uruguay，访问时间：2023年4月3日。

2　"Key data protection terms and their meanings"，https://cyber.gov.rw/updates/article/key-data-protection-terms-and-their-meanings-1/，访问时间：2023年4月2日。

3　"New Nigerian data protection body calls for stronger privacy standards to drive digital ID"，https://www.biometricupdate.com/202204/new-nigerian-data-protection-body-calls-for-stronger-privacy-standards-to-drive-digital-id，访问时间：2023年2月10日。

4　"NIGERIA DATA PROTECTION BILL, 2022"，https://ndpb.gov.ng/Files/Nigeria_Data_Protection_Bill.pdf，访问时间：2023年4月2日。

sioner，ODPC）宣布，将在《2019年数据保护法》（Data Protection Act 2019）的基础上，强化数据保护监管。即所有开展数据处理的实体机构都要在ODPC进行注册，注册共分为数据控制方（选择并通过使用个人数据获利）和数据处理方（负责管理第三方数据）两类。相关机构要在征得用户同意后才能使用他们的数据，并告知他们数据收集和存储的原因。同时，各实体必须在72小时内将数据泄露情况告知ODPC，否则将面临监禁和罚款风险。[1]

11月2日，坦桑尼亚议会（Tanzania Parliament）通过《2022年个人数据保护法案》（Personal Data Protection Bill, 2022）。[2] 该法案建议设立个人数据保护委员会，授权委员会对个人数据处理不当的行为处以罚款。同时该法案建议加强政府机构和私人组织对个人数据的处理，制定收集、使用和存储个人数据的程序。

（七）中国完善数据治理体系

1月12日，中国国务院正式发布《"十四五"数字经济发展规划》，强调要依法合规开展数据采集，并提出了两方面要求。一方面是要培育壮大数据服务产业。支持市场主体依法合规开展数据采集，聚焦数据标注、清洗、脱敏、脱密、聚合、分析等环节，提升数据资源处理能力；培育数据服务商等社会化数据服务机构发展，依法依规开展数据的采集、整理、聚合、分析等加工业务。另一方面是要统一标准。推动数据资源标准体系建设，提升数据管理水平和数据质量，探索面向业务应用的共享、交换、协作和开放；加快推动各领域通信协议兼容统一，打破技术和协议壁垒，加强互通互操作，形成完整贯通的数据链。

9月1日，中国国家互联网信息办公室公布的《数据出境安全评估办法》[3] 正式施行。《办法》明确，数据处理者向境外提供在中华人民共和国境内运营中收集

1　"Kenya beefs up consumer data protection"，https://www.finextra.com/newsarticle/40767/kenya-beefs-up-consumer-data-protection，访问时间：2023年5月15日。

2　"MPs underline benefits of personal data protection law"，https://dailynews.co.tz/mps-underline-benefits-of-personal-data-protection-law/，访问时间：2023年3月5日。

3　"国家互联网信息办公室公布《数据出境安全评估办法》"，http://www.cac.gov.cn/2022-07/07/c_165881153 6594644.htm，访问时间：2023年2月4日。

和产生的重要数据和个人信息的安全评估适用本办法。提出数据出境安全评估坚持事前评估和持续监督相结合、风险自评估与安全评估相结合等原则，提出了数据出境安全评估的具体要求，规定数据处理者在申报数据出境安全评估前应当开展数据出境风险自评估并明确了重点评估事项。规定数据处理者在与境外接收方订立的法律文件中明确约定数据安全保护责任义务，在数据出境安全评估有效期内发生影响数据出境安全的情形应当重新申报评估。此外，还明确了数据出境安全评估程序、监督管理制度、法律责任以及合规整改要求等。12月19日，中共中央、国务院对外公开发布《关于构建数据基础制度更好发挥数据要素作用的意见》。[1]《意见》明确提出了中国特色的数据要素市场基础性制度的重大举措，内容涵盖了数据产权制度、流通交易制度、收益分配制度、协同治理制度四项制度的建设工作重点。

同时，中国积极开展在重点领域的数据安全管理工作。2月21日，中国工业和信息化部印发通知，部署做好工业领域数据安全管理试点工作，明确在辽宁等15个省（区、市）及计划单列市开展试点工作。[2]2月25日，工业和信息化部办公厅发布车联网网络安全和数据安全标准体系建设指南的通知，提出到2023年年底，初步构建起车联网网络安全和数据安全标准体系。[3]4月8日，工信部等五部门发布《关于进一步加强新能源汽车企业安全体系建设的指导意见》。《意见》要求企业要依法落实关键信息基础设施安全保护、网络安全等级保护、车联网卡实名登记、汽车产品安全漏洞管理等要求；要切实履行数据安全保护义务，建立健全全流程数据安全管理制度，采取相应的技术措施和其他必要措施，保障数据安全。企业要按照法律、行政法规的有关规定进行数据收集、存储、使用、加工、传输、提供、公开等处理活动，以及数据出境安全管理；企业要按照《个人信息保护法》以及相关法律法规的规定处理个人信息，制定内

---

1 "中共中央国务院关于构建数据基础制度 更好发挥数据要素作用的意见"，http://politics.people.com.cn/n1/2022/1220/c1001-32589920.html，访问时间：2023年2月3日。

2 "工业和信息化部办公厅关于组织开展工业领域数据安全管理试点工作的通知"，https://www.miit.gov.cn/jgsj/waj/wjfb/art/2021/art_2fa0ae3ab6764a0b9e8bc2703a41626c.html，访问时间：2023年4月6日。

3 "工业和信息化部办公厅关于印发车联网网络安全和数据安全标准体系建设指南的通知"，https://www.miit.gov.cn/zwgk/zcwj/wjfb/tz/art/2022/art_e36a55c43a3346c9a4b31e534b92be44.html，访问时间：2023年4月6日。

部管理和操作规程，对个人信息实行分类管理，并采取相应的加密、去标识化等安全技术措施，防止未经授权的访问以及个人信息泄露、篡改、丢失。[1]

延伸阅读

《关于构建数据基础制度更好发挥数据要素作用的意见》 制度工作重点

构建制度一：数据产权制度。《意见》强调探索建立数据产权制度，推动数据产权结构性分置和有序流通，结合数据要素特性强化高质量数据要素供给。在国家数据分类分级保护制度下，建立公共数据、企业数据、个人数据的分类分级确权授权制度和市场化流通交易机制，建立数据资源持有权、数据加工使用权、数据产品经营权的"三权"分置的产权运行机制，健全各参与方合法权益保护制度，推进"共同使用，共享收益"新模式。加强个人信息保护力度，推行匿名化个人数据合理使用，健全数据要素权益保护制度，逐步形成具有中国特色的数据产权制度体系。

构建制度二：流通交易制度。《意见》强调完善和规范数据流通规则，完善数据全流程合规与监管规则体系，构建完善交易制度体系，培育规范高效的数据交易场所，构建数据要素流通和交易服务生态，有序发展数据跨境流通和交易，加强数据流动、数据安全、认证评估、数字货币等相关标准制定，建立数据来源可确认、使用范围可界定、流通过程可追溯、安全风险可防范的数据可信流通体系。

（八）部分国家出台数据治理指南规范性文件

3月3日，韩国个人信息保护委员会发布关于个人信息处理的隐私保护政策

---

[1] "五部门关于进一步加强新能源汽车企业安全体系建设的指导意见"，https://www.miit.gov.cn/zwgk/zcwj/wjfb/yj/art/2022/art_7393e4d7742d41ce82e5c0e5df991303.html，访问时间：2023年2月10日。

指南。指南特别指出，在数据主体同意处理个人数据的前提下，公司应致力于处理最少数量的个人数据，并确保同意书通俗易懂，无技术专业术语。若数据主体拒绝授权数据处理，则不应拒绝公司为其提供的产品或服务。此外，指南建议公司起草隐私声明，并告知数据主体数据处理活动的类型，如跨境数据传输、第三方传输、保存时间表等。[1] 9月14日，韩国总理韩德洙（Han Duck-soo）主持并召开了韩国国家数据政策委员会的第一次会议，并发布了对八个数据领域、五个新产业领域，共13个领域的改善计划。在数据领域，把仅限于行政机关和银行的公共本人数据管理（MyData），拓宽到通信、医疗行业的法人；除了公共、民间的专门整合机构，也允许以提供给第三方为目的的假名信息整合。在新产业培养领域，为避免元宇宙相关服务受到游戏行业相关规则限制，在2022年年内出台区分游戏和元宇宙的指南。此外，为了促进民间的数据应用，提高产业竞争力，委员会表示将制订"第一次数据产业振兴计划"。[2]

4月5日，法国国家信息自由委员会（Commission Nationale de l'Informatique et des Libertés，CNIL）发布《面向AI的GDPR合规指南》（GDPR Compliance Guide for AI），要点包括：（1）定义使用目的。在项目设计中首先明确AI技术的使用目的，如明确基于机器学习的AI模型在学习阶段（即开发和训练AI模型阶段）与生产阶段独立的个人数据处理目的。（2）明确法律基础。在GDPR提供的六类处理个人数据的法律基础中明确所适用的法律基础（为"科学研究"处理个人数据并非法定的法律基础之一）。（3）构建数据库。数据库的构成包括专为数据库建立（以用于算法验证等）目的收集的数据以及重复利用已经为其他目的所收集的数据（需充分评估其合法性）。（4）最小化数据。严格遵循GDPR第9条的要求，确保收集和使用的个人数据的最小化。（5）防范与AI模型相关的风险。避免基于非法收集的数据训练AI模型，注意避免AI模型遭受攻击导

1　"South Korea: PIPC publishes guidelines on consent and easy-to-understand privacy policies"，https://www.dataguidance.com/news/south-korea-pipc-publishes-guidelines-consent-and-easy，访问时间：2023年2月13日。

2　"[Program] National Data Policy Committee Established … Communications and Medical Sectors Also Utilize Public My Data"，https://english.etnews.com/20220915200003，访问时间：2023年3月15日。"MSIT to vitalize digital economy with regulation amendments!"，https://www.msit.go.kr/eng/bbs/view.do?sCode=eng&mId=4&mPid=2&pageIndex=&bbsSeqNo=42&nttSeqNo=731&searchOpt=ALL&searchTxt=，访问时间：2023年3月15日。

致数据泄露。[1]

5月17日，新加坡个人数据保护委员会（Singapore's Personal Data Protection Commission，PDPC）发布《在安全应用中负责任地使用生物特征数据的指南》（Guide on the Responsible Use of Biometric Data in Security Applications），包括关键术语的定义，负责地收集、使用和披露生物特征数据等。[2] 7月18日，新加坡个人数据保护委员会发布《区块链设计中的个人数据保护注意事项指南》（Guide on Personal Data Protection Considerations for Blockchain Design）。[3] 指南规定，对许可区块链上的所有个人数据进行加密或匿名，加密或匿名的个人数据的访问只提供给以商业目的的使用数据的授权区块链参与者，同时参与者必须对数据进行充分保护。该指南通过阐明在部署区块链应用程序时如何遵守PDPA，以确保对客户的个人数据进行更负责任的管理，从而促进组织采用区块链。10月1日，新加坡《个人数据保护法》（PDPA）修正案生效，提高了对于违反PDPA且当地年营业额超过1000万新元组织的罚款上限，从之前固定的100万新元增加到该组织在新加坡年营业量的10%，以较高者为准。[4] 同时，为保护中小型企业（Small and Medium Enterprises，SMEs）客户个人数据，在数据泄露的情况下快速应对解决，助力中小型企业获得基本水平的数据保护和安全实践，新加坡制订出台《数据保护要素计划》（Data Protection Essentials Programme）。[5]

10月1日，越南《关于网络安全法若干条款实施细则的53/2022/ND-CP号议定》（以下简称"第53号法令"）的生效，对2019年1月1日生效的《网络安全法》中的一些条款做了补充说明。根据第53号法令的规定，所有在越南开展

1 "IA: comment être en conformité avec le RGPD?", https://www.cnil.fr/fr/intelligence-artificielle/ia-comment-etre-en-conformite-avec-le-rgpd, 访问时间：2023年4月5日。

2 "Guide on the Responsible Use of Biometric Data in Security Applications", https://www.pdpc.gov.sg/help-and-resources/2022/05/guide-on-the-responsible-use-of-biometric-data-in-security-applications, 访问时间：2023年5月4日。

3 "Guide on Personal Data Protection Considerations for Blockchain Design Now Available", https://www.pdpc.gov.sg/news-and-events/announcements/2022/07/guide-on-personal-data-protection-considerations-for-blockchain-design, 访问时间：2023年3月5日。

4 "Amendments to Enforcement under the Personal Data Protection Act (PDPA) in updated Advisory Guidelines and Guide", https://www.pdpc.gov.sg/news-and-events/announcements/2022/09/amendments-to-enforcement-under-the-personal-data-protection-act-in-updated-advisory-guidelines-and-guide, 访问时间：2023年4月5日。

5 "Data Protection Essentials Programme Now Available", https://www.pdpc.gov.sg/news-and-events/announcements/2022/04/data-protection-essentials-programme-now-available, 访问时间：2023年4月5日。

数据处理活动的外国公司都应将信息存储在越南本地。但该法令引起《全面与进步跨太平洋伙伴关系协定》（Comprehensive and Progressive Agreement for Trans-Pacific Partnership，CPTPP）成员国对"数据本地化"条款的不满。作为CPTPP成员国之一，越南第53号法令的规定难以与CPTPP成员国应当履行的义务保持一致[1]，这引起了日本、加拿大等其他CPTPP成员国的不满，因此越南有意推迟该法令的生效时间。对此，CPTPP其他成员国同意在2024年之前不对越南提起诉讼，这让越南有更多的时间和机会，可以在数据跨境领域调整国内法规，使之与国际协议更有效地衔接。[2]

（九）部分国家酝酿出台有关法案

2022年，相关国家正在酝酿出台的数据治理相关法案，除了重点维护个人数据安全外，同时在法案酝酿过程中也呈现出数据安全与数据开放的平衡。

英国。5月10日，英国推出《数据改革法案》（Data Reform Bill），旨在设计一种更灵活、注重结果的数据保护方法，在保护个人数据的同时使公共机构能够共享数据，并建立世界领先的数据权利保护制度，以创建一个新的有利于经济增长和可信的英国数据保护框架。[3] 6月17日，英国政府向下议院提交了《数据保护和数字信息法案》（Data Protection and Digital Information Bill）[4]，该法案重新定义了可识别性、数据保护官、事先咨询制度、Cookie（计算机缓存在用户本地终端上的数据）同意设置和数据传输到第三国的充分性。

乌克兰。11月8日，乌克兰议会公布《个人数据保护法（草案）》[5]，提出了对处理个人数据的特殊要求、个人资料主体的权利的要求，规定了敏感个人数

1　"根据CPTPP第14.13条第2款规定，任何缔约方不得要求一涵盖的人在该缔约方领土内将使用或设置计算设施作为其领土内开展业务的条件"，http://www.mofcom.gov.cn/article/zwgk/bnjg/202101/20210103030014.shtml，访问时间：2023年2月25日。

2　"Vietnam data storage law rankles Big Tech and CPTPP trade bloc"，https://asia.nikkei.com/Business/Technology/Vietnam-data-storage-law-rankles-Big-Tech-and-CPTPP-trade-bloc，访问时间：2023年2月25日。

3　"UK: Data Reform Bill announced in 2022 Queen's Speech"，https://www.dataguidance.com/news/uk-data-reform-bill-announced-2022-queens-speech，访问时间：2023年2月26日。

4　"Data Protection and Digital Information Bill"，https://bills.parliament.uk/bills/3322，访问时间：2023年3月25日。

5　"Проєкт Закону про захист персональних даних"，https://itd.rada.gov.ua/billInfo/Bills/Card/40707，访问时间：2023年7月12日。

据、与刑事起诉有关的个人数据、生物特征数据、视频监控数据以及死者个人数据的处理规则。

印度。4月28日，印度政府将印度计算机应急响应小组（Indian Computer Emergency Response Team，CERT-In）发布的有关可信网络的信息安全实践、程序、预防、响应和网络安全事件报告的指令正式纳入2000年《信息技术法案》第70B条。明确要求网络服务提供商、中介机构、法人团体、数据中心和政府机构等应在发现或被告知发生网络安全事件后的六个小时内报告给印度计算机应急响应小组；并且列明了需要报告的网络安全事件类型，主要涉及有针对性地扫描/探测关键网络/系统、危及关键系统/信息、未经授权访问IT系统/数据、攻击数据库、邮件和域名系统（Domin Name System，DNS）等服务器以及路由器等网络设备等网络安全漏洞或网络安全攻击。[1] 11月18日，印度提出了新的隐私立法，即《数字个人数据保护法2022》草案（Digital Personal Data Protection Bill 2022）。该法案旨在规定个人数据的处理方式，同时承认个人权利和"出于合法目的处理个人数据的必要性"。它允许与"印度中央政府在评估之后正式通报的国家和地区"进行跨境数据传输，并建立一个数据保护委员会来监督合规性、实施处罚。

延伸阅读

印度《数字个人数据保护法2022》法案相较于2019年的调整

一、不再对"敏感数据""关键数据"做出特别要求。

二、不再规定"非个人数据""匿名数据"的管理要求。

三、适用豁免，新法案的管辖现在仅对在印度境内获取的数据，以及在印度境外获取的印度数据所有人的数据，最重要的豁免来自印度企业因为合同关系而获取的境外数据所有人的数据，不适用印度的数据保护法案。

---

1 "Internet Impact Brief: India CERT-In Cybersecurity Directions 2022"，https://www.internetsociety.org/resources/doc/2022/internet-impact-brief-india-cert-in-cybersecurity-directions-2022/，访问时间：2023年3月5日。

四、数据跨境的简易化，新法案中并未对数据跨境传输做出明确的禁止性规定。

五、取消刑事责任，新法案仅在企业出现重大违规行为的时候，做出与该企业营业额或利润成比例的行政罚款处罚。

六、引入数据保护委员会。

七、简化未成年人数据处理，对于18岁以下的未成年人，新法案要求企业在征得其父母或监护人同意后才能处理数据，同时，企业不再需要审核未成年人的年龄，以及不会因为处理未成年人数据而被贴上"重要数据受托人"的标签。

八、简化告知与同意的要求，新法案中可以一次性同意处理一般数据和敏感数据。

九、引入"视为同意"机制，企业在获得个人数据后，只要在合理预期的范围内，处理未经专门同意的个人数据，视为数据所有人同意这样的处理。

二、主要国家和地区开展数据执法行动

（一）美国起诉脸书、推特等科技企业

2月14日，美国得克萨斯州总检察长办公室（Office of Attorney General，OAG）指控Meta违规使用面部识别技术，违反了美国对个人隐私保护的规定。得州总检察长办公室认为，Meta的面部识别技术在未经个人同意的情况下，收集了数百万得克萨斯州公民的生物识别数据，并将相关信息披露给他人且未能在合理时间内销毁。据此，得克萨斯州总检察长办公室考虑向Meta处以数千亿美元的民事处罚。[1]

5月23日，因脸书（Facebook）存在未能保护数百万用户的数据，美国华

---

1 "Texas sues Meta's Facebook over facial-recognition practices"，https://www.reuters.com/technology/texas-sues-meta-over-facebooks-facial-recognition-practices-report-2022-02-14/，访问时间：2023年4月6日。

盛顿特区总检察长以数据保护和隐私声明误导用户等行为，对脸书首席执行官马克·扎克伯格（Mark Zuckerberg）进行起诉。在诉讼中，总检察长办公室回顾了在一项全面调查中收集的证据，指控扎克伯格促成了脸书对用户数据的疏忽监督和误导性隐私协议的实施，结果导致第三方，如政治咨询公司剑桥分析公司等，获取超过8700万美国公民的个人数据，其中包括超过一半的华盛顿特区居民，并利用这些数据来操纵2016年的选举。[1]

5月25日，美国联邦贸易委员会因推特（Twitter）将收集到的电话号码和电子邮件地址用于定向广告投放，对推特处以1.5亿美元罚款。根据法庭文件，推特从2013年开始要求超过1.4亿用户提供上述信息，并声称用以进行账号保护，但它并没有通知用户这些数据也将用于允许广告商向用户投放广告，这违反了联邦贸易委员会法案和2011年委员会行政命令有关"禁止公司歪曲其安全和隐私实践并从欺骗性收集的数据中获利"的规定。目前，推特已同意与联邦贸易委员会达成和解，支付1.5亿美元的民事罚款，并对使用用户信息进行广告盈利事件道歉。除此之外，在联邦法院批准和解后，推特也将实施新的合规措施以改善其数据隐私保护做法。[2]

（二）俄罗斯对涉嫌违反数据存储规定的外国公司处以罚款

5月27日，俄罗斯联邦通信、信息技术和大众传媒监督局表示，已对谷歌和其他六家外国科技公司提起行政诉讼，指控其涉嫌违反个人数据立法。谷歌可能会被罚款600万至1800万卢布。俄罗斯联邦通信、信息技术和大众传媒监督局还表示，已对其他六家公司（爱彼迎、拼趣、Likeme、Twitch、苹果和联合包裹服务公司）提起诉讼，它们涉嫌首次违规，可能会被处以100万至600万卢布的罚款。[3]

1　"AG Racine Sues Mark Zuckerberg for Failing to Protect Millions of Users' Data, Misleading Privacy Practices"，https://oag.dc.gov/release/ag-racine-sues-mark-zuckerberg-failing-protect，访问时间：2023年5月4日。

2　"On FTC's Twitter Case: Enhancing Security Without Compromising Privacy"，https://www.ftc.gov/policy/advocacy-research/tech-at-ftc/2022/05/ftcs-twitter-case-enhancing-security-without-compromising-privacy/，访问时间：2023年5月4日。

3　"Russia opens cases against Google, other foreign tech over data storage"，https://www.reuters.com/technology/russia-opens-cases-against-google-other-foreign-tech-over-data-storage-2022-05-27/，访问时间：2023年2月17日。

5月底，俄罗斯联邦通信、信息技术和大众传媒监督局对Twitch、拼趣、爱彼迎、联合包裹服务公司和另外两家外国公司提起行政诉讼，指控它们违反了个人数据法律。莫斯科法院的新闻部门表示，塔甘斯基地区法院已经判定Twitch有罪，并罚款200万卢布。据新闻机构报道，拼趣和爱彼迎也被罚款200万卢布，联合包裹服务公司罚款100万卢布。俄罗斯本月对谷歌开出了1500万卢布的罚单，理由是谷歌一再不遵守俄罗斯有关数据存储的法律。6月28日，莫斯科一家法院表示，Twitch、拼趣、爱彼迎和联合包裹服务公司因拒绝将俄罗斯公民的个人数据存储在俄罗斯而被罚款。2021年，谷歌曾被罚款300万卢布。俄罗斯当局查封了谷歌的银行账户，使其无法向员工和供应商支付工资和货款，谷歌的俄罗斯子公司已经申请破产，它还可能因内容而面临其他罚款。[1]

7月18日，俄罗斯联邦通信、信息技术和大众传媒监督局发布消息称，俄罗斯再向谷歌开出价值211亿卢布的巨额罚单，原因是谷歌屡次未删除被俄罗斯认定为非法的内容。据介绍，本次罚款数额按该公司在俄罗斯的年营业额计算。该记录于6月22日因多次拒绝删除被禁信息（俄罗斯联邦行政处罚法第13.41条第5部分）完成。在此之前，俄罗斯联邦通信、信息技术和大众传媒监督局向谷歌发出了17条通知，要求优兔（YouTube）删除抹黑俄武装力量的有关在乌克兰行动过程的虚假信息，但该信息始终未被删除。12月底，谷歌多次违反限制访问非法内容的程序而在俄罗斯被罚款72.2亿卢布。

（三）法国对谷歌和脸书等企业处以罚款

1月6日，法国国家信息自由委员会对谷歌和脸书分别处以1.5亿欧元和6000万欧元的罚款，原因是其违反了欧盟的隐私规定。声明称，已发现谷歌、脸书及谷歌旗下的视频分享网站优兔不允许法国用户轻易拒绝Cookie跟踪技术。监管部门认为，虽然谷歌和脸书提供了一个在线虚拟按钮来让用户立即接受

1　"Russia fines Twitch, Pinterest, Airbnb, and others for alleged data storage violations"，https://economictimes.indiatimes.com/tech/technology/russia-fines-foreign-firms-for-alleged-data-storage-violations/articleshow/92520168.cms?from=mdr，访问时间：2023年3月13日。

Cookie，但没有任何同等效力的工具来轻松拒绝Cookie。此外，如果谷歌和脸书不在法国国家信息自由委员会发布这项决定的三个月内纠正违规行为，那么这两家公司还将面临每日10万欧元的罚款。[1]

2月10日，法国国家信息自由委员会通过对一个未具名本国网站的数据调查发现，谷歌分析业务（Google Analytics）违反了欧盟的GDPR。法国国家信息自由委员会表示，该网站使用了谷歌分析工具来跟踪内容和页面访问，该工具在使用公民个人数据及向美国传输数据时并未遵守欧盟法规。但法国国家信息自由委员会并未要求完全禁止谷歌分析，该机构表示，在某些情况下谷歌分析业务符合GDPR的要求，例如该工具仅用于生成匿名统计数据，且数据没有被非法传输。[2]

（四）意大利对Clearview AI处以罚款

3月9日，意大利数据保护机构宣布对美国面部识别技术公司Clearview AI处以2000万欧元罚款，同时要求其删除所有意大利公民的面部识别数据。该机构调查结果显示，Clearview AI所获的生物识别和地理定位数据，违反了GDPR。对此，Clearview AI表示其在意大利或欧盟没有营业场所和客户，也没有从事任何受GDPR约束的活动，只从开放的互联网上收集公共数据，但需遵守意大利所有的隐私和法律标准。

（五）爱尔兰对Meta处以罚款

3月15日，欧盟隐私监管机构爱尔兰数据保护委员会（Irish Data Protection Commission）表示，将因数据泄露事件对Meta处以1700万欧元的罚款。2018年，Meta旗下脸书平台的一次数据泄露成为欧盟GDPR的首个重大测试案例。爱尔兰数据保护委员会宣布对脸书一宗影响逾5000万个账户的违规事件展开调查，最终发现脸书未能就事件采取适当的技术及组织上的措施。迄今为止，涉

---

1 "EURACTIV.CNIL posed by the CNIL in 2020 on Google LLC and Google Ireland Limited"，https://www.cnil.fr/en/cookies-council-state-confirms-sanction-imposed-cnil-2020-google，访问时间：2023年2月10日。

2 "French privacy regulator finds using Google Analytics can breach GDPR"，https://www.zdnet.com/article/french-privacy-regulator-finds-using-google-analytics-can-breach-gdpr/，访问时间：2023年4月6日。

GDPR的最大两笔罚款为爱尔兰数据保护委员会对同属Meta旗下的WhatsApp开出的2.25亿欧元罚款，以及卢森堡隐私监管机构对亚马逊开出的史上最高的7.46亿欧元罚款。[1]

（六）西班牙对谷歌、凯克萨银行等处以罚款

5月18日，西班牙数据保护局（Agencia Española de Protección de Datos，AEPD）因谷歌违反GDPR第6条和第17条，对其处以1000万欧元的罚款。AEPD指出，谷歌在没有合法性的情况下向第三方Lumen（由哈佛大学启动的一项基于公民所请求删除的互联网内容的数据库）传输用户个人信息，包括个人身份、电子邮箱、个人请求删除的理由以及URL地址。除了该决议规定的经济制裁外，AEPD还要求谷歌在与Lumen进行数据传输、允许用户行使删除权和向用户提供信息等方面要遵守GDPR的要求，必须删除所有已被告知Lumen的用户删除权请求所涉及的个人数据。[2]

11月2日，AEDP决定对西班牙凯克萨银行（CaixaBank）处以25000欧元的罚款。AEPD调查发现CaixaBank违反了GDPR第16条，包括没有更新投诉人的地址，无视投诉人发送的多次整改请求。且AEPD于11月3日公布驳回CaixaBank对AEPD就诉讼号PS-00183-2022做出决定的上诉。[3]

11月10日，AEDP对西班牙对外银行（Banco Bilbao Vizcaya Argentaria，BBVA）处以80000欧元的罚款，随后减至48000欧元。AEPD指出，索赔人要求BBVA提供其账户的所有权证书，但索赔人收到了一份第三方合同的副本。AEPD在其调查结果中确认，BBVA个人数据存在安全漏洞，被认定为违反保密规定，因为索赔人获得了包含第三人个人数据的合同。AEPD决定根据GDPR第5（1）（f）条，对违反诚信和保密原则的BBVA处以50000欧元罚款。

1　"Facebook fined €17m for breaching EU data privacy laws"，https://www.bbc.com/news/articles/cp9yenpgjwzo，访问时间：2023年4月6日。

2　"La AEPD sanciona a Google LLC por ceder datos a terceros sin legitimación y obstaculizar el derecho de supresión"，https://www.aepd.es/es/prensa-y-comunicacion/notas-de-prensa/la-aepd-sanciona-google-llc-por-ceder-datos-terceros-sin，访问时间：2023年5月4日。

3　"Spain: AEPD fines CaixaBank €25,000 for violation of Article 16 of the GDPR"，https://www.dataguidance.com/news/spain-aepd-fines-caixabank-25000-violation-article-16，访问时间：2023年5月4日。

此外，AEPD强调，在违约发生时，BBVA没有足够的技术和组织措施来防止出现提供第三方合同的情况，AEPD还决定对违反GDPR第32条的BBVA处以30000欧元罚款。[1]

（七）韩国向谷歌、Meta开出罚单

9月14日，韩国政府因谷歌、Meta违反隐私法将对其开出罚单，金额约数千万美元。韩国个人信息保护委员会在声明中说，已经向谷歌罚款692亿韩元，向Meta罚款308亿韩元。韩国方面称，谷歌、Meta没有获得用户许可就收集并分析行为数据信息，并用这些信息推断用户兴趣、推送定制广告。谷歌称，会给予用户控制权和透明度并提供最实用的产品，未来它会与个人信息保护委员会继续合作，以保护韩国用户的隐私。Meta称，将尊重委员会的决定，并以合法合规的方式与客户合作，达到当地法规的流程要求。[2]

（八）中国对滴滴全球股份有限公司处以罚款

7月21日，中国国家互联网信息办公室依据《网络安全法》《数据安全法》《个人信息保护法》《行政处罚法》等法律法规，对滴滴全球股份有限公司处人民币80.26亿元罚款。[3]

中国国家互联网信息办公室有关负责人称，2021年7月，为防范国家数据安全风险，维护国家安全，保障公共利益，依据相关法律法规，网络安全审查办公室按照《网络安全审查办法》对滴滴公司实施网络安全审查。经查实，滴滴公司违反《网络安全法》《数据安全法》《个人信息保护法》，共存在16项违法事实。此外，有关负责人表示，中国网信部门将依法加大网络安全、数据安全、个人信息保护等领域执法力度，依法打击危害国家网络安全、数据安全、

1　"Spain: AEPD fines BBVA €80,000 for violating integrity and confidentiality principle"，https://www.dataguidance.com/news/spain-aepd-fines-bbva-80000-violating-integrity-and，访问时间：2023年5月4日。

2　"Google, Meta fined $71.8M for violating privacy law in South Korea"，https://techcrunch.com/2022/09/14/google-meta-fined-71-8m-for-violating-privacy-law-in-south-korea/，访问时间：2023年3月7日。

3　"国家互联网信息办公室对滴滴全球股份有限公司依法做出网络安全审查相关行政处罚的决定"，http://www.cac.gov.cn/2022-07/21/c_1660021534306352.htm，访问时间：2023年5月5日。

侵害公民个人信息等违法行为，切实维护国家网络安全、数据安全和社会公共利益，有力保障广大人民群众合法权益。[1]

三、数据治理领域的国际合作加速推进

（一）七国集团推动"基于信任的数据自由流动"的数据跨境政策

5月11日，七国集团（Group of Seven，G7，成员国为美国、英国、法国、德国、日本、意大利和加拿大）举行数字部长会议[2]，通过一项与数字转型及数据框架问题相关的部长级宣言，该宣言承诺在数字化、环境、数据、数字市场竞争和电子安全等多个主题上实现共同的政策目标。在数据政策方面，该宣言提到了基于信任的数据自由流动（Data Free Flow with Trust，DFFT）这一术语，并以附录形式通过了《七国集团促进基于信任的数据自由流动的行动计划》（G7 Action Plan Promoting Data Free Flow with Trust）。

延伸阅读 ————————

"基于信任的数据自由流动"概念的提出与发展

在2019年1月的达沃斯世界经济论坛上，时任日本首相安倍晋三首次提出"基于信任的数据自由流动"概念[3]，提出"为了促进数据的自由流动，保障有利于商业和解决社会问题的数据可以不受限制地自由进出国境，同时加强对隐私、安全和知识产权的信任，要建立基于DFFT的体制"的观点。

---

1 "国家互联网信息办公室有关负责人就对滴滴全球股份有限公司依法做出网络安全审查相关行政处罚的决定答记者问"，http://www.cac.gov.cn/2022-07/21/c_1660021534364976.htm，访问时间：2023年6月30日。

2 "MINISTERIAL DECLARATION G7 Digital Ministers' meeting"，https://www.bundesregierung.de/resource/blob/998440/2038510/e8ce1d2f3b08477eeb2933bf2f14424a/2022-05-11-g7-ministerial-declaration-digital-ministers-meeting-en-data.pdf?download=1，访问时间：2023年3月1日。

3 "'Data Free Flow with Trust' and Data Governance Based on the Outcome of the G20 Japan"，https://pecc.org/resources/digital-economy/2616-data-free-flow-with-trust-and-data-governance/file，访问时间：2023年3月1日。

2019年的二十国集团峰会前夕，G20贸易部长和数字经济部长发布《G20贸易和数字经济部长声明》（G20 Ministerial Statement on Trade and Digital Economy）[1]，其中第二节介绍了"信任的数据自由流动"概念，并提出相应观点，即"为了建立信任并促进数据的自由流动，有必要尊重国内和国际的法律框架，鼓励不同框架的合作和互操作性"。此后，在G20领导人峰会的数字经济特别会议上，发布了《大阪数字经济宣言》（Osaka Declaration on Digital Economy），该文件认为数据、信息、思想和知识的跨境流动产生了更高的生产力、更大的创新和更好的可持续发展，并表达了各国对"信任的数据自由流动"理念的认可。

2021年4月28日，在英国康沃尔G7数字部长会议[2]中，各成员国针对此概念达成了一致并制定了"DFFT合作路线图"，路线图提出了四大问题：一是数据本地化问题；二是共同监管问题；三是政府获取私营部门持有的个人数据问题；四是优先领域的数据共享问题。

延伸阅读

《七国集团促进基于信任的数据自由流动的行动计划》

行动计划针对"DFFT合作路线图"提出的问题进行了回答与进一步的解释。行动计划的主要观点与理念为：

（1）需要加强DFFT的基础建设。支持和鼓励有利于跨境数据流动的工作，深入了解有关隐私、数据保护及知识产权保护的监管方法及监管技术；更好地了解数据本地化措施及其影响（尤其是对中小微企业的影响）和替代方案。

（2）需要寻找各国现有监管共性，促进互操作性发展。在各国相同的、互补的、趋同的现有监管基础上，进一步分析标准合同条款

1　"G20 Ministerial Statement on Trade and Digital Economy"，https://g20-digital.go.jp/asset/pdf/g20_2019_japan_digital_statement.pdf，访问时间：2023年3月1日。

2　"G7 Digital and Technology Track_Annex 2"，http://www.g8.utoronto.ca/ict/2021-annex_2-roadmap.html，访问时间：2023年3月1日。

（Standard Contractual Clause，SCC）或其他可以增强信任的技术方法，促进未来互操作性的发展。进一步支持"政府获取私营部门持有个人数据"起草小组的工作，在个人数据从社会转向政府过程中制定更高准则。

（3）需要加强监管合作。支持和鼓励隐私技术、数据中介、网络跟踪、跨境沙盒等数据保护和个人信息领域的监管途径，进一步加强数据保护和隐私管理部门之间就执行数据保护和相关法律法规的合作。

（4）需要促进DFFT在数字贸易背景下的进一步发展。继续支持WTO关于电子商务联合声明倡议的讨论。

（5）需要加快国际数据空间前沿成果的分享。为了推动学术界、工业界和公共部门的进一步创新，在国内或国际组织之间进行可信和自愿的数据共享，优化更有利的政策环境。

9月7至8日，G7数字部长级会议的补充会议[1]在德国波恩举行，G7各成员国以及欧盟相关隐私监管部门的部长参与此次会议。会议在此前已达成的DFFT共识背景下，着重于进一步落实数据跨境流动政策。会议各方以"如何促进数据在发达国家之间流动"为主题，从国际数据空间、标准合同条款协议和技术措施、监管和立法合作等角度展开了讨论。其中，参与会议的多数成员之间都已经达成双边数据跨境流动协议，但由于各国对数据和个人隐私等性质的认识存在差别，对数据合规的标准也有所不同，现有的协议仍面临着国家数据保密、数据跨境传输安全、个人信息保护等问题的考验，此次会议旨在讨论数据跨境政策如何取得进一步突破。

（二）全球首个数据跨境取证双边协议生效

10月3日，美国政府和英国政府于2019年10月3日签署的《数据访问协议》

---

1 "Meeting of the G7 trade ministers"，https://www.g7germany.de/g7-en/current-information/g7-meetings-trade-ministers-2014880，访问时间：2023年3月1日。

（Data Access Agreement；全称《美利坚合众国政府与大不列颠及北爱尔兰联合王国政府关于为打击严重犯罪而获取电子数据的协定》，Agreement between the Government of the United States of America and the Government of the United Kingdom of Great Britain and Northern Ireland on Access to Electronic Data for the Purpose of Countering Serious Crime）正式生效[1]，该协议允许美国和英国的执法机构在获得适当授权的情况下，绕开可能的法律障碍，直接向设在对方国家的科技公司索取有关严重犯罪的电子数据，包括恐怖主义、侵害儿童权利和网络犯罪等。

《数据访问协议》是全球第一部专门针对数据跨境取证的双边国际协议，为国家与国家之间构建数据跨境流动多边或双边规则提供了一类参照样板。一方面，由于在英国脱欧后，英美两国间不再采用欧盟GDPR体系，在数据跨境治理中难以保证数据取证安全，因此两国希望通过《数据访问协议》赋予相关执法机构跨境调取数据的权力，能够在一定程度上解决打击犯罪时难以跨境调取数据的难点。然而另一方面，《数据访问协议》的实施使得执法机构可以直接调查获取企业所持有的个人信息，国内法有关个人信息保护的相关规定可能将被架空，特别是该协议所允许调取的数据类型包含通信信息。

为了体现对于隐私和个人信息保护的重视，《数据访问协议》共包含17条内容[2]，特别在其第三条"国内法与协议的效力"、第四条"目的限制"、第七条"目的最小化原则"、第九条"隐私与数据保护"等条款中规定了相关执法部门的信息保护义务。第三条"国内法与协议的效力"中规定：各方在执行本协议时承认另一方的国内法，包括该法律的实施，根据本协议的数据收集和活动，为隐私和公民自由提供强有力的实质性和程序性保护。每一方应将其国内法中对涵盖数据的保护产生重大影响的任何重大变更告知另一方，并应根据第五条或第十一条就本款下产生的任何问题进行磋商。第四条"目的限制"规定：受

1　"Landmark U.S.-UK Data Access Agreement Enters into Force"，https://www.justice.gov/opa/pr/landmark-us-uk-data-access-agreement-enters-force，访问时间：2023年3月1日。

2　"the Agreement between the Government of the United States of America and the Government of the United Kingdom of Great Britain and Northern Ireland on Access to Electronic Data for the Purpose of Countering Serious Crime"，https://assets.publishing.service.gov.uk/government/uploads/system/uploads/attachment_data/file/836969/CS_USA_6.2019_Agreement_between_the_United_Kingdom_and_the_USA_on_Access_to_Electronic_Data_for_the_Purpose_of_Countering_Serious_Crime.pdf，访问时间：2023年3月1日。

本协议约束的命令必须以获取、预防、侦查、调查或起诉涵盖的犯罪有关的信息为目的。第七条"目的最小化原则"要求英国根据受本协议约束的命令及时审查收集的材料，并将任何未经审查的通信存储在安全系统上，只有接受过适用程序培训的人员才能访问。第九条"隐私与数据保护"规定：根据本协议执行订单时的数据处理和传输符合双方各自适用的隐私和数据保护法律。

延伸阅读

英美《数据访问协议》将推动《云法案》体系成型

2018年3月，美国国会通过《云法案》（CLOUD Act，全称《澄清合法海外使用数据法案》，the Clarifying Lawful Overseas Use of Data Act）[1]，该法案授权美国与其他国家通过签订双边行政协议的方式，解除彼此获取电子数据进行刑事调查的法律障碍，而英美《数据访问协议》的制定思路也正是来源于《云法案》。

美国执法部门与微软公司之间持续多年的诉讼拉锯是《云法案》出台的主因之一，该诉讼的起因则是微软公司拒绝为政府调取其存储于爱尔兰服务器上的邮件信息，理由是根据美国1986年出台的《存储通信方案》（Stored Communications Act）中规定美国政府本土搜查令无权调阅存储于海外的数据。为了填补《存储通信方案》的漏洞，《云法案》应运而生。该法案采取"数据控制者标准"，即无论数据是否存储在美国境内，只要掌控该数据的服务提供者是受美国管辖的主体，该服务提供者就有义务提供美国政府所要求的数据。

除英国外，美国也正不断将其数字经济来往密切的盟国纳入《云法案》体系内。2021年12月，美国和澳大利亚也将一项类似的《云法案》协议提上议程，目前该协议仍在接受美国国会和澳大利亚议会的审查，美国与加拿大、欧盟也在进行类似协议的谈判。美国意在通过构建《云法案》体系，弥补其现有数据监管体系中关于数据跨境获取

---

1 "The Purpose and Impact of the CLOUD Act", https://www.justice.gov/criminal-oia/page/file/1153466/download，访问时间：2023年3月1日。

和利用体系中的漏洞，扩张其数据主权，输出自身的数据治理规则，进而服务于美国产业和国家利益。

（三）美国和加拿大拟加强网络犯罪执法合作[1]

3月22日，美国司法部（Department of Justice，DoJ）部长、美国国土安全部部长与加拿大司法部部长兼总检察长，讨论两国加强网络犯罪合作。双方将在打击勒索软件攻击、加强关键基础设施的网络安全和韧性开展合作，加强信息共享。双方将就美国《澄清合法海外使用数据法案》的双边协议进行谈判。此类协议如果最终确定并获得批准，将允许加拿大和美国调查当局在需要这些信息以预防、侦查、调查和起诉严重犯罪（例如恐怖主义、侵害儿童权利以及网络犯罪等）时，更有效地访问对方国家的通信和相关数据，但同时需要注意尊重隐私和公民自由。

（四）美国与欧盟达成《跨大西洋数据隐私框架》

欧盟与美国之间的数据跨境传输政策变化受到多方利益主体的广泛关注，而跨大西洋数据流动对于促成价值7.1万亿美元的欧美经济关系更是至关重要。3月25日，欧盟委员会主席冯德莱恩和美国总统拜登共同宣布签署了一项新的数据隐私框架协议——《跨大西洋数据隐私框架》（United States and European Commission Announce Trans-Atlantic Data Privacy Framework）。[2] 该框架协议将加强欧盟—美国之间的数据流动，并充分解决欧洲法院此前在2020年7月施雷姆斯二号案（Schrems Ⅱ）判决中关注的问题。

该隐私框架根据欧盟诉求的"基本等同原则"[3]、"比例原则"[4]进行了修改。框

1　"United States and Canada Welcome Negotiations of a CLOUD Act Agreement"，https://www.justice.gov/opa/pr/united-states-and-canada-welcome-negotiations-cloud-act-agreement，访问时间：2023年3月1日。

2　"FACT SHEET: United States and European Commission Announce Trans-Atlantic Data Privacy Framework"，https://www.whitehouse.gov/briefing-room/statements-releases/2022/03/25/fact-sheet-united-states-and-european-commission-announce trans-atlantic-data-privacy-framework/，访问时间：2023年3月1日。

3　基本等同原则，即欧盟公民的个人信息不能转移到比欧盟在数据保护方面要求更低的国家。

4　比例原则，是欧盟法中一个较为完善的法律概念，是欧盟法律的一般原则，要求"欧盟行动的内容和形式不得超出实现条约目标的必要范围"，它是建立在几个成员国的宪法传统上的。

架内容首先规定了数据可以安全自由地在欧盟和美国相关公司之间流动，推翻了之前欧洲法院判决生效的美国公司个人数据和隐私条款不受欧盟法律保护的裁定。其次欧盟之前反对美国情报机构执法时不具有"比例原则"，存在过度执法，如今这一原则明确成为新框架的主要规定。同时该框架还根据施雷姆斯二号案[1]判例中的诉求做出了重大调整，设立独立法庭审查美国情报机构数据收集工作。

10月7日，美国总统拜登签署行政命令，批准了《加强美国情报收集安全措施》，以实施3月宣布的《跨大西洋数据隐私框架》，自此，该框架具备了美国法律效力。12月13日，欧盟委员会发布了《欧盟—美国数据隐私框架充分性决定草案》（Adequacy Decision on the EU-U.S. Data Privacy Framework），启动了充分性决定程序。该充分性决定草案认为，在欧盟—美国数据隐私框架（EU-U.S. Data Privacy Framework，DPF）下，美国能够提供与欧盟相当的数据保护水平，可确保充分保护从欧盟转移到美国的个人数据。

延伸阅读

施雷姆斯二号案的背景及判决结果

2015年，奥地利隐私保护倡导者马克斯·施雷姆斯（Max Schrems）向爱尔兰数据保护专员（lrish Data Protection Commisioner，DPC）提出投诉。施雷姆斯诉称，美国政府当局能够在没有充分控制或司法救济措施的情况下，对欧盟公民的个人数据进行监控，基于SCC将自己的个人数据从脸书在爱尔兰的公司传输到其美国母公司，并没有保护根据欧盟法律他应该享有的基本权利，因此施雷姆斯要求DPC审查该行为是否违反GDPR。施雷姆斯认为，DPC应该暂停这些特定的传输。

然而，DPC认为SCC是系统性问题的一部分，总体上应该被废除，因此DPC向爱尔兰高等法院提起诉讼，要求其将有关SCC有效性的问题提交给欧洲法院。这起案件是施雷姆斯之前对脸书的投诉（Schrems Ⅰ）的延续，后者使《隐私盾协议》（Privacy Shield）的前身《安全港协议》

---

[1] "The CJEU judgment in the *Schrems Ⅱ* case"，https://www.europarl.europa.eu/RegData/etudes/ATAG/2020/652073/EPRS_ATA(2020)652073_EN.pdf，访问时间：2023年3月1日。

（Safe Harbor）在2015年失效。

2020年7月16日，欧洲法院就施雷姆斯二号案公布了具有里程意义的判决，判决《隐私盾协议》无效，但SCC在满足严格条件的前提下仍然有效。从该案件起，美国与欧盟商务部开始了长达一年半的后续合作框架协商。

（五）美国在《布达佩斯公约》中加入新条款，巴西加入

5月12日，美国在《布达佩斯公约》（Budapest Convention；又称《欧洲理事会网络犯罪公约》，Council of Europe Convention on Cybercrime）中加入新条款，将允许执法部门直接从网络服务提供商处获取信息，作为抓捕犯罪分子的电子证据。该公约是西方国家主导的首个关于预防网络犯罪的国际条约。新的条款允许执法部门与服务提供商和注册商直接合作，加快获取与犯罪活动相关的信息和流量数据，并在紧急情况下快速获取存储的数据。美国司法部和国务院的官员花了近四年的时间就该公约的新增内容进行谈判。[1]

12月1日，欧洲理事会宣布，巴西正式提交加入该公约的文书，并成为该公约第68个缔约国。[2] 早在2021年12月，巴西加入该公约的法令草案已由联邦参议院批准通过，也为此次巴西在网络犯罪公约委员会第27次全体会议上提交加入文书奠定了基础。

（六）英国脱欧后与韩国完成首个独立数据传输协议

7月5日，英国与韩国签署数据传输协议[3]，该协议不仅是英国自脱欧以来首

---

1 "US Signs on to New Electronic Evidence Protocol in International Cybercrime Agreement"，https://www.nextgov.com/cybersecurity/2022/05/us-signs-new-electronic-evidence-protocol-international-cybercrime-agreement/366874/，访问时间：2023年4月6日。

2 "Brazil accedes to the Convention on Cybercrime and six States sign the new Protocol on e-evidence"，https://www.coe.int/en/web/cybercrime/-/brazil-accedes-to-the-convention-on-cybercrime-and-six-states-sign-the-new-protocol-on-e-evidence，访问时间：2023年4月28日。

3 "New data adequacy agreement in principle between the UK and Republic of Korea"，https://www.gov.uk/government/publications/new-data-adequacy-agreement-in-principle-between-the-uk-and-republic-of-korea，访问时间：2023年3月1日。

次与发达国家达成的独立协议，也比欧盟与韩国的数据传输协议内容更加广泛。该协议允许在两国之间无任何限制地传输数据，允许共享两国在各自国家产生的数据，并在另一个国家使用或运行，数据源包括GPS、智能设备、网上银行、研究、互联网服务等。例如，三星公司和LG公司将能够自由共享数据并保持高保护标准，不再需要合同保障。

英国和韩国之间的数字贸易额已超13亿英镑，韩国市场作为英国数字服务贸易出口增速最快的市场之一，每年有超过三分之二的英国服务出口至韩国。英国政府表示，该数据传输协议将使两国企业更方便地分享数据，增加合作与发展的机会。根据对韩国的个人数据立法全面评估结果，英国政府认为韩国的隐私法能够保证数据传输的安全性，并切实维护英国公民的权利。

此次签署的数据传输协议将显著降低英韩两国企业在合规方面的成本与负担，最大程度消除数据跨境传输的障碍，进一步促进两国在构建数据框架及未来持续合作方面的进展。

（七）中国同中亚国家加强数据安全合作

6月8日，"中国＋中亚五国"外长第三次会晤举行，会议通过《"中国＋中亚五国"数据安全合作倡议》。倡议指出，"中国＋中亚五国"欢迎国际社会在支持多边主义、兼顾安全发展、坚守公平正义的基础上，为保障数据安全所做出的努力，愿共同应对数据安全风险挑战并在联合国等国际组织框架内开展相关合作。倡议指出，在遵守国内法和国际法基础上，各方建议各国及各主体：就保障数据安全，开展协调行动与合作；增进在保障数据安全和使用信息技术领域的互信；积极维护全球信息技术产品和服务的供应链开放、安全、稳定；各国应尊重他国主权、司法管辖权和对数据的安全管理权，未经他国法律允许不得直接向企业或个人调取位于他国的数据。[1]

1　"'中国＋中亚五国'数据安全合作倡议"，http://www.gov.cn/xinwen/2022-06/09/content_5694775.htm，访问时间：2023年4月6日。

第五章　数字货币治理不断加深

近几年，包括私人数字货币在内的加密资产已经从小众的"利基产品"转变为更主流的存在，逐渐成为投资、支付和对冲通胀的工具。加密资产对交易规模依赖程度高、结构脆弱、价格波动幅度大，同时与现实金融具有强关联性。2021年，世界主要国家和地区已经陆续将数字货币纳入国家监管体系，监管框架逐渐清晰。但是，各经济体监管措施的密集出台无法阻挡私人数字货币危机的到来。经历"野蛮生长期"后，私人数字货币在2022年进入寒冬期。据CoinGecko网站显示，2021年11月8日，私人数字货币总市值首次达到3万亿美元；2022年12月，私人数字货币总市值降为7400亿美元上下，蒸发超过75%，包括主权财富基金在内的金融机构损失惨重。[1] 2022年，无论是单一部门监管（如新加坡）还是"九龙治水"式监管（如美国），世界主要国家和地区都更加倾向于加大私人数字货币监管力度，不断强化干预。在全球范围内，对私人数字货币实施税收，制定反洗钱和反恐怖主义融资法规（AML/CFT laws）的国家和地区数量大幅增加。

2022年，央行数字货币（Central Bank Digital Currency，CBDC）的发展却显得异常"火热"。各经济体政策制定者给私人数字货币行业套上"紧箍咒"的同时开始考虑如何满足民众对数字货币的需求，让民众既减少对私人数字货币的投入，又能享受到数字经济发展的红利。央行数字货币以国家主权信用为基础，成为对冲私人数字货币负面影响的重要方式。各经济体的政策制定者加大对央行数字货币的研究、论证和试验，加大与民众互动，对央行数字货币相关问题的关切及时做出解读和回应。

延伸阅读

"币圈过冬"

过去一年，各国利率提高给股票等风险资产，尤其是给私人数字

1　"Cryptocurrency Prices by Market Cap"，https://www.coingecko.com/en/global-charts，访问时间：2023年2月15日。

货币走势带来巨大压力。2022年9月，尽管以太坊正式完成技术升级，将工作量证明（Proof of Work，PoW）转型为权益证明（Proof of Stake，PoS），正式完成合并（Merge）升级，但是私人数字货币行业仍存在杠杆率偏高的问题。金融环境不断恶化，数字货币行业面临更多风险。在全球资金收紧情况下，去杠杆的过程相对更加暴力和剧烈。私人数字货币平台"地球化实验室"（Terraform Labs）崩盘，"期货交易所"（Futures Exchange，FTX）破产，这些大事件给私人数字货币生态系统带来了极大的负面冲击。此外，全球缩紧货币政策对数字货币行业更是雪上加霜。

2022年，比特币价格跌去58%，作为合规性最高的私人数字货币交易所，比特币公司Coinbase的股价狂跌86%，一系列爆雷事件让整个数字货币行业跌到谷底。

5月，加密货币露娜币（LUNA）连续跳崖式暴跌。露娜币崩盘后，第一个引爆的雷就是三箭资本（Three Arrows Capital，3AC）。三箭资本是加密市场最大的对冲基金之一。基于对投资市场的了解和自信，三箭资本创始人SuZhu和Kyle Davies将大量资金注入露娜币。然而，这个无底洞将这家投资公司拉进了深渊。7月，由于巨大的风险敞口和资金亏损，三箭资本宣布破产。所引发的连锁效应是，加密货币借贷平台摄氏（Celsius）申请破产保护，宣布暂停提款、交易和转账。

11月11日，FTX在寻求收购无果后，申请破产保护。全球前五大加密平台之FTX轰然倒塌，给中心化交易所的模式是否成立画上了大大的问号。一起申请破产的还有私人数字货币对冲基金Alameda Research，连同FTX集团130家附属公司。FTX创始人山姆·班克曼-弗里德（Sam Bankman-Fried）私自挪用客户资金，用于旗下对冲基金Alameda Research，导致FTX出现巨额负债缺口，班克曼也从全球富豪沦为阶下囚。FTX破产的影响不仅因为其数额巨大的破产债务，更在于它向监管机构揭示了加密资产交易平台潜在的巨大金融风险。FTX以"一己之力"改变了加密资产的发展进程，未来加密资产将在主要的金融活跃司法管辖权内接受严格监管。为证明平台安全性，币安、火币、OKX等加密货币平台相继公布资金储备。全球已有多家交易所下架门罗币、Dash、Zcash、XVG、XMR等匿名币。

未来，私人数字货币市场的寒冬或许将持续很长一段时间。

值得注意的是，稳定币（stablecoins）开始进入大众视野，成为人类历史特别是货币演化史上的重要一环。稳定币选择法定货币、加密资产或算法作为价值的锚定物，虽然它的本质依然是私人数字货币，但相较于一般私人数字货币，价值相对稳定。这种货币被视为连接法定货币和私人数字货币的桥梁，在波动剧烈的数字货币市场中地位越来越突出。2014年，泰达（Tether）公司推出基于稳定价值货币泰达币（Tether USD，USTD）。此后，部分国家和地区将经过监管部门审查的稳定币视为金融结算基础设施的一部分。[1] 然而，2022年泰达币价格暴跌，引发了严重的私人数字货币危机。这表明稳定币存在合规风险、欺诈洗钱等安全挑战和法律监管问题，大规模应用将可能对传统金融体系和国家主权货币秩序造成冲击。因此，日本、英国、新加坡等国家开始重点关注稳定币的安全风险，思索如何发展和监管稳定币。

一、私人数字货币监管持续加严

（一）部分国家和地区收紧私人数字货币相关政策

1. 前期采取严格监管、限制甚至禁止私人数字货币的政府和地区延续收紧政策

目前，公布绝对禁令（Absolute Ban）的国家和地区包括：阿尔及利亚、

---

[1] 如，美国货币监理署（Office of the Comptroller of the Currency，OCC）在2021年1月4日的一份解释信中表示，联邦银行和联邦储蓄协会可以使用公共区块链和稳定币进行结算。"OCC: Federally Chartered Banks and Thrifts May Participate in Independent Node Verification Networks and Use Stablecoins for Payment Activities"，https://www2.occ.gov/news-issuances/news-releases/2021/nr-occ-2021-2.html，访问时间：2023年2月15日。

孟加拉国、中国、埃及、伊拉克、摩洛哥、尼泊尔、卡塔尔、沙特阿拉伯和突尼斯等。绝对禁令是指将私人数字货币定性为非法货币。公布隐性禁令（Implicit Ban）的国家和地区包括：哈萨克斯坦、坦桑尼亚、喀麦隆、土耳其、黎巴嫩、中非共和国、刚果（金）、印度尼西亚、玻利维亚和尼日利亚等。隐性禁令是指禁止银行等金融机构交易私人数字货币或向从事私人数字货币业务的个人或企业提供服务，并禁止私人数字货币交易所在辖区内运营。

2021年12月，因私人数字货币市场动荡，巴基斯坦投资者亏损了约10亿卢比（约合人民币3592万元）。[1] 此外，巴基斯坦联邦调查局收到大量关于私人数字货币交易骗局的投诉。2022年1月13日，巴基斯坦联邦政府和央行宣布决定禁止所有的私人数字货币。[2] 4月27日，柬埔寨政府财经部发布公告，宣称未向任何加密货币公司发出营业许可证，因此在柬发行、流通和交易加密货币均属于违法行为。[3] 2022年，中国四川、山西、山东、浙江等地区相继发布对虚拟货币"挖矿"实行差别电价的政策，全面禁止挖矿活动；非洲的喀麦隆、埃塞俄比亚、莱索托、塞拉利昂、坦桑尼亚和刚果（布）等明确禁止使用私人数字货币；津巴布韦命令所有银行停止交易私人数字货币；利比里亚下令停止一家私人数字货币初创公司运营。[4]

2. 前期以规范发展为主、不采取严格禁令的国家和地区对私人数字货币监管力度明显加强

新加坡强化私人数字货币监管措施。1月17日，新加坡货币管理局（Monetary Authority of Singapore，MAS）发布《向公众提供电子支付牌照（Digital Payment Token，DPT）服务指南》，主要内容包括：（1）DPT交易风险高，不适合公众

---

1 "Thousands of Pakistanis lose life savings in $100 million cryptocurrency scam"，https://www.arabnews.pk/node/2004371/pakistan，访问时间：2023年2月15日。

2 "Pakistan's central bank tells court cryptocurrency should be banned"，https://www.reuters.com/article/fintech-crypto-pakistan/pakistans-central-bank-tells-court-cryptocurrency-should-be-banned-idUSL1N2TT0QT，访问时间：2023年2月15日。

3 "柬埔寨严禁使用和交易加密货币"，https://www.chinanews.com.cn/gj/2022/04-27/9740770.shtml，访问时间：2023年2月15日。

4 "Africa's Growing Crypto Market Needs Better Regulations"，https://www.imf.org/en/Blogs/Articles/2022/11/22/africas-growing-crypto-market-needs-better-regulations，访问时间：2023年2月15日。

参与；（2）DPT服务商受洗钱、恐怖主义融资风险以及技术风险的监管，其客户必须被告知DPT交易的风险，但DPT交易不受任何法定保护；（3）DPT服务商不应向公众宣传和营销DPT服务。[1] 4月25日，新加坡议会通过《2022年金融服务与市场法案》（Financial Services and Markets Act 2022）。该法案扩充了受监管行为和受监管机构的范围，目的在于强化私人数字货币交易监管，防范打击与私人数字货币相关的洗钱、恐怖主义融资活动。[2] 10月26日，新加坡发布数字支付代币服务监管措施的公众咨询文件，进一步细化对数字支付代币DPT服务的监管政策，以降低DPT交易风险，保护投资者权益。[3]

巴西通过数字货币规范法案。4月26日，巴西参议院批准该国第一个规范数字货币市场的法案。[4] 法案规定，数字货币相关从业者必须遵循自由竞争、共享资源等准则，联邦政府负责指定相关机构进行监管。同时，法案提议将私人数字货币、证券或金融资产服务的欺诈罪列入刑法。该法案为建立数字货币监管框架奠定了基础。

欧盟推出加密资产监管法案。10月10日，欧洲议会委员会正式通过《加密资产市场监管法案》（The Markets in Crypto Assets Regulation Bill，MiCA）的案文。[5] 该法案原计划在11月进行最终投票，但由于需要翻译为24种语言，最终欧洲议会将投票推迟至2023年4月。该法案一旦通过并实施，将对全球的加密资产监管产生里程碑式的意义。法案对加密交易所等中介服务机构和稳定币发行商等有着明确且严格的监管制度，不仅改变当下欧盟各国监管政策割裂的局面，形成统一的加密监管体系，也将影响世界各国加密立法进程。该法案规

1　"Guidelines on Provision of Digital Payment Token Services to the Public"，https://www.mas.gov.sg/regulation/guidelines/ps-g02-guidelines-on-provision-of-digital-payment-token-services-to-the-public，访问时间：2023年2月15日。

2　"Financial Services and Markets Act 2022"，https://sso.agc.gov.sg/Acts-Supp/18-2022/Published/20220511?DocDate=20220511，访问时间：2023年2月15日。

3　"Consultation Paper on Proposed Regulatory Measures for Digital Payment Token Services"，https://www.mas.gov.sg/publications/consultations/2022/consultation-paper-on-proposed-regulatory-measures-for-digital-payment-token-services，访问时间：2023年2月10日。

4　"Projeto de Lei n°3825, de 2019"，https://www25.senado.leg.br/web/atividade/materias/-/materia/137512，访问时间：2023年2月10日。

5　"Markets in crypto-assets (MiCA)"，https://www.europarl.europa.eu/thinktank/en/document/EPRS_BRI(2022)739221，访问时间：2023年2月15日。

定数字货币公司需遵守更高的投资者保护标准，并要在投资者资金遭受损失时承担相应的责任。

美国持续加大数字资产监管力度。目前，美国尚未制定针对数字资产的全面监管框架，但对数字资产实施的监管越来越严格。3月9日，美国总统拜登签署发布"关于确保负责任地发展数字资产"的行政命令，这是第一份对数字资产采取全政府手段的行政令。6月7日，美国共和党参议员辛西娅·鲁米斯（Cynthia Lummis）和民主党参议员柯尔丝藤·吉利布兰德（Kirsten Gillibrand）共同提出了一份长达168页的跨党派的立法提案《负责任金融创新法案》（Responsible Financial Innovation Act）。该法案旨在为数字资产创建一个完整的监管框架[1]，提出将美国商品期货交易委员会（U.S. Commodity Futures Trading Commission，CFTC）作为监管机构，降低用户使用数字货币购买商品的税收。该法案是美国两党为数字资产建立全面监管框架做出的首次尝试，希望稳定私人数字货币市场，同时提高对使用者的保护力度。9月，白宫发布全球首个综合性的《数字资产负责任发展框架》（Framework for Responsible Development of Digital Assets）。该框架包含消费者和投资者保护、促进金融稳定、打击非法金融犯罪、加强美国全球金融系统领导地位和经济竞争力、普惠金融、负责任创新、探索美国央行数字货币七个方面内容，旨在保护美国数字资产企业、消费者和投资者，维护国家安全和金融稳定。

韩国创新私人数字货币监管机构和监管立法。6月1日，韩国宣布筹备数字资产委员会。该委员会的主要目标是，承担韩国加密资产政策制定和行业监管的控制中心职责。[2] 11月，韩国政府宣布起草《数字资产法》。[3] 该法案由提交给韩国国会的13个加密立法提案组成，旨在严惩加密资产诈骗与非法交易行

1　"LUMMIS-GILLIBRAND RESPONSIBLE FINANCIAL INNOVATION ACT: AN OVERVIEW OF NEW PROVISIONS IN THE REINTRODUCED BILL"，https://www.gibsondunn.com/wp-content/uploads/2023/08/lummis-gillibrand-responsible-financial-innovation-act-an-overview-of-new-provisions-in-the-reintroduced-bill.pdf，访问时间：2023年2月15日。

2　"South Korean Government to Form Digital Assets Committee in Response to Terra Collapse: Report"，https://www.coindesk.com/policy/2022/06/01/south-korean-government-to-form-digital-assets-committee-in-response-to-terra-collapse-report/，访问时间：2023年2月15日。

3　王刚：《韩对发行私人数字货币现状展开全面调查》，载《法治日报》，2022年11月28日，第6版。

为，降低加密货币投资风险。

泰国禁止私人数字货币支付。3月23日，泰国证券交易委员会发表声明，禁止私人数字货币交易所的企业经营者提供私人数字货币支付服务。该禁令是泰国为防范网络攻击和洗钱等相关风险做出的，于4月1日生效，但给予了泰国企业遵守新条例的过渡期。泰国虽然禁止将私人数字货币作为支付工具，但并不禁止将私人数字货币作为投资工具。

延伸阅读 ———————————————————————————

《加密资产市场监管法案》（MiCA）

一、制定时间线

2020年9月，欧盟委员会通过关于加密资产市场监管的提案。

2021年2月19日，欧洲央行发布意见。

2021年2月24日，欧洲经济和社会委员会发布意见。

2021年6月24日，欧洲数据保护监督员发布意见。

2022年6月30日，欧洲议会和理事会达成临时协议。

2022年10月5日，欧盟理事会批准最终的加密资产市场监管立法文本。

2022年10月10日，欧洲议会委员会通过MiCA。

二、法案特点

立法位阶高，适用范围广。MiCA一旦通过并实施，将直接适用于整个欧盟并超越各成员国的立法，还将授予国家主管部门额外的执法权力。欧盟境内的加密资产服务运营主体需要遵守同一个监管框架的要求。

为市场主体提供明确指引。该法案明确对稳定币等加密资产和加密资产服务商（CASP）的监管规则。

对全球各国的加密监管立法起到示范法作用。

三、监管内容

（一）明确对稳定币等支付型代币及其他加密资产的监管要求。

（二）明确对加密资产服务提供者的监管要求。

（三）明确适用对象范围、监管主体、加密资产的分类、信息报告制度、营业限制制度以及行为监管制度等。

1. 范围：该法案为欧盟现有金融法律监管之外的加密资产建立监管框架。

2. 主体：MiCA执行由欧盟各成员国指定的监管机构承担，监管机构可以是新的或现有机构。如欧盟的监管机构是欧洲银行业管理局（European Banking Authority，EBA）和欧洲证券及市场管理局（European Securities and Markets Authority，ESMA）。

3. 分类：根据加密资产是否需要锚定其他资产价值，MiCA将加密资产分类成了电子货币代币（Electronic Money Tokens，EMT）、资产参考代币（Asset-Reference Tokens，ART）和其他类加密资产。

而不属于MiCA监管的加密资产有：

（1）免费获取的其他加密资产。在MiCA中"免费"的定义非常严格，对于需要以个人信息来换取的加密资产，或者需要向加密资产提供支付会员费、佣金、金钱或非金钱利益的加密资产不属于免费加密资产。

（2）作为维护分布式记账技术（Distributed Ledger Technology，DLT）或者验证交易报酬的加密资产，如比特币。

（3）用于换取货物或者服务的功能代币。对于货物和服务尚在筹备中的功能代币，筹备期超过12个月的，则属于MiCA监管范围。

（4）具有独特性、与其他加密资产不可代换的加密资产。由于去中心化金融（DeFi）的信息结构方式与传统金融的不同，标准政策无法有效监管，MiCA暂时未将DeFi纳入监管范围，但欧盟正在试点DeFi"嵌入式监管"方案。非同质化通证（Non-Fungible Token，NFT）暂时也未被纳入MiCA的监管范围。

四、监管尺度

MiCA要求发行者按照1∶1的比率发行稳定币，部分发行者以存款的形式建立足够的流动性储备来保护消费者。稳定币持有者可以在任何时候获得发行人债权，并且管理储备金运作规则将提供足够的最低流动性。所有稳定币都受欧洲银行业管理局监管。

（二）部分国家和地区将稳定币纳入监管范畴

由于区块链网络自身的性能缺陷以及货币价格的大幅波动，以比特币为代表的私人数字货币无法成为合格的日常支付和交易币种，因而，设计一种价格稳定的数字货币成为很多人思考和努力的方向。稳定币因价格稳定而命名。根据金融稳定委员会（Financial Stability Board，FSB）的定义，稳定币是"一种相对特定资产、资产池或一篮子资产保持稳定价格的加密资产"[1]，设计思路是与主流货币、资产或消费者物价指数等挂钩。根据锚定物的不同，稳定币一般分为法币抵押型稳定币、加密资产抵押型稳定币和算法型稳定币。[2] 在露娜币等稳定币崩盘事件之后，立法者对稳定币变得更加警惕。2022年，不少国家和地区针对稳定币出台了相关监管政策。

目前，美国尚未通过针对稳定币的立法。9月8日，美国证券交易委员会主席加里·盖斯勒（Gary Gensler）表示，稳定币具有类似于货币市场基金、其他证券和银行存款的特性，可能引发重要的政策问题。一些稳定币是由美元储备支持的，而其他稳定币，即所谓的算法稳定币，由于没有法定货币的充分支持，具有更高风险。目前，稳定币主要用作加密平台内部结算，需要通过注册并提供更严格的投资者保护才可使用。

4月，英国宣布将财政部作为监管稳定币的主体部门，在采取一系列措施监管私人数字货币交易的同时，还将拓展NFT领域，力图将英国打造成全球

---

1 "Addressing the regulatory, supervisory and oversight challenges raised by global stablecoin arrangements: Consultative document"，https://www.fsb.org/2020/04/addressing-the-regulatory-supervisory-and-oversight-challenges-raised-by-global-stablecoin-arrangements-consultative-document/，访问时间：2023年3月15日。

2 "Global Stablecoin Initiatives"，https://www.iosco.org/library/pubdocs/pdf/IOSCOPD650.pdf，访问时间：2023年3月15日。

加密资产交易和技术创新的中心。[1] 7月28日，英国法律委员会发布改革与数字资产、NFT和其他数字代币相关法律的提案，以最大限度地发挥潜力。[2] 自8月30日起，私人数字货币交易所和托管钱包提供商必须遵守金融制裁执行办公室（OFSI）实施的政策。10月25日，英国议会下院宣布数字资产是受监管的金融工具，将有关监管支付的现行法律扩展到稳定币。[3]

6月3日，日本颁布世界首个稳定币法案《资金结算法修订案》。该法规定了对稳定币运营方的管制措施。[4] 该法案将稳定币归为加密货币，允许持牌银行、注册过户机构、信托公司作为稳定币的发行人。此外，稳定币被认为是发展Web3.0的关键因素。稳定币可以与日元进行挂钩，日本民众可以通过稳定币来购买各种代币，中介公司实施登记制。此举旨在明确稳定币的法律定位，保护数字货币使用者。稳定币在国际市场经常被用作结算手段，因此日本选择在稳定币使用范围扩大前对监管体制进行完善。

10月11日，据路透社2022年10月11日消息，新加金融稳定委员会发布《加密资产活动和市场的监管与监督咨询报告》（Regulation, Supervision and Oversight of Crypto-Asset Activities and Markets: Consultative Report）。[5] 该报告称，包括稳定币在内的加密资产快速发展，需要在国内和国际层面进行有效监管，相关服务提供商必须履行所在司法管辖区的现有法律义务。由于大多数稳定币交易发生在交易平台上，通过中介机构进行交易，因此稳定币相互关联性和复杂性加剧。如果稳定币要被用作支付手段，就必须接受强有力的监管。

10月26日，新加坡金融管理局发布稳定币拟议监管政策咨询文件。该机构

1　"Britain sets out plan to exploit crypto potential"，https://www.reuters.com/business/finance/uk-says-it-will-regulate-stable-coin-payments-2022-04-04/，访问时间：2023年3月15日。

2　"Law reforms proposed for digital assets, including NFTs and other crypto- tokens"，https://www.lawcom.gov.uk/law-commission-proposes-reforms-for-digital-assets-including-crypto-tokens-and-nfts/，访问时间：2023年3月15日。

3　"Financial Services and Markets Bill (Amendment Paper)"，https://publications.parliament.uk/pa/bills/cbill/58-03/0146/amend/finserv_day_pbc_1025.pdf，访问时间：2023年3月15日。

4　"Amendments to Japan's Money Transfer Law"，https://www.natlawreview.com/article/amendments-to-japan-s-money-transfer-law，访问时间：2023年3月15日。

5　"Regulation, Supervision and Oversight of Crypto—Asset Activities and Markets: Consultative report"，https://www.fsb.org/wp-content/uploads/P111022-3.pdf，访问时间：2023年3月15日。

指出，如果受到良好监管，稳定币有潜力发挥可靠的数字交换媒介作用。根据目前的法案，稳定币被视为数字支付代币并受到相应的监管。随着新加坡寻求发展数字资产生态，该机构称有必要为稳定币建立新的监管制度。[1]

（三）部分国家和地区对私人数字货币秉持开放立场

迪拜加快私人数字货币布局。3月，迪拜根据虚拟资产监管的第4号法律（Regulation of Visual Assets in the Emirate of Dubai）[2]成立虚拟资产监管局（Visual Assets Regulatority of Dubai，VAKA）[3]，旨在构建一个先进的行业监管框架，保护投资者，并促进虚拟交易市场健康发展。5月，迪拜虚拟资产监管局发布声明，宣称其将在元宇宙游戏"沙盒"（The Sandbox）中建立元宇宙总部。这是全球首个进入元宇宙的官方监管机构。[4] 6月12日，中东场外私人数字货币交易所Coinsfera发布声明，称在迪拜市中心开设首家实体比特币商店[5]，用户可在商店使用私人数字货币进行兑现、转账等。

中国香港发布虚拟资产政策宣言。10月31日，中国香港发布《有关香港虚拟资产发展的政策宣言》[6]，对全球从事虚拟资产业务的创新人员展示开放和兼容态度。这表明，特区政府正与金融监管机构缔造便利的环境，在法律和监管制度上予以配合。为进一步落实监管框架，中国香港将制定虚拟资产服务提供者发牌制度。

---

1 "Consultation Paper on Proposed Regulatory Approach for Stablecoin-Related Activities"，https://www.mas.gov.sg/publications/consultations/2022/consultation-paper-on-proposed-regulatory-approach-for-stablecoin-related-activities，访问时间：2023年3月15日。

2 "Law No. (4) of 2022 Regulating Virtual Assets in the Emirate of Dubai"，https://dlp.dubai.gov.ae/Legislation%20Reference/2022/Law%20No.%20(4)%20of%202022%20Regulating%20Virtual%20Assets.html#_ftn1，访问时间：2023年3月15日。

3 "Dubai's Virtual Assets Regulatory Authority becomes world's first regulator to make its debut in Metaverse"，https://www.wam.ae/en/details/1395303044162，访问时间：2023年3月15日。

4 "Dubai's VARA Enters The Sandbox and Becomes First Asset Regulator with a Metaverse HQ"，https://www.animocabrands.com/dubais-vara-enters-the-sandbox-and-becomes-first-asset-regulator-with-a-metaverse-hq，访问时间：2023年3月15日。

5 "Buy & Sell Cryptocurrency With Cash Instantly"，https://www.coinsfera.com/，访问时间：2023年3月15日。

6 "有关香港虚拟资产发展的政策宣言"，https://gia.info.gov.hk/general/202210/31/P2022103000455_404825_1_1667173459238.pdf，访问时间：2023年3月15日。

延伸阅读

俄乌冲突中的数字货币[1]

自俄乌冲突爆发以来，以区块链为技术支撑的数字货币成为俄乌冲突背景下的重要支付方式。无论是在国际援助或是大规模制裁中，数字货币始终活跃在各方的关注和讨论之中。对于乌克兰而言，数字货币减少了筹募捐款的时间和交易成本；对于俄罗斯来说，数字货币已经成为政府和个人规避制裁、实现储蓄保值的重要方式。

俄罗斯利用私人数字货币突破金融制裁。俄罗斯联邦储蓄银行是俄罗斯国有银行，拥有本国最大的储蓄存款份额，但该行目前正面临美国和欧盟的制裁。3月18日，俄罗斯联邦储蓄银行宣布，已获得俄罗斯央行颁发的许可证，可以发行和交易数字资产。企业可以通过该银行发行自己的数字资产，也可以通过该银行购买数字资产或进行数字资产交易。3月24日，俄罗斯杜马国家能源委员会主席帕维尔·扎瓦尔尼（Pavel Zavalny）表示，俄罗斯愿意接受比特币作为自然资源出口支付方式。俄罗斯是全球第三大比特币挖矿国，占全球加密市场的份额约为12%。由俄罗斯公民开设的私人数字货币钱包超过1200万，涉及资金总额约2万亿卢布。[2]

乌克兰加紧实现加密行业合法化。3月16日，乌克兰总统弗拉基米尔·泽连斯基（Volodymyr Zelensky）正式签署《乌克兰虚拟资产法》，将比特币等私人数字货币合法化，明确了本国及外国私人数字货币交易所属于合法运营，银行将为加密公司开设账户。[3]

1　"Cryptocurrency's Role in the Russia-Ukraine Crisis"，https://www.csis.org/analysis/cryptocurrencys-role-russia-ukraine-crisis，访问时间：2023年3月15日。

2　"RUSSIA IS OPEN TO SELLING NATURAL GAS FOR BITCOIN"，https://bitcoinmagazine.com/markets/russia-open-to-sell-gas-for-bitcoin#:~:text=Russia%20is%20open%20to%20accepting,a%20press%20conference%20on%20Thursday，访问时间：2023年3月15日。

3　"Crypto Assets Legalised in Ukraine"，https://www.lexology.com/library/detail.aspx?g=4bd100d5-8307-487b-9d8f-502b81bfff00，访问时间：2023年3月15日。

联合国难民署试验通过区块链技术为乌克兰难民提供数字货币援助。12月21日，联合国难民署确认受援者资格后，以数字稳定币的形式向受援者发放资金。资金将会直接进入一个名为"Vibrant"的数字钱包，收款人可到专门机构兑换使用。该解决方案针对乌克兰难民研发，目前已在基辅、利沃夫和文尼察等地启动。未来，联合国难民署计划将该方案推广至全球范围。

美国财政部发布政策阻止俄罗斯通过加密货币规避制裁。3月11日，美国财政部发布指导意见，称加密货币不应被用来规避经济制裁。指导意见中表明，"美国加密货币交易所、加密钱包和其他服务提供商，被禁止参与或促进被禁止的交易，包括被封禁人员拥有利益关系的加密货币交易"。美国人被禁止参与或协助非美国人的违禁交易，包括涉俄罗斯联邦中央银行、俄罗斯联邦国家财富基金或俄罗斯联邦财政部的加密货币交易。此外，美国的金融机构被禁止处理加密货币交易。[1] 此前，美国财政部发布新规定，禁止美国人向某些俄罗斯寡头和实体提供支持。这些规定于3月1日生效。此前，2月26日，美国与欧盟、英国和加拿大发表共同声明，宣布禁止俄罗斯使用环球银行间金融通信协会（SWIFT）国际结算系统。[2]

欧盟全面禁止运营商向俄罗斯提供加密货币服务。10月6日，欧盟批准了对俄罗斯的第八轮制裁措施，其中包括全面禁止向俄罗斯提供加密服务。欧盟委员会发布公告称，"针对加密资产的现有禁令已经收紧，禁止一切加密资产钱包、账户或托管服务"。《福布斯》刊文称，

1　"1028. Does the U.S. dollar-denominated banknote export ban imposed by Executive Order (E.O.) of March 11, 2022, 'Prohibiting Certain Imports, Exports, and New Investment With Respect to Continued Russian Federation Aggression,' prohibit sending noncommercial, personal remittances denominated in U.S. dollars to the Russia Federation (or to individuals ordinarily resident in the Russia Federation)?", https://ofac.treasury.gov/faqs/1028，访问时间：2023年3月13日。

2　"U.S., allies target 'fortress Russia' with new sanctions, including SWIFT ban", https://www.reuters.com/world/europe/eu-announces-new-russia-sanctions-with-us-others-including-swift-2022-02-26/，访问时间：2023年3月12日。

总部设在欧盟的加密服务运营商可能停止处理与俄罗斯进行的交易。该杂志警告说，非欧盟平台可能也会跟进。俄罗斯人最常用的交易平台、在美国注册的币安交易所也采取了同样的措施。[1]

二、央行数字货币研发推广进入重要拐点

（一）各国争先布局央行数字货币

目前，全球主要国家和地区研发法定数字货币包括两种方式，央行自行研发和私人数字货币法定化。

2022年，私人数字货币法定化的方式遭到较多批判。1月25日，国际货币基金组织（International Monetary Fund，IMF）强烈敦促萨尔瓦多放弃比特币作为法定货币。[2] 4月28日，中非共和国通过法案，将比特币作为官方货币，成为继萨尔瓦多后全球第二个，也是非洲首个比特币法定化的国家。中非共和国政府表示，此举将改善中非公民生活条件，是开辟新机遇的决定性举措。然而，该国两位前总理均表达了对此举的担忧，认为在没有中非国家银行（BEAC）指导的情况下就采用比特币，是"严重罪行"。

基于网络安全、数字经济、宏观政策等因素，各经济体更愿意选择采用央行自行研发数字货币的方式，并在技术开发、法律法规研发和监管体系建设等方面进行了探索。超过110个央行数字货币处于研究或开发阶段，其中有3个已正式推出，包括2021年10月推出的尼日利亚电子奈拉（eNaira）、2020年10月首次亮相的巴哈马沙元（Sand Dollar）以及2022年3月牙买加银行推出的央行数字货币JAM-DEX。

---

1 "俄媒：欧盟全面禁止运营商向俄罗斯人提供加密货币服务"，https://www.sohu.com/a/590802637_114911，访问时间：2023年3月15日。

2 "IMF敦促萨尔瓦多放弃比特币作为法定货币"，https://www.ft.com/content/fbf9aef0-453f-4e61-bd83-ff2b2 bc92221，访问时间：2023年3月15日。

表4 各经济体央行推出数字货币的进度（截至2022年12月）[1]

阶段	国家或地区	数量
取消	厄瓜多尔	1
研究	阿根廷、澳大利亚、奥地利、阿塞拜疆、巴林、孟加拉国、不丹、加拿大、智利、库拉索、捷克、丹麦、多米尼加、埃及、欧盟、斯威士兰、斐济、格鲁吉亚、海地、洪都拉斯、中国香港、冰岛、印度尼西亚、伊拉克、以色列、约旦、肯尼亚、科威特、老挝、中国澳门、黎巴嫩、马达加斯加、毛里求斯、摩洛哥、墨西哥、蒙古、纳米比亚、尼泊尔、阿曼、巴基斯坦、秘鲁、波兰、卡塔尔、帕劳、卢旺达、科特迪瓦、所罗门群岛、南非、西班牙、斯里兰卡、苏丹、瑞士、坦桑尼亚、特立尼达和多巴哥、汤加、菲律宾、突尼斯、乌干达、英国、美国、瓦努阿图、越南、也门、赞比亚、津巴布韦、丹麦	66
概念验证	巴西、加拿大、匈牙利、伊朗、以色列、日本、哈萨克斯坦、马来西亚、新西兰、挪威、俄罗斯、韩国、瑞典、中国台湾、泰国、土耳其、乌克兰、阿拉伯联合酋长国	18
试行	中国、东加勒比经济和货币联盟[2]、法国、加纳、印度、沙特、新加坡、乌拉圭	8
正式推出	尼日利亚、巴哈马、牙买加	3

2022年可被称为"CBDC竞争元年"，世界各国纷纷推出数字资产战略及政策，超过50个发展程度不一的经济体在央行数字货币领域采取了相应积极举措，如下表所示。

表5 2022年央行数字货币发展图景

时间	央行数字货币动态
1月24日	韩国银行表示CBDC测试的第一阶段已成功完成。[1]

---

1 "Central Bank Digital Currency"，https://www.atlanticcouncil.org/cbdctracker/；"Today's Central Bank Digital Currencies Status，https://cbdctracker.org/"，访问时间：2023年3月15日。

2 "加勒比四国将推出数字货币"，http://www.mofcom.gov.cn/article/i/jyjl/l/202103/20210303044843.shtml，访问时间：2023年3月15日。

1 "Bank of Korea Says First Phase of CBDC Test Completed Successfully"，https://www.coindesk.com/policy/2022/01/24/bank-of-korea-says-first-phase-of-cbdc-test-completed-successfully/，访问时间：2023年2月25日。

续表一

时间	央行数字货币动态
1月30日	约旦中央银行研究推出CBDC。[1]
2月1日	印度财政部长宣布印度央行将在2022年内发行CBDC。
2月8日	新西兰储备银行正进行CBDC的概念验证设计工作。
2月	肯尼亚推出CBDC讨论白皮书。[2]
2月6日	尼泊尔启动CBDC研究。[3]
2月20日	乌干达称正在考虑中央银行数字货币。[4]
3月1日	卢旺达中央银行称将在12月前就数字货币发表声明。[5]
3月2日	新加坡认为，已经为数字新元做好准备，但短期内不会发行。[6]
3月9日	美国拜登政府发布关于开发数字资产的行政命令，重点关注数字货币、稳定币和CBDC的开发。[7]
3月16日	卡塔尔中央银行（QCB）启动研究CBDC。[8]
3月25日	日本银行（BoJ）宣布完成CBDC概念验证（PoC）第一阶段工作。[9]
3月30日	马来西亚中央银行（BNM）发布年度报告，列出CBDC计划。[10]

1　"Central Bank of Jordan studying the launch of CBDC"，https://www.unlock-bc.com/84074/central-bank-of-jordan-studying-the-launch-of-cbdc/，访问时间：2023年2月25日。

2　"Discussin Paper on Central Bank Digital Currency"，https://centralbank.go.ke/uploads/discussion_papers/CentralBankDigitalCurrency.pdf，访问时间：2023年2月25日。

3　"Nepal initiates study on digital currency"，https://www.phnompenhpost.com/business/nepal-initiates-study-digital-currency，访问时间：2023年2月25日。

4　"Uganda looks to Kenya, Jamaica for its digital currency"，https://www.theeastafrican.co.ke/tea/business/uganda-looks-to-jamaica-kenya-for-its-digital-currency-3722876，访问时间：2023年2月25日。

5　"Central bank to pronounce itself on digital currency by December"，https://www.newtimes.co.rw/article/193953/News/central-bank-to-pronounce-itself-on-digital-currency-by-december，访问时间：2023年2月25日。

6　"Reply to COS Cut on Digital Sing Dollar"，https://www.mas.gov.sg/news/parliamentary-replies/2022/reply-to-cos-cut-on-digital-sing-dollar，访问时间：2023年2月25日。

7　"Biden's Executive Order on Digital Assets has been Released. Now What?"，https://www.atlanticcouncil.org/blogs/econographics/bidens-executive-order-on-digital-assets-has-been-released-now-what/，访问时间：2023年2月25日。

8　"QCB studying digital currencies and digital banking: Official"，https://thepeninsulaqatar.com/article/16/03/2022/qcb-studying-digital-currencies-and-digital-banking-official，访问时间：2023年2月25日。

9　"Bank of Japan enters second phase of CBDC experiments"，https://www.ledgerinsights.com/bank-of-japan-enters-second-phase-of-cbdc-experiments/，访问时间：2023年2月25日。

10　"Malaysia to explore both wholesale, retail CBDC"，https://www.ledgerinsights.com/malaysia-to-explore-both-wholesale-retail-cbdc/，访问时间：2023年2月25日。

续表二

时间	央行数字货币动态
4月6日	纳米比亚计划推出CBDC。[1]
4月21日	俄罗斯央行宣布，计划在2023年前推出数字卢布。[2]
4月25日	墨西哥银行新任行长维多利亚·罗德里格斯·塞哈（Victoria Rodríguez Ceja）确认计划在2025年发行零售CBDC。[3]
4月27日	菲律宾决定开展批发CBDC试点项目。
4月28日	洪都拉斯正在研究CBDC的可交易性。[4]
5月	尼日利亚央行宣布对eNaira完成升级。
5月9日	以色列中央银行发行数字谢克尔计划获大众支持。[5]
5月30日	印度储备银行将分阶段试行和推出数字货币。[6]
6月1日	巴西数字货币实施将推迟到2024年。[7]
6月16日	阿塞拜疆中央银行（CBA）称正在研究数字货币马纳特的概念。[8]
6月17日	斐济将和日本区块链公司Soramitsu、越南、菲律宾进行CBDC的可行性研究。[9]
6月19日	孟加拉国银行透露将对CBDC的可能性进行研究。[10]

1　"Namibia's central bank plans to introduce digital currency"，https://english.news.cn/20220407/73989c5ef5c948 1d88bacd0b70e4158c/c.html/，访问时间：2023年2月25日。

2　"俄拟推数字卢布"，http://intl.ce.cn/sjjj/qy/202204/25/t20220425_37526369.shtml，访问时间：2023年2月16日。

3　"Mexico plans a retail CBDC by 2025"，https://www.ledgerinsights.com/mexico-plans-a-retail-cbdc-by-2025/，访问时间：2023年2月25日。

4　"Honduras' Central Bank Debunks Bitcoin as Legal Tender Rumors"，https://www.coindesk.com/policy/2022/03/23/honduras-central-bank-debunks-bitcoin-as-legal-tender-rumors/，访问时间：2023年2月25日。

5　"Bank of Israel still unsure on digital shekel but garners public support"，https://www.reuters.com/business/finance/bank-israel-still-unsure-digital-shekel-garners-public-support-2022-05-09/，访问时间：2023年2月25日。

6　"Phased introduction of Indian CBDC to start this financial year"，https://www.ledgerinsights.com/phased-introduction-of-indian-cbdc-to-start-this-financial-year/，访问时间：2023年2月25日。

7　"Brazil's digital currency implementation pushed to 2024"，https://www.zdnet.com/finance/blockchain/brazils-digital-currency-implementation-pushed-to-2024/，访问时间：2023年2月25日。

8　"Central Bank preparing concept of digital manat"，https://www.azernews.az/business/195513.html，访问时间：2023年2月25日。

9　"Philippines, Vietnam conducting CBDC feasibility studies with Soramitsu"，https://www.ledgerinsights.com/philippines-vietnam-conducting-cbdc-feasibility-studies-with-soramitsu/，访问时间：2023年2月25日。

10　"Bangladesh exploring CBDC as an alternative to 'risky' private digital currencies"，https://coingeek.com/bangladesh-exploring-cbdc-as-an-alternative-to-risky-private-digital-currencies/，访问时间：2023年2月25日。

续表三

时间	央行数字货币动态
6月25日	俄罗斯中央银行加大力度测试和发行数字卢布，并制定了2023年底全面实施数字卢布实施路线图。[1]
6月25日	伊朗表示将推出Crypto-Rial央行数字货币试点版本。[2]
7月4日	智利中央银行（BCCh）正式开展发行MDBC的研究。[3]
7月10日	韩国称将继续模拟测试，并将于下半年公布CBDC最终研究成果。[4]
7月12日	法兰西银行行长称已与私营部门和其他公共行为者携手完成央行数字货币实验计划的第一阶段。[5]
7月15日	毛里求斯银行考虑发行CBDC。[6]
7月20日	印度储备银行（RBI）正在致力于在批发和零售领域分阶段实施CBDC。[7]
8月1日	中国称将有序扩大数字人民币试点。[8]
8月5日	泰国央行（BOT）称有必要将零售CBDC开发的范围扩展到试点阶段。
8月9日	澳大利亚储备银行正合作开展CBDC用例研究项目。[9]

1　"Bank of Russia Accelerates Schedule for Digital Ruble Project"，https://news.bitcoin.com/bank-of-russia-accelerates-schedule-for-digital-ruble-project/，访问时间：2023年2月25日。

2　"Iran to roll out pilot version of Crypto-Rial digital currency soon"，https://ifpnews.com/iran-crypto-rial-digital-currency/，访问时间：2023年2月25日。

3　"Encuesta sobre potenciales beneficios y desafíos de emitir Monedas Digitales de Banco Central"，https://www.bcentral.cl/web/banco-central/contenido/-/details/encuesta-sobre-potenciales-beneficios-y-desafios-de-emitir-monedas-digitales-de-banco-central，访问时间：2023年2月25日。

4　"한은, 은행권과 CBDC 검증 돌입...디지털화폐 최종 점검"，https://www.ajunews.com/view/20220710092249390，访问时间：2023年2月25日。

5　"Central bank digital currency (CBDC) and bank intermediation in the digital age"，https://www.banque-france.fr/en/intervention/cbdc-and-bank-intermediation-digital-age，访问时间：2023年2月25日。

6　"Mauritius: Staff Report for the 2022 Article IV Consultation-Press Release; and Staff Report"，https://www.imf.org/en/Publications/CR/Issues/2022/07/15/Mauritius-Staff-Report-for-the-2022-Article-IV-Consultation-Press-Release-and-Staff-Report-520844，访问时间：2023年2月25日。

7　"RBI working on phased implementation of digital currency"，https://theprint.in/economy/rbi-working-on-phased-implementation-of-digital-currency/1047915/，访问时间：2023年2月25日。

8　"人民银行召开2022年下半年工作会议"，http://www.pbc.gov.cn/goutongjiaoliu/113456/113469/4620598/index.html，访问时间：2023年2月25日。

9　"Reserve Bank and Digital Finance Cooperative Research Centre to Explore Use Cases for CBDC"，https://www.rba.gov.au/media-releases/2022/mr-22-23.html，访问时间：2023年2月25日。

续表四

时间	央行数字货币动态
8月10日	中国香港投资推广署和香港金管局联合宣布，将CBDC添加到2022年工作全球快速通道。[1]
8月25日	印度尼西亚银行（BI）行长称CBDC的研究和发行关乎央行的未来转型。[2]
9月5日	印度储备银行（RBI）称与多家公司进行磋商并可能在本年度推出CBDC试点项目。[3]
9月9—16日	美国拜登政府接连发布《数字资产负责任发展框架》[4]、《美国央行数字货币系统技术评估》[5]和《美国央行数字货币系统的政策目标》[6]等报告。
9月16日	伊朗央行行长宣布推出"RamzRial"央行数字货币。[7]
9月20日	哈萨克斯坦数字坚戈项目负责人称关于CBDC的最终决定尚未做出，预计将在2022年年底公布。[8]
9月20日	中国香港金管局称，将努力为电子港元做好准备。[9]

---

1 "InvestHK partners with HKMA to launch Central Bank Digital Currency track for Global Fast Track 2022", https://www.hkma.gov.hk/eng/news-and-media/press-releases/2022/08/20220810-4/，访问时间：2023年2月25日。

2 "BANK INDONESIA PERKUAT RISET DAN INOVASI MENUJU BANK SENTRAL DIGITAL DAN HIJAU", https://www.bi.go.id/id/publikasi/ruang-media/news-release/Pages/sp_2422822.aspx，访问时间：2023年2月25日。

3 "RBI in talks with 4 banks, fintechs for digital currency launch this financial year", https://www.moneycontrol.com/news/business/banks/rbi-in-talks-with-banks-fintech-for-digital-currency-rollout-in-fy23-9121831.html，访问时间：2023年2月25日。

4 "Executive Order on Ensuring Responsible Development of Digital Assets", https://www.whitehouse.gov/briefing-room/presidential-actions/2022/03/09/executive-order-on-ensuring-responsible-development-of-digital-assets/，访问时间：2023年2月25日。

5 "TECHNICAL EVALUATION FOR A U.S. CENTRAL BANK DIGITAL CURRENCY SYSTEM", https://www.whitehouse.gov/wp-content/uploads/2022/09/09-2022-Technical-Evaluation-US-CBDC-System.pdf，访问时间：2023年2月25日。

6 "POLICY OBJECTIVES FOR A U.S. CENTRAL BANK DIGITAL CURRENCY SYSTEM", https://www.whitehouse.gov/wp-content/uploads/2022/09/09-2022-Policy-Objectives-US-CBDC-System.pdf，访问时间：2023年2月25日。

7 "Central Bank Unveils RamzRial, an 'Iranian National Cryptocurrency'", https://iranwire.com/en/technology/107555-central-bank-unveils-ramzrial-an-iranian-national-cryptocurrency/，访问时间：2023年2月25日。

8 "Final Decision on Digital Tenge Still Pending in Kazakhstan, Says Project's Head", https://astanatimes.com/2022/09/final-decision-on-digital-tenge-still-pending-in-kazakhstan-says-projects-head/，访问时间：2023年2月25日。

9 "HKMA's policy stance on e-HKD", https://www.hkma.gov.hk/eng/news-and-media/press-releases/2022/09/20220920-4/，访问时间：2023年2月25日。

续表五

时间	央行数字货币动态
9月28日	法国央行行长宣布两个关于改善CBDC在去中心化金融中的流动性管理和在区块链上发行和分发代币化债券的研究项目。[1]
9月29日	欧洲央行执行委员会成员称，数字欧元可以通过为公民提供安全货币的途径来支持欧元体系。[2]
10月	国际清算银行创新中心香港中心、中国香港金融管理局、泰国银行、中国人民银行数字货币研究所和阿拉伯联合酋长国中央银行正在共同打造一个多边CBDC平台，称为"货币桥"（mBridge）。[3]
	尼泊尔发布《CBDC：识别适合尼泊尔的政策目标和设计概念报告》。[4]
10月7日	印度储备银行表示将很快开始针对特定用例的数字卢比试点，但没有给出明确的时间表。[5]
10月12日	纳米比亚银行行长表示，央行将着重思考纳米比亚CBDC的重要性。[6]
10月17日	土耳其共和国中央银行称里拉（Lira）已经进行有限的闭路试点测试阶段。[7]
10月27日	哈萨克斯坦国家银行（NBK）称将在币安网络的底层区块链BNB链上整合数字坚戈。[8]
11月7日	韩国银行发现CBDC区块链技术存在性能问题。[9]

1　"France's CBDC Projects to Manage DeFi Liquidity, Settle Tokenized Assets"，https://blockchain.news/news/france-cbdc-projects-to-manage-defi-liquiditysettle-tokenized-assets，访问时间：2023年2月25日。

2　"Building on our strengths: the role of the public and private sectors in the digital euro ecosystem"，https://www.ecb.europa.eu/press/key/date/2022/html/ecb.sp220929~91a3775a2a.en.html，访问时间：2023年2月25日。

3　"Project mBridge: Connecting economies through CBDC"，https://www.bis.org/about/bisih/topics/cbdc/mcbdc_bridge.html，访问时间：2023年2月25日。

4　"Central Bank Digital Currency (CBDC): identifying appropriate policy goals and design for Nepal: A Concept Report"，https://www.nrb.org.np/contents/uploads/2022/10/CBDC-for-Nepal.pdf，访问时间：2023年2月25日。

5　"Central Bank Digital Currency (CBDC)—RBI concept note"，https://assets.kpmg.com/content/dam/kpmg/in/pdf/2022/11/chapter-3-aau-cbdc-concept-note.pdf，访问时间：2023年2月25日。

6　"Namibia might be getting a CBDC soon, according to central bank"，https://techcabal.com/2022/10/12/namibia-cbdc/，访问时间：2023年2月25日。

7　"Turkey's central bank completes first CBDC test with more to come in 2023"，https://cbdctracker.org/currency/turkey-digital_lira，访问时间：2023年2月25日。

8　"Kazakhstan to build central bank digital currency on BNB Chain"，https://cointelegraph.com/news/kazakhstan-to-build-central-bank-digital-currency-on-bnb-chain，访问时间：2023年2月25日。

9　"Bank of Korea finds performance issues with CBDC blockchain tech"，https://www.ledgerinsights.com/bank-of-korea-performance-cbdc-blockchain/，访问时间：2023年2月25日。

续表六

时间	央行数字货币动态
11月23日	日本央行称正在研究数字日元试行交易的可能，但尚未决定是否真正推进数字日元。[1]
12月7日	欧洲央行公布数字欧元原型设计工作文件。[2]
12月8日	澳大利亚央行助理行长阐述关于eAUD两级货币体系等问题。[3]
12月9日	西班牙央行将启动批发型CBDC实验。[4]
12月13日	加拿大央行行长称2023年将就潜在的已经进入开发阶段的CBDC征求公众意见。[5]
12月18日	哈萨克斯坦将分阶段推出CBDC。[6]

（二）国际组织和多边机制积极推动央行数字货币治理进程

各国央行数字货币监管规则宽严不一，监管能力参差不齐，因此央行数字货币跨境监管十分困难。如果国际社会没有就监管规则和标准达成共识，势必会带来跨国金融风险转移，产生监管套利现象，从而造成国际金融业的不公平竞争。

国际货币基金组织、国际清算银行（Bank for International Settlements，BIS）、金融稳定委员会、G20等纷纷出台相关报告和规范性意见，加大对国际数字货币制度的关切和介入。总体来说，这些文件体现出以下特点：一是国际

---

1 "Top Japan banks and BOJ to begin trials of digital yen next year", https://asia.nikkei.com/Business/Markets/Currencies/Top-Japan-banks-and-BOJ-to-begin-trials-of-digital-yen-next-year，访问时间：2023年2月25日。

2 "Documents for the digital euro prototyping exercise", https://www.ecb.europa.eu/paym/intro/news/html/ecb.mipnews221207.en.html，访问时间：2023年2月25日。

3 "The Economics of a Central Bank Digital Currency in Australia", https://www.rba.gov.au/speeches/2022/sp-ag-2022-12-08.html，访问时间：2023年2月25日。

4 "Programa de experimentación relativo a la utilización de tokens digitales para la liquidación de operaciones de pago y de valores mayoristas. Proceso de selección de propuestas de colaboración", https://www.bde.es/f/webbde/INF/MenuHorizontal/Servicios/tokens_digitales_mayoristas/Programa_de_experimentacion.pdf，访问时间：2023年2月25日。

5 "Bank of Canada plans 2023 CBDC consultation as it moves to development", https://www.ledgerinsights.com/bank-of-canada-plans-2023-cbdc-consultation-as-it-moves-to-development/，访问时间：2023年2月25日。

6 "Kazakhstan central bank recommends a phased CBDC rollout between 2023-25", https://cointelegraph.com/news/kazakhstan-central-bank-recommends-a-phased-cbdc-rollout-between-2023-25，访问时间：2023年3月15日。

组织和多边机制越发重视数字货币的发展并在跨境规则方面持续发力；二是普遍认同CBDC在研发初期便需要将国际合作等因素考虑在内；三是稳定币、CBDC、私人数字货币都需要纳入国际货币规制范围。

国际货币基金组织发布：1.《现金使用的下降与零售央行数字货币的需求》（2022年2月）[1]；2.《央行数字货币的幕后：新兴趋势、见解和政策启示》（2022月2月）[2]；3.《私人数字货币、腐败和资本管制》（2022年3月）[3]；4.《数字货币和中央银行操作》（2022年5月）[4]；5.《数字时代的资本流动管理措施：加密资产的挑战》（2022年5月）[5]；6.《亚洲及太平洋地区走向央行数字货币：区域调查结果》（2022年9月）[6]；7.《密码生态系统的调控：以稳定币和安排为例》（2022年9月）[7]；8.《中美洲、巴拿马和多米尼加的数字货币和汇款成本》（2022年12月）[8]。

国际清算银行发布：1.《持续增长的势头：2021年CBDC调查报告》（2022年

---

1   "Falling Use of Cash and Demand for Retail Central Bank Digital Currency", https://www.imf.org/en/Publications/WP/Issues/2022/02/04/Falling-Use-of-Cash-and-Demand-for-Retail-Central-Bank-Digital-Currency-512766，访问时间：2023年2月25日。

2   "Behind the Scenes of Central Bank Digital Currency: Emerging Trends, Insights, and Policy Lessons", https://www.imf.org/en/Publications/fintech-notes/Issues/2022/02/07/Behind-the-Scenes-of-Central-Bank-Digital-Currency-512174，访问时间：2023年2月25日。

3   "Crypto, Corruption, and Capital Controls: CrossCountry Correlations", https://www.imf.org/-/media/Files/Publications/WP/2022/English/wpiea2022060-print-pdf.ashx，访问时间：2023年2月25日。

4   "Digital Money and Central Bank Operations", https://www.imf.org/en/Publications/WP/Issues/2022/05/06/Digital-Money-and-Central-Bank-Operations-517534，访问时间：2023年2月25日。

5   "Capital Flow Management Measures in the Digital Age: Challenges of Crypto Assets", https://www.imf.org/en/Publications/fintech-notes/Issues/2022/05/09/Capital-Flow-Management-Measures-in-the-Digital-Age-516671，访问时间：2023年2月25日。

6   "Towards Central Bank Digital Currencies in Asia and the Pacific: Results of a Regional Survey", https://www.imf.org/en/Publications/fintech-notes/Issues/2022/09/27/Towards-Central-Bank-Digital-Currencies-in-Asia-and-the-Pacific-Results-of-a-Regional-Survey-523914，访问时间：2023年2月25日。

7   "Regulating the Crypto Ecosystem: The Case of Stablecoins and Arrangements", https://www.imf.org/en/Publications/fintech-notes/Issues/2022/09/26/Regulating-the-Crypto-Ecosystem-The-Case-of-Stablecoins-and-Arrangements-523724，访问时间：2023年2月25日。

8   "Digital Money and Remittances Costs in Central America, Panama, and the Dominican Republic", https://www.imf.org/en/Publications/WP/Issues/2022/12/02/Digital-Money-and-Remittances-Costs-in-Central-America-Panama-and-the-Dominican-Republic-526289，访问时间：2023年2月25日。

5月）[1]；2.《跨境央行数字货币的实践经验》（2022年6月）[2]；3.《加密和DeFi领域的可提取价值与操纵市场行为》（2022年6月）[3]；4.《在跨境支付方面的CBDC系统可访问性与互通性模式及其评估》（2022年7月）[4]；5.《跨境金融中心》（2022年7月）[5]；6.《金融市场基础设施原则在稳定币安排中的应用》（2022年7月）[6]；7.《改善跨境支付的央行数字货币的接入和互操作性选项：给G20的报告（一）》（2022年7月）[7]；8.《"货币桥"项目：通过央行数字货币（CBDC）连接各经济体》（2022年10月）[8]。

金融稳定委员会发布：1.《加密资产金融风险评估报告》（2022年2月）[9]；2.《FSB中东和北非小组讨论了加密资产的金融稳定前景和风险》（2022年6月）[10]；3.《金融稳定委员会关于加密资产活动的国际监管声明》（2022年7月）[11]；4.《FSB提出加密资产活动国际监管框架》（2022年10月）；5.《FSB欧洲小组讨论金融稳定前景和应对加密资产活动风险的政策》（2022年11月）[12]。

特别值得关注的是，7月，国际清算银行创新中心与市场基础设施委员会

1　"Gaining momentum—Results of the 2021 BIS survey on central bank digital currencies", https://www.bis.org/publ/bppdf/bispap125.pdf，访问时间：2023年2月25日。

2　"Using CBDCs across borders: lessons from practical experiments", https://www.bis.org/publ/othp51.pdf，访问时间：2023年2月25日。

3　"Miners as intermediaries: extractable value and market manipulation in crypto and DeFi", https://www.bis.org/publ/bisbull58.pdf，访问时间：2023年2月25日。

4　"Options for access to and interoperability of CBDCs for cross-border payments", https://www.bis.org/publ/othp52.pdf，访问时间：2023年2月25日。

5　"Cross-border financial centres", https://www.bis.org/publ/work1035.pdf，访问时间：2023年2月25日。

6　"Application of the Principles for Financial Market Infrastructures to stablecoin arrangements", https://www.bis.org/cpmi/publ/d198.pdf，访问时间：2023年2月25日。

7　"Options for access to and interoperability of CBDCs for cross-border payments: Report to the G20", https://www.bis.org/publ/othp52.pdf，访问时间：2023年2月25日。

8　"Connecting economies through CBDC", https://www.bis.org/publ/othp59.pdf，访问时间：2023年2月25日。

9　"Assessment of Risks to Financial Stability from Crypto-assets", https://www.fsb.org/wp-content/uploads/P160222.pdf，访问时间：2023年2月25日。

10　"FSB Middle East and North Africa group discusses financial stability outlook and risks from crypto-assets", https://www.fsb.org/wp-content/uploads/R140622.pdf，访问时间：2023年2月25日。

11　"FSB Statement on International Regulation and Supervision of Crypto-asset Activities", https://www.fsb.org/wp-content/uploads/P110722.pdf，访问时间：2023年2月25日。

12　"FSB Europe Group discusses financial stability outlook and policies to address risks from crypto-asset activities", https://www.fsb.org/wp-content/uploads/R101122-2.pdf，访问时间：2023年2月25日。

（CPMI）、国际货币基金组织、世界银行向G20提交了《央行数字货币跨境支付的接入及互操作性选择》联合报告，代表了国际法层面在数字货币监管与规制上的最新进展。该报告强调各国央行在设计CBDC时，一是需要确保与当前系统的共存和互操作性；二是需要遵守现有法律和监管框架，并建立足够灵活的CBDC生态系统，以适应不同形式的互操作性、共存普惠和可接入性的需求。10月，"货币桥"项目首次成功完成数字货币的真实交易试点测试。基于该项目，来自中国内地、中国香港、泰国和阿联酋的20家商业银行完成逾160笔以跨境贸易为主的多场景支付结算业务，在一定程度上推进了数字货币的发展。[1]

延伸阅读

"货币桥"项目

"货币桥"由香港国际结算银行总部发起，是一个单一区块链基础设施的多国央行数字货币项目。每家中央银行托管自己的节点并控制数字货币。项目只有中央银行和商业银行参与，主要用于跨境支付。

"货币桥"项目使用基于分布式账本技术的通用平台进行跨境支付试验。在此平台上，多个中央银行可以发行和交换各自的中央银行数字货币（简称"多边央行数字货币"，multi-CBDCs）。"货币桥"平台高效、低成本、通用，可以让中央银行网络和商业参与者连接，大大增加了国际贸易流动潜力。

一个定制的multi-CBDCs解决方案可以解决当今跨境支付系统的局限性问题。在确保多个司法管辖区央行资金的安全情况下，参与者可以在该共享平台上直接进行点对点支付。multi-CBDCs平台可以提高跨境支付速度和效率，降低结算风险，并支持在国际支付中使用当地货币。

1　吴朝霞、朱学康：《多国央行数字货币发展加速》，载《中国社会科学报》，2023年2月27日，第7版。

基于项目试点和早期经验，"货币桥"继续进行技术构建和测试，包括改进现有功能和添加新功能，从当前的试点阶段转向最简化可实行产品（Minimum Viable Product，MVP），最终成为生产就绪系统。

下一阶段，"货币桥"路线图将聚焦以下方面：（1）实现与国内支付系统的自动化互操作性；（2）将外汇价格同步至平台；（3）引入交易排队、优先级管理等流动性管理工具；（4）评估中央银行在提供流动性方面的作用；（5）改进数据隐私保护工具；（6）继续完善法律框架和平台条款；（7）进一步审查政策法规合规性；（8）从数据隐私的角度评估分散部署，确定集中治理的角色范围和结构；（9）测试和试点更多的业务用途和事务类型；（10）覆盖其他司法管辖区和参与者；（11）探索私营部门为该平台增加更多服务。[1]

1　"Connecting economies through CBDC"，https://www.bis.org/publ/othp59.pdf，访问时间：2023年2月25日。

第六章　平台发展与治理持续推进

2022年，世界各国在市场秩序治理、平台内容治理、算法治理等网络平台治理方面出台或更新了一系列规划文件、法律法规，总体呈现三个特点：第一，为保护本国经济利益，许多国家更加重视从战略、竞争及博弈的视角出发开展互联网平台市场秩序治理。第二，许多国家通过立法、指南等方式加强平台内容治理，探索如何在复杂交织的国内国际舆论环境中应对不良信息、规范传播秩序、保障政治和社会稳定。第三，人工智能、算法治理是平台治理的前沿领域，许多国家更加深刻地认识到人工智能和算法在安全和经济等领域国际竞争中的重要影响力，开始尝试制定或正式实施该领域的治理规则。

一、主要国家和地区打击垄断及扰乱市场行为

2022年，中国一方面不断总结此前的平台治理经验，强调从战略视角出发重视平台经济的持续和高质量发展；另一方面继续细化监管规则，在多个领域开展执法行动，鼓励平台经济规范健康发展。美国从维护该国平台企业的国际竞争力视角出发，对于平台治理领域反垄断改革非常慎重，不愿采取强有力的监管手段，仅出现了一些新的提案和声音。欧盟的多项数字法规开始生效，继续引领全球数字立法竞赛，并被世界其他国家广泛效仿，导致以苹果、谷歌、亚马逊、Meta、微软为首的美国平台企业在全世界继续承受数字立法压力。

（一）中国出台措施促进平台经济健康发展

中国根据国内外经济环境的变化，不断总结此前的平台治理经验，从战略视角出发，多次强调数字经济持续发展的重要性。1月，中国国务院印发《"十四五"数字经济发展规划》，提出到2025年，数字经济核心产业增加值占国内生产总值比重达到10%，数据要素市场体系初步建立，产业数字化转型迈

上新台阶，数字产业化水平显著提升，数字化公共服务更加普惠均等，数字经济治理体系更加完善。展望2035年，力争形成统一公平、竞争有序、成熟完备的数字经济现代市场体系，数字经济发展水平位居世界前列。[1] 2022年4月29日，中共中央政治局召开会议，分析研究当前经济形势和经济工作，指出要促进平台经济健康发展，完成平台经济专项整改，实施常态化监管，出台支持平台经济规范健康发展的具体措施。[2] 5月17日，中国人民政治协商会议全国委员会召开"推动数字经济持续健康发展"专题协商会，提出要支持数字企业在国内外资本市场上市，以开放促竞争，以竞争促创新。10月28日，第十三届全国人民代表大会常务委员会第三十七次会议发布《国务院关于数字经济发展情况的报告》。报告指出，中国深入实施网络强国战略、国家大数据战略，先后印发数字经济发展战略、"十四五"数字经济发展规划，加快推进数字产业化和产业数字化，推动数字经济蓬勃发展。十年来，中国数字经济取得了举世瞩目的发展成就，总体规模连续多年位居世界第二。

中国持续细化监管规则，在多个领域开展执法行动，促进平台经济规范健康发展。5月，中国国家市场监督管理总局部署开展"百家电商平台点亮"行动，加强对"砍单""网络抽奖"等社交参与型营销活动的管理，促进平台经济规范健康发展。11月，国务院新闻办公室就《携手构建网络空间命运共同体》白皮书有关情况举行新闻发布会。白皮书总结了中国在推动互联网治理方面的各项成果，从信息保护、反垄断、反不正当竞争、推荐算法规范等多个方面开展了多项针对平台经济的集中治理、专项治理；针对互联网平台"二选一""大数据杀熟""屏蔽网址链接"等影响市场公平竞争、侵犯消费者和劳动者合法权益等问题，国家实施反垄断调查和行政处罚，有效保护中小微企业、劳动者、消费者等市场主体权益；在新技术新应用治理方面，中国不断完善适应人工智能、大数据、云计算等新技术新应用的制度规则，对区块链、算法推荐服务等加强管理，依法规制算法滥用、非法处理个人信息等行为。

1　"国务院印发《"十四五"数字经济发展规划》"，http://www.gov.cn/xinwen/2022-01/12/content_5667840.htm，访问时间：2023年2月10日。

2　"常态化监管促进平台经济健康发展"，https://m.gmw.cn/baijia/2022-05/10/35722502.html，访问时间：2023年6月12日。

（二）美国采取较为慎重的弱监管模式

美国对于数字经济领域反垄断仍然非常慎重，今年出现了一些新的提案，或更新了旧的提案。1月21日，美国参议院（United States Senate）司法委员会审议通过《美国创新与选择在线法案》（American Innovation and Choice Online Act，AICO），该法案旨在保护创新和限制自我优待，禁止占据市场主导地位的平台企业优先考虑自身产品和服务并打压竞争对手，使竞争对手处于不利地位。然而，在12月23日美国国会会议中，这个法案没有获得通过。

2月3日，美国参议院司法委员会以20票对2票的两党投票结果通过了《开放应用市场法案》（Open App Markets Act）。该法案试图通过以下六种方式防止应用商店的不正当竞争：禁止应用商店限制应用程序使用第三方支付手段；禁止应用商店阻拦应用程序开发者以比应用商店更优惠的价格或条件销售应用程序；禁止应用商店阻拦用户通过官方应用商店之外的渠道安装应用程序或应用商店；禁止应用商店利用其平台收集到的非公开商业信息，与应用商店内非自营应用程序开展竞争行为；禁止应用商店在自然搜索结果中对自身或者其业务合作伙伴的应用进行不合理的优先排序或排名，不公平对待应用商店中的其他应用；禁止应用商店限制第三方开发人员对操作系统接口、开发信息以及硬件和软件功能的访问权限。然而，在12月23日美国国会会议中，该法案没有获得通过。

3月4日，美国多家机构联合致函美国联邦贸易委员会，要求全面审查微软收购游戏巨头动视暴雪交易案。公开信认为这笔合并交易可能会导致市场力量过于集中，并威胁到数据隐私和安全，也会影响消费者的权益，以及员工工资等。这些机构要求联邦贸易委员会彻底调查这笔交易，表示在过去几年中，游戏行业出现了一种"令人担忧的整合态势"，允许微软继续收购大型工作室和出版商可能会伤害消费者，并将客户数据置于风险之中。[1]

5月12日，美国民主党一参议员提出《数字平台委员会法案》（Digital Platform Commission Act），质疑联邦贸易委员会和司法部等部门的监管能力，

---

[1] "美国多家机构组织要求全面审查微软收购动视暴雪交易案"，http://www.techweb.com.cn/world/2022-03-04/2881618.shtml，访问时间：2023年4月6日。

提议在联邦层面建立一个监管机构"数字平台委员会"，专门监管数字平台和科技巨头。该法案建议吸纳计算机科学、软件开发和技术政策等领域的专家加入委员会。委员会的工作职责包括确保数据平台中算法的公平性和安全性、保护市场竞争，以及对在数字平台中传播的有害内容进行定期风险评估等。

5月19日，美国多名参议员共同提出《数字广告竞争和透明度法案》（Competition and Transparency in Digital Advertising Act，CTDA），旨在禁止一个公司同时参与数字广告生态系统的多个流程，以维护数字广告市场的竞争秩序。一旦这项法案获得通过，谷歌、Meta和亚马逊等科技巨头可能不得不剥离大部分数字广告业务，数字广告市场竞争格局或面临重构。

延伸阅读

《数字广告竞争和透明度法案》简介

拟议的CTDA根据规制对象的规模引入了两套规则：一套适用于年收入超过50亿美元的数字广告公司，一套适用于年收入超过200亿美元的数字广告公司。"收入"是指从事数字广告交易所或通过数字广告交易所买卖的所有数字广告的结算价格总和；作为买方经纪人管理的广告支出总额；或作为卖方经纪人管理的广告销售总额。"收入"不是净收入，而是流经广告平台的所有总支出额或销售额。

拟议法案主要通过两种方式维护数字广告的竞争环境[1]：

1. 如果大型数字广告公司处理了超过200亿美元的数字广告交易额，法案将禁止这些公司占有超过一定份额的数字广告生态系统。

（1）广告交易所所有者不能拥有供应方平台或需求方平台。

（2）供应方平台所有者不能同时拥有需求方平台，反之亦然。

（3）如果某个数字广告公司同时也是数字广告的买家和卖家，则其不能再拥有需求方平台或供应方平台，出售自己的广告库存时除外。

---

[1] "COMPETITION AND TRANSPARENCY IN DIGITAL ADVERTISING ACT"，https://www.lee.senate.gov/services/files/5332FC38-76F0-4C8B-8482-3F733CF17167，访问时间：2023年4月3日。

2. 法案要求处理超过50亿美元数字广告交易的中型和大型数字广告公司遵守多项义务，以保护客户和市场竞争环境，其中涉及的主要义务包括以下内容：

（1）他们必须以客户的最大利益为出发点，如以最佳方式执行广告投标。

（2）他们必须遵守透明度要求，在客户提出书面要求的情况下，在合理时间内向该客户提供足以使其核实自身遵守相关义务情况的信息。

（3）如果公司能够同时运营供应方和需求方双边平台业务，那么其必须建立、执行并维护经过合理设计的书面政策和程序，以确保其不同平台独立运营并相互独立地进行交易。

（4）他们必须为所有客户提供对交易、交换流程等信息的公平访问权。

根据拟议内容，如果其能获得通过、成为法律，将由美国司法部和各州检察长执行。同时，拟议法案还规定了在数字广告公司违反相关义务时，个人可以行使私人诉讼权。

9月8日，美国白宫公布了大型科技平台监管改革的六项原则，以促进科技行业竞争。[1] 这六项原则为：促进技术部门竞争；采取强有力的联邦隐私保护措施；为儿童提供更严格的隐私和在线保护；取消对大型科技平台的特殊法律保护；提高平台算法和内容审核决策的透明度；禁止歧视性算法决策。此前，美国国会的一个两党立法小组提出了反垄断立法，旨在规制Meta、苹果、谷歌和亚马逊四大科技巨头，阻止公司在搜索引擎和其他服务中偏袒自己的业务。白宫表示，美国需要"明确的路径规则"，以确保中小型企业能够在公平的环境中竞争。[2]

1　"White House unveils principles for Big Tech reform"，https://www.reuters.com/technology/white-house-holding-roundtable-big-tech-concerns-2022-09-08/，访问时间：2023年4月2日。

2　"Readout of White House Listening Session on Tech Platform Accountability"，https://www.whitehouse.gov/briefing-room/statements-releases/2022/09/08/readout-of-white-house-listening-session-on-tech-platform-accountability/，访问时间：2023年4月2日。

（三）欧盟"反垄断姊妹法"相继生效

欧盟继续利用其在法律等方面的软实力实践"数字主权"主张，相继通过"反垄断姊妹法"《数字市场法案》与《数字服务法案》，施压美国苹果、谷歌、Meta、亚马逊和微软等科技巨头。7月5日，欧洲议会以588票赞成、11票反对、31票弃权通过《数字市场法案》（Digital Markets Act，DMA），以539票赞成、54票反对、30票弃权通过《数字服务法案》（Digital Services Act，DSA）。两项法案旨在根据欧盟基本权利和价值观，为科技行业在欧盟运营和提供服务制定明确标准，从而应对科技行业产生的社会和经济影响。[1]

7月18日，欧盟理事会批准通过《数字市场法案》，并于11月1日正式生效。该法案将强制大型在线平台变革其商业模式，增加欧盟数字市场的竞争力。《数字市场法案》将大型在线平台定义为"守门人"（gatekeeper），要求"守门人"规范自己的竞争行为，以确保为消费者提供更公平的商业环境和服务。《数字市场法案》规定大型在线平台必须：确保退订核心平台服务与订阅时一样容易；确保即时通讯服务基本功能的互操性，即用户可以在各类通信应用程序间交互信息、语音或文件，避免用户被"锁定"在某个平台；允许商家访问平台营销或广告绩效数据并开展商业合作；在收购和合并时通知欧盟委员会。《数字市场法案》还规定大型科技平台不能：人为提高自有产品或服务排名；预先安装某些应用程序或软件，或阻止用户轻松卸载这些应用程序或软件；在安装操作系统时要求默认安装重要软件（例如网络浏览器）；阻止开发者使用第三方支付平台进行应用销售；将服务期间收集的私人数据用于另一项服务，如滥用个人数据投放定向广告。[2]

---

1 "Digital Services: landmark rules adopted for a safer, open online environment"，https://www.europarl.europa.eu/news/en/press-room/20220701IPR34364/digital-services-landmark-rules-adopted-for-a-safer-open-online-environment，访问时间：2023年6月12日。

2 "DMA: Council gives final approval to new rules for fair competition online"，https://www.consilium.europa.eu/en/press/press-releases/2022/07/18/dma-council-gives-final-approval-to-new-rules-for-fair-competition-online/，访问时间：2023年4月4日。

延伸阅读

"守门人"认定与义务

欧盟《数字市场法案》强调在线平台"守门人"义务,"守门人"需要符合以下条件:

一是提供"核心平台服务",作为业务用户接触客户和其他最终用户的重要门户。即在上一个财政年度至少有4500万月活跃最终用户和至少1万年活跃业务用户。核心平台服务包括:在线平台类服务、搜索引擎、社交网络服务、视频共享平台服务、NI-IC服务(如即时语音、文本、图像和文件消息)、操作系统等云计算服务以及在线广告服务。

二是对市场产生重大影响。在过去三个财政年度的每个财政年度中,在欧盟的年营业额达到或超过75亿欧元,或其平均市值或同等公允市场价值至少达到750亿欧元,并在至少三个欧盟成员国提供相同的核心平台服务。

三是目前或将来具有根深蒂固和持久的平台地位。在前三个财政年度的每一个财年,都满足另外两个标准。

此外,"守门人"需要履行以下义务:

在数据使用方面,"守门人"未经许可,不得交叉或合并使用从其核心平台服务处,或从其核心平台服务上做广告的第三方处获得的个人数据;在与业务用户竞争时,不得使用操作核心平台服务后得出的数据。在自我偏好方面,不得阻止企业用户通过直接或第三方在线销售渠道,以相同或不同的价格或条件向最终用户提供同种产品或服务;不得以彼此对核心平台服务的访问为条件进行业务交往;不得在搜索结果中对自己的产品和服务进行更有利的排名;不得要求最终用户使用特定的操作系统。在限制行为方面,不得限制用户在不同应用程序和服务之间切换;不得导致用户难以离开其平台或服务经营业务;不得阻止用户向监管部门举报其违规行为。

"守门人"有义务在特定时间内提供必要的技术接口,使其NI-IC服务可与第三方NI-IC服务互操作,同时在适当情况下保持端到端加密等安全性；为最终用户提供对数据的实时访问和有效的数据可移植性服务；允许业务用户实时访问其使用核心平台服务产生的数据，并向第三方搜索引擎提供排名、查询、点击和查看数据的功能；公开广告商支付的价格、出版商报酬以及计算费用的标准，并提供"守门人"绩效测量工具和数据的访问权限，以评估核心平台服务的绩效；为企业用户提供公平地访问"守门人"应用商店、在线搜索引擎和社交网络的权限；允许最终用户轻松卸载预装的应用程序并更改默认设置；允许安装和使用与"守门人"系统互操作的第三方应用程序或应用程序商店，并允许将它们设置为默认值。

如果达到相关的"守门人"门槛，而未能按照DMA的要求告知欧盟委员会，则可能会被处以其上一财政年度全球总营业额1%的罚款。如果"守门人"不遵守DMA的关键义务，欧盟委员会可以对其处以上一财政年度全球总营业额10%的罚款，并在其屡次不遵守的情况下处以最高20%的罚款。在"系统性不遵守守门人义务"的情况下，欧盟委员会可对"守门人"实施行为或结构补救措施，以确保其遵守。DMA的执法权属于欧盟委员会，适用于各欧盟成员国法院。[1]

10月19日，欧盟理事会批准通过《数字服务法案》，对数字平台规定了全面的新义务，为欧盟提供了一套统一的监管规则。对于违反《数字服务法案》的行为，可能触发高达平台主体前一财政年度全球营业额6%的罚款。《数字服务法案》要求平台：履行线上市场的特殊义务，打击非法产品和服务的线上销售，加强对在线交易的追溯和检查；采取措施打击线上非法内容，在尊重当事人基本权利的同时迅速做出反应；禁止误导性宣传和针对儿童或基于敏感数据的定向广告；提高平台透明度和设立问责制；对超大平台和搜索引擎（每月用户达4500万及以上）执行更严格监管和独立审计。[2]

1　"Questions and Answers: Digital Markets Act: Ensuring fair and open digital markets", https://ec.europa.eu/commission/presscorner/detail/en/QANDA_20_2349，访问时间：2023年6月12日。

2　"The Digital Services Act package", https://digital-strategy.ec.europa.eu/en/policies/digital-services-act-package，访问时间：2023年4月4日。

（四）英国、俄罗斯等国家采取强有力的平台监管措施

英国在反垄断方面采取了强有力的措施，以限制大型平台的收购行动。10月18日，英国竞争与市场管理局（United Kingdom Competition and Market Authority，CMA）公布对Meta收购在线动态图片搜索引擎Giphy一案的最新决定，认为该收购会限制其他社交媒体平台访问图形交换格式（GIF），并因此要求Meta出售Giphy。CMA认为，Meta收购制作GIF动画的平台Giphy可能损害社交媒体用户和英国广告客户的利益。这是英国首次阻止大型科技公司已完成的交易。[1]

俄罗斯针对国内外互联网企业特别是外国数字企业，采取强监管治理模式。1月1日，《俄罗斯联邦外国人互联网活动法》强制日访问量超过50万的外国互联网公司在俄罗斯设立分支机构、代表处或公司法人的条款生效。[2] 同时，根据该法，外国互联网公司还应当履行其他义务，包括限制收款、禁止在俄罗斯投放广告等，违法者可能被采取一系列封禁措施。目前，TikTok、苹果、推特、Spotify等公司已经按照该法履行了部分义务。此外，为了帮助外国主体初步判断自己是否符合外国互联网主体的特征，俄罗斯联邦通信、信息技术和大众传媒监督局官方网站提供在线测试，同时提供互联网信息资源每日用户访问量计数程序。

2月17日，俄罗斯联邦反垄断局（Russian Federal Antimonopoly Service，FAS）与俄罗斯速卖通、俄罗斯社交网站VK、俄罗斯互联网巨头Yandex等大型IT公司，以及俄罗斯互联网贸易公司协会（AKIT）签署了一份备忘录，就数字市场原则达成共识，旨在为用户创造公开、透明、非歧视性的市场环境。根据备忘录，数字市场参与者应自愿遵守公平原则，避免在与消费者、竞争对手和其他对象互动中出现不公平行为。俄罗斯联邦反垄断局强调，虽然各公司基于自愿原则签署备忘录，但违反这些原则可能会违反俄罗斯反垄断法或其他适用法律。[3]

---

1 "CMA orders Meta to sell Giphy"，https://www.gov.uk/government/news/cma-orders-meta-to-sell-giphy，访问时间：2023年3月1日。

2 "Вступает в силу закон 'о приземлении' иностранных IT-компаний"，https://tass.ru/ekonomika/13332011，访问时间：2023年1月30日。

3 "Russia: FAS approves fair principles for digital market participants"，https://www.dataguidance.com/news/russia-fas-approves-fair-principles-digital-market，访问时间：2023年4月21日。

4月20日，俄罗斯联邦国家杜马通过一项法案，对未遵守俄罗斯"落地法"的外国IT公司处以相应营业额的罚款。依据法案，外国IT公司未在俄罗斯联邦通信、信息技术和大众传媒监督局官网上注册个人账户、未在俄罗斯境内设立法人实体或开设代表处等，将承担最高年营业额10%的行政罚款。[1]

尼日利亚出台监管社交媒体平台的新举措。6月13日，尼日利亚联邦政府国家信息技术发展局（Nigeria National Information Technology Development Agency，NITDA）发布一项新的互联网法规，名为"交互式计算机服务平台/互联网中介机构业务规范"（Interactive Computer Service Platforms/Internet Intermediaries），旨在协调和制定尼日利亚所有信息技术实践的标准化监管框架。[2] 该行为规范由NITDA与尼日利亚通信委员会、国家广播委员会合作制定，听取了推特、Meta、照片墙（Instagram）、谷歌和TikTok等数字平台的意见，咨询了民间社会组织和专家组等在这一领域的利益攸关方。NITDA表示，该行为规范旨在重新校准在线平台与尼日利亚人的关系，以实现互利最大化，同时促进数字经济可持续发展。此外，该行为规范规定了尼日利亚人在网络平台上互动时的安全保障程序，并要求网络平台对非法和有害的内容承担责任。

为了确保互联网平台遵守该行为规范，NITDA表示已将尼日利亚联邦政府制定的平台经营条件告知在本国运营的互联网平台及中介机构，条件包括：在公司事务委员会注册建立一个法律实体，任命一名指定的代表与尼日利亚当局联络；在获取运营资质后，遵守所有监管要求；遵守尼日利亚法律规定的所有适用税务义务。设立全面的合规机制，以避免平台上出现违禁和不道德内容；向当局提供有害账户、可疑僵尸网络、"网络水军"以及虚假信息等相关信息，并在规定时间内删除任何违反尼日利亚法律的内容。[3]

1　"The State Duma approved the project on turnover fines for IT giants under the law 'on landing'"，https://www.tellerreport.com/news/2022-04-20-the-state-duma-approved-the-project-on-turnover-fines-for-it-giants-under-the-law-%22on-landing%22.Hygb1Sq6Vc.html，访问时间：2023年2月16日。

2　"CODE OF PRACTICE FOR INTERACTIVE COMPUTER SERVICE PLATFORMS/ INTERNET INTER-MEDIARIES"，https://nitda.gov.ng/wp-content/uploads/2022/06/Code-of-Practice.pdf，访问时间：2023年4月24日。

3　"The New Move To Regulate Social Media Platforms In Nigeria"，https://dailytrust.com/the-new-move-to-regulate-social-media-platforms-in-nigeria/，访问时间：2023年3月23日。

二、主要国家和地区开展平台内容治理

2022年，各国纷纷通过制定相应制度加强本国网络信息内容治理，探索如何在保障言论自由的同时，维护本国政治社会稳定。

（一）中国持续规范网络传播秩序

6月14日，中国国家互联网信息办公室发布新修订的《移动互联网应用程序信息服务管理规定》，自8月1日起施行。新规定旨在进一步依法监管移动互联网应用程序，促进应用程序信息服务健康有序发展。新规定提出，应用程序提供者和应用程序分发平台应当遵守法律法规，大力弘扬社会主义核心价值观，坚持正确政治方向、舆论导向和价值取向，自觉遵守公序良俗，积极履行社会责任，维护清朗网络空间。新规定要求，应用程序提供者和应用程序分发平台应当履行信息内容管理主体责任，建立健全信息内容安全管理、信息内容生态治理、数据安全和个人信息保护、未成年人保护等管理制度。[1]

6月27日，中国国家互联网信息办公室发布《互联网用户账号信息管理规定》，自8月1日起施行。规定旨在加强对互联网用户账号信息的管理，弘扬社会主义核心价值观，维护国家安全和社会公共利益，保护公民、法人和其他组织的合法权益，促进互联网信息服务健康发展。规定明确账号信息管理规范，要求互联网信息服务提供者履行账号信息管理主体责任，建立健全并严格落实真实身份信息认证、账号信息核验、个人信息保护等管理制度。[2]

（二）欧盟、巴西等加强网络虚假信息治理

欧盟不断细化法规，加强网络虚假信息内容治理。6月16日，欧盟委员会正式发布《强化虚假信息行为准则》（Strengthened Code of Practice on Disinformation）。

---

1 "国家网信办修订《移动互联网应用程序信息服务管理规定》发布施行"，www.gov.cn/xinwen/2022-06/14/content_5695688.htm，访问时间：2023年4月24日。

2 "国家互联网信息办公室发布《互联网用户账号信息管理规定》"，http://www.gov.cn/xinwen/2022-06/28/content_5698178.htm，访问时间：2023年4月24日。

该准则已由谷歌、Meta、TikTok等30多个网络科技公司和民间团体协会签署。新准则将与《数字服务法案》相结合，共同组成监管框架，敦促各企业严格遵守规范。《强化虚假信息行为准则》包括44项责任与128条具体举措，对虚假信息关注的重点领域为：广告投放监管、政治宣传、服务完整性、用户授权、调查机构授权、事实核查机构授权、透明度中心、常设工作组、行为监控。

延伸阅读

《强化虚假信息行为准则》简介

2018年，欧盟首次出台《虚假信息行为准则》，作为欧盟反虚假信息战略的核心，该准则被认为是抑制在线虚假信息传播的有效工具。但由于2018年版的准则被普遍认为缺乏有效性、透明度以及可操作性，委员会又于2021年5月发布了详细的准则指南，以弥补原版不足。强化后的行为准则于2022年6月16日正式提交。新准则将成为更广泛的互联网平台监管框架的一部分，以更好落实欧盟《数字服务法案》。对于超大型在线平台的签署方，该准则旨在成为《数字服务法案》共同监管框架下认可的行为守则。[1] 新守则涵盖44项承诺和128项具体措施，其主要承诺包括：

1. 扩大参与，守则不仅适用于大平台，还涉及不同的参与者，在减少虚假信息传播方面发挥作用，并欢迎更多的签署者加入。

2. 通过确保虚假信息的提供者不会从广告收入中受益，减少传播虚假信息的经济激励。

3. 涵盖新的操纵行为，例如虚假账户、机器人或恶意深度伪造传播虚假信息。

4. 为用户提供更好的工具来识别、理解和标记虚假信息。

5. 在所有欧盟国家及其所有语言中扩大事实核查，同时确保事实核查人员的工作得到公平回报。

1　褚立文：《欧盟发布新版〈反虚假信息行为准则〉以加强平台内容监管》，互联网天地，2022（07）：35。

6. 借助更好的标签等，使用户可以轻松识别政治广告，从而确保政治广告透明度。

7. 更好地访问平台数据来支持研究人员工作。

8. 通过强大的监控框架和平台定期报告其履行承诺的情况，评估其自身的影响。

9. 建立一个透明度中心和工作组，透明度中心将概述本守则的实施情况，工作组由签署方的代表、欧洲视听媒体服务监管机构、欧洲数字媒体观察站和欧洲对外行动局的代表组成。[1]

巴西扩大其网络安全委员会职能，严厉打击网络虚假信息。2月15日，巴西最高选举法院（Brazil Tribunal Superior Electoral，TSE）与推特、Meta、TikTok、谷歌等在巴西运营的主要网络平台共同签署了一项协议，旨在严控总统大选期间虚假信息传播。然而，Telegram并未参与签订协议也未做出回应。对此，巴西最高选举法院表示正在考虑暂停该平台在巴西的服务。[2] 3月21日，为应对网络上对于选举制度的攻击，巴西最高选举法院颁布法令，决定对其网络安全委员会进行重组，为该机构增加打击选举假消息传播的职能。最高选举法院院长表示，该机构将负责监控、研究并采取行动来打击在社交网络上大规模传播的虚假消息，阻止损害选举制度的公平和信任度的行为。[3] 10月20日，巴西国家选举当局宣布进一步采取行动，更加严厉地打击网络虚假信息。巴西最高选举法院表示，这些措施旨在遏制"传播和分享影响选举进程的故意不真实或严重去文本化的信息"。根据该决议，巴西最高选举法院将对两小时后未能删除虚假内容的网络平台处以每小时10万雷亚尔（约合人民币14.6万元）的罚款，决

1　"The Strengthened Code of Practice on Disinformation 2022"，https://digital-strategy.ec.europa.eu/en/library/2022-strengthened-code-practice-disinformation，访问时间：2023年4月3日。

2　"Social media failing to keep up with Brazil electoral disinformation, rights groups say"，https://www.reuters.com/world/americas/social-media-failing-keep-up-with-brazil-electoral-disinformation-rights-groups-2022-10-28/，访问时间：2023年4月23日。

3　"打击大选假消息 巴西选举法院扩大网络安全委员会职能"，https://www.brasilcn.com/article/article_68687.html，访问时间：2023年4月6日。

议还将禁止投票前48小时内的所有付费政治广告。[1]

日本加大对网络欺凌的惩治。6月13日，日本上议院通过了严惩"侮辱罪"的刑法修正案，将监禁作为对网络侮辱更严厉惩罚的一部分，该修正案旨在遏制网络上存在的诽谤中伤行为。目前，在日本对侮辱行为的处罚是拘留30天以下或罚款1万日元以下。刑法修正案将引入最高一年的监禁，并将罚款提高到最高30万日元，侮辱诉讼时效也将从1年延长到3年。新条款将于公布后的20天生效。[2]

（三）中东国家规范互联网科技企业行为

2月，伊朗通过了《保护法案》（Protection Bill，伊朗语：Tarh-e Sianat），旨在强化网络空间治理。该法案要求科技公司在伊朗设立一名法定代表人，遵守伊朗法律，并与伊朗政府合作，共同审核网络空间及用户行为规范。如果拒绝遵守相关条例，涉事企业平台将被限制运行。法案通过限制国际服务可使用的带宽份额，推动伊朗用户使用符合当地法律的本地服务或国际服务。此外，伊朗计划设立支持本地关键在线服务基金（Fund for Supporting Local Key Online Services），用以开发、监测、报告关键性的在线服务，开发特别针对儿童和青少年的"纯服务"，支持符合伊朗伊斯兰价值观的本地内容制作，旨在促进公众的数字素养，净化和保护网络空间。在规避与限制方面，法案将生产和传播规避审查的工具定为犯罪，并将引入"合法VPN"的规定，同时禁止网络匿名行为，规定服务提供商要求用户使用其合法身份注册服务。

三、主要国家和地区完善算法治理举措

2022年，算法治理仍然是平台治理的前沿领域。中国正式施行算法推荐管

1　"Brazil electoral court cracks down on disinformation ahead of Lula-Bolsonaro runoff"，https://www.reuters.com/world/americas/brazil-electoral-court-cracks-down-disinformation-ahead-lula-bolsonaro-runoff-2022-10-20/，访问时间：2023年4月23日。

2　"日本刑法修正案成立 网上重伤他人最高可判一年徒刑"，http://japan.people.com.cn/BIG5/n1/2022/0613/c35421-32445232.html，访问时间：2023年4月24日。

理规定，为全球各国制定规制算法的系统性法律文件提供了中国方案。美国进一步更新《算法问责法》，提出了《2022年算法责任法案》草案（Algorithmic Accountability Act of 2022）。欧盟长期重视数字立法，发布《人工智能法案》修正案，率先确立了关于人工智能算法应用的统一监管框架。

（一）中国率先推进算法治理

近年来，中国政府部门密切配合，积极推进算法治理相关工作，出台了全球第一部系统性规制算法推荐的法律文件。3月1日，中国国家互联网信息办公室等四部门联合发布的《互联网信息服务算法推荐管理规定》正式施行，要求算法推荐服务提供者不得利用算法屏蔽信息、过度推荐、操纵榜单等干预信息呈现，不得利用算法诱导未成年人沉迷网络，以及不得根据消费者的偏好、交易习惯等特征利用算法在交易价格等交易条件上实施不合理的差别待遇等。同日，中国互联网信息服务算法备案系统[1]正式上线运行，备案主体需依据《互联网信息服务算法推荐管理规定》的相关要求，通过备案系统履行备案手续，填报算法主体信息、算法信息、产品及功能信息。根据《互联网信息服务算法推荐管理规定》，该备案不代表对有关主体、算法、产品、服务等的认可，组织和个人不得将备案结果用于宣传和其他商业用途。

4月8日，中央网信办为推动《互联网信息服务算法推荐管理规定》落地，加强互联网信息服务算法的综合治理，牵头开展了"清朗·2022年算法综合治理"专项行动，旨在聚焦网民关切，解决算法难题，维护网民合法权益。该行动深入排查整改互联网企业平台算法安全问题，评估算法安全能力，重点检查具有较强舆论属性或社会动员能力的大型网站、平台及产品，督促企业利用算法加大正能量传播、处置违法和不良信息、整治算法滥用乱象、积极开展算法备案，推动算法综合治理工作的常态化和规范化，营造风清气正的网络空间。专项行动主要包括五方面工作，分别是组织自查自纠、开展现场检查、督促算法备案、压实主体责任和限期问题整改。[2]

1　算法备案系统网址：https://beian.cac.gov.cn。

2　"关于开展'清朗·2022年算法综合治理'专项行动的通知"，http://www.cac.gov.cn/2022-04/08/c_16510 28524542025.htm，访问时间：2023年2月10日。

延伸阅读

《互联网信息服务算法推荐管理规定》简介

为了规范互联网信息服务算法推荐活动，弘扬社会主义核心价值观，维护国家安全和社会公共利益，保护公民、法人和其他组织的合法权益，促进互联网信息服务健康有序发展，管理主要针对以下几个方面：

1. 在信息服务规范方面，规定要求算法推荐服务提供者不得利用算法推荐服务从事危害国家安全和社会公共利益、扰乱经济秩序和社会秩序、侵犯他人合法权益等法律、行政法规禁止的活动，不得利用算法推荐服务传播法律、行政法规禁止的信息，应当采取措施防范和抵制传播不良信息；要求算法推荐服务提供者应当落实算法安全主体责任，建立健全算法机制机理审核、科技伦理审查、用户注册、信息发布审核、数据安全和个人信息保护、反电信网络诈骗、安全评估监测、安全事件应急处置等管理制度和技术措施，制定并公开算法推荐服务相关规则，配备与算法推荐服务规模相适应的专业人员和技术支撑；要求算法推荐服务提供者应当定期审核、评估、验证算法机制机理、模型、数据和应用结果等，不得设置诱导用户沉迷、过度消费等违反法律法规或者违背伦理道德的算法模型；等等。

2. 在用户权益保护方面，规定要求算法推荐服务提供者应当以显著方式告知用户其提供算法推荐服务的情况，并以适当方式公示算法推荐服务的基本原理、目的意图和主要运行机制等；要求算法推荐服务提供者应当向用户提供不针对其个人特征的选项，或者向用户提供便捷的关闭算法推荐服务的选项。用户选择关闭算法推荐服务的，算法推荐服务提供者应当立即停止提供相关服务；要求算法推荐服务提供者向未成年人提供服务的，应当依法履行未成年人网络保护义务，并通过开发适合未成年人使用的模式、提供适合未成年人特点的服务等方式，便利未成年人获取有益身心健康的信息；等等。

3. 在监督管理方面，规定要求网信部门会同电信、公安、市场监管等有关部门建立算法分级分类安全管理制度，根据算法推荐服务的舆论属性或者社会动员能力、内容类别、用户规模、算法推荐技术处理的数据重要程度、对用户行为的干预程度等对算法推荐服务提供者实施分级分类管理；要求具有舆论属性或者社会动员能力的算法推荐服务提供者应当在提供服务之日起十个工作日内通过互联网信息服务算法备案系统填报服务提供者的名称、服务形式、应用领域、算法类型、算法自评估报告、拟公示内容等信息，履行备案手续；要求国家和省、自治区、直辖市网信部门收到备案人提交的备案材料后，材料齐全的，应当在三十个工作日内予以备案，发放备案编号并进行公示；材料不齐全的，不予备案，并应当在三十个工作日内通知备案人并说明理由；等等。

4. 在法律责任方面，算法推荐服务提供者违反本规定第七条、第八条、第九条第一款、第十条、第十四条、第十六条、第十七条、第二十二条、第二十四条、第二十六条规定，法律、行政法规有规定的，依照其规定；法律、行政法规没有规定的，由网信部门和电信、公安、市场监管等有关部门依据职责给予警告、通报批评，责令限期改正；拒不改正或者情节严重的，责令暂停信息更新，并处一万元以上十万元以下罚款。构成违反治安管理行为的，依法给予治安管理处罚；构成犯罪的，依法追究刑事责任。算法推荐服务提供者违反本规定第六条、第九条第二款、第十一条、第十三条、第十五条、第十八条、第十九条、第二十条、第二十一条、第二十七条、第二十八条第二款规定的，由网信部门和电信、公安、市场监管等有关部门依据职责，按照有关法律、行政法规和部门规章的规定予以处理。具有舆论属性或者社会动员能力的算法推荐服务提供者通过隐瞒有关情况、提供虚假材料等不正当手段取得备案的，由国家和省、自治区、直辖市网信部门予以撤销备案，给予警告、通报批评；情节严重的，责令暂停信息更新，并处一万元以上十万元以下罚款；等等。[1]

1　"互联网信息服务算法推荐管理规定"，http://www.gov.cn/zhengce/2022-11/26/content_5728941.htm，访问时间：2023年4月2日。

（二）美欧立法加强算法治理

美国国会推进算法公开透明，强化算法治理。2月，美国民主党多名参议员提出《2022年算法责任法案》草案，为软件、算法和其他自动化系统带来了新的监管框架。该法案要求提高自动化决策系统透明度，建立问责制；企业在使用自动化决策系统做出关键决策时，需对偏见、有效性和其他因素进行影响评估；首次在美国联邦贸易委员会设立公共存储库来管理这些系统，并为执行该法案增加了75名工作人员。[1]

延伸阅读 ————————————————————

《2022年算法责任法案》草案作用

自动化决策在各行各业中广泛存在，但消费者和监管机构难以了解其在何处使用。公众和政府需要更多的信息，以知悉自动化决策在哪里发生以及为何被使用，公司也需要提升影响评估过程的有效性。《2022年算法责任法案》草案要求公司评估其使用和销售的自动化系统的影响，在何时以及如何使用自动化系统方面提高透明度，并授权消费者就关键决策的算法自动化做出知情选择。主要作用如下：

1. 提出了一个基本要求，要求公司评估自动化关键决策及其决策过程的影响。

2. 要求联邦贸易委员会制定法规，为评估和报告提供结构化的指导方针。

3. 明确做出关键决策的公司和开发技术的公司均有责任评估影响。

4. 要求向联邦贸易委员会报告选定的影响评估文件。

5. 要求联邦贸易委员会发布一份年度匿名汇总报告，并建立一个信息库，供消费者和倡导者审查哪些关键决策通过自动化方式做出，以及如何对抗这种决策。

---

1 "The Algorithmic Accountability Act of 2022", https://www.wyden.senate.gov/imo/media/doc/Algorithmic%20 Accountability%20Act%20of%202022%20Bill%20Text.pdf, 访问时间：2023年4月2日。

6. 为执行该法案，向联邦贸易委员会提供资源，新增技术人员并设立一个技术局，为委员会提供技术层面的支持。[1]

欧盟走在算法治理前沿，针对人工智能等新兴技术议题不断出台和完善相关监管治理举措。4月20日，欧盟发布《人工智能法案》拟议修正案，旨在确立关于人工智能算法应用的统一监管框架。该修正案创建了高风险人工智能系统清单；规定在高风险人工智能系统内的供应商需要为每个人工智能系统起草合规证明，并交予欧洲主管机构管理；除适用于军事应用以外，该法案还适用于在欧盟境内将人工智能系统投放市场或投入使用的实体、在欧盟境内使用人工智能系统的实体以及在第三国使用人工智能系统但系统的输出用于欧盟境内或对欧盟境内人员产生影响的实体。[2]

11月22日，欧盟委员会新成立了欧洲算法透明度中心（European Centre for Algorithmic Transparency，ECAT），旨在为个人和企业提供一个更安全、更可预测和可信任的在线环境。为落实欧盟《数字服务法案》的算法问责和透明度审计要求，欧洲算法透明度中心将提供相关专业知识，更好地监督超大在线平台和超大在线搜索引擎。欧洲算法透明度中心的科学家和专家将与行业代表、学术界和民间社会组织合作，通过分析透明度、评估风险并提出新的透明度评估方法和最佳实践路径，提高群众对算法工作的理解。[3]

---

1 "Algorithmic Accountability Act of 2022", https://www.wyden.senate.gov/imo/media/doc/2022-02-03%20Algorithmic%20Accountability%20Act%20of%202022%20One-pager.pdf，访问时间：2023年4月2日。

2 "欧盟提出人工智能监管拟议法规 企业应做好准备以确保竞争优势", http://ipr.mofcom.gov.cn/article/rgzhn/202205/1970288.html，访问时间：2023年4月2日。

3 "European Centre for Algorithmic Transparency", https://algorithmic-transparency.ec.europa.eu/about_en，访问时间：2023年4月2日。

第七章　美欧网络空间合作与竞争并存

作为网络空间两大经济体，美国与欧盟在网络治理的理念、政策和利益等层面有趋同之处，也存在分歧和争端。美欧跨大西洋联盟作为当今世界主要经济体中最持久的同盟关系，其对于网络空间全球治理的影响不容忽视。2022年俄乌冲突爆发，这一重大地缘政治事件重振了跨大西洋关系，客观上为美欧加强网络议程协调创造了有利条件。这一年，美欧在双多边平台加大网络对话和议程协调，美国尤以西方价值观为旗帜，积极拉拢欧洲盟友组建网络伙伴关系"小圈子"，加速全球网络空间阵营化、碎片化、分裂化。与此同时，美欧在数字服务税、数据隐私、数据安全等方面的治理博弈依然激烈，双方在芯片领域的保护主义政策催生新的龃龉，影响美欧网络议题协调进程。[1]

一、美欧推进双边网络对话与议程协调

（一）美国与欧盟举行网络对话增强战略互动

1. 美国—欧盟贸易和技术委员会举行会议

美国总统拜登、欧盟委员会主席冯德莱恩和欧洲理事会主席米歇尔在2021年6月的美欧峰会上，宣布设立美国—欧盟贸易和技术委员会，旨在以美欧共同价值观为基础，设置"跨大西洋联合议程"，并深化美欧在经贸和关键技术领域的对话与协调。该委员会框架下成立包括"数据治理和技术平台"在内的10个工作组，旨在解决双方在数据上的分歧。

2022年，美国—欧盟贸易和技术委员会举行了两次部长级会议，就数字争端开展对话，并就俄乌冲突、半导体供应链等问题加强协调。

---

[1] 本章主要涉及美国与欧盟及成员国之间的网络关系。由于英国虽已"脱欧"，但仍属欧洲大国，其与美国关系的内容也纳入此章。

5月16日，美国—欧盟贸易和技术委员会在巴黎召开第二次部长级会议，并发布联合声明。[1] 声明宣布，美欧在芯片制造和科技产业关键材料（如稀土等）供应方面处于劣势地位，这些重要材料的生产阶段几乎都集中在中国。美欧同意给予芯片行业适当的补贴，组建应对半导体供应中断的"预警系统"，避免西方大国之间的过度竞争。美欧与会官员还宣布，联合打击来自俄罗斯等地的虚假信息和黑客行为，为中小企业网络安全提供最佳实践指南，组建可信技术供应商工作组等。

12月5日，美国—欧盟贸易和技术委员会第三次部长级会议举行，并发表联合声明。[2] 会议强调，美欧将在多方面加强合作，包括加强数字基础设施互联互通，打造半导体韧性供应链，加强在人工智能、量子信息和电动汽车等方面开展联合研究，支持可信赖的供应商打造安全韧性的信息通信技术供应链等。

美国—欧盟贸易和技术委员会自成立以来，美国和欧盟均将其视为加强协调、强化跨大西洋同盟的重要机制，并不断完善其作用和功能。经过三次会议的召开，双方在多方面达成共识，目标也更加明确。在2022年的两次会议中，双方将合作重点放在消除贸易壁垒、促进关键技术和供应链合作、推动制定全球标准和全球经济规则等方面。美欧还强调计划通过这一平台向拉美、非洲等发展中国家提供数字基础设施建设资助，反映其加大输出推广美西方数字治理的"民主模式"，通过这一机制扩大美欧同盟圈子的影响力和辐射力，从而进一步在新兴技术领域提升其国际地位和话语权。

2. 美国—欧盟举行网络对话

12月15至16日，美国与欧盟在华盛顿举行第八届"美欧网络对话"。[3] 本

1　"U.S.-EU Joint Statementof the Trade and Technology Council"，https://www.whitehouse.gov/wp-content/uploads/2022/05/TTC-US-text-Final-May-14.pdf，访问时间：2023年3月2日。

2　"U.S.-EU Joint Statement of the Trade and Technology Council"，https://www.whitehouse.gov/briefing-room/statements-releases/2022/12/05/u-s-eu-joint-statement-of-the-trade-and-technology-council/，访问时间：2023年3月10日。

3　"The 2022 U.S.-EU Cyber Dialogue"，https://www.state.gov/the-2022-u-s-eu-cyber-dialogue/，访问时间：2023年3月1日。

次对话由美国国务院网络空间与数字政策局（Bureau of Cyberspace and Digital Policy，CDP）高级官员詹妮弗·巴克斯（Jennifer Bachus），负责国际网络空间稳定事务的副秘书长莉赛尔·弗兰茨（Liesyl Franz），欧洲对外行动署安全与防务主任琼妮克·巴尔福特（Joanneke Balfoort）以及通信网络、内容和技术总司网络安全主任洛雷娜·博伊斯·阿隆索（Lorena Boix Alonso）共同主持。会议围绕美欧网络政策框架的最新情况、网络外交、网络危机管理和应对、加强网络能力建设、维护太空网络安全等议题展开讨论。双方就软硬件网络安全、关键基础设施保护等方面的实践经验进行交流，承诺在关键基础设施保护、数字产品标准化和网络安全、信息交流等领域加强合作，探讨建立新的美欧网络协会以加强交流和信任建设。双方还讨论了在态势感知和信息共享以及技术和政治层面的危机管理合作方式，并探讨进一步发挥私营部门维护网络安全作用的途径。双方强调将在联合国、欧安组织、国际电信联盟、互联网治理论坛、二十国集团等机制下加强合作，共同应对网络威胁。此外，双方还讨论了继续支持乌克兰网络防御，并加强在西巴尔干地区事务的协调。[1] 美欧私营部门代表也参加了美国和欧盟官员关于保护关键基础设施的小组讨论。

3. 美国—欧盟推进网络执法对话与合作

俄乌冲突背景下，美欧在防范网络威胁方面加强联合行动。6月23日，在欧盟轮值主席国法国主持下，美欧司法和内政部长会议在巴黎举行；12月15日，美欧举行第二次司法和内政部长会议。两次会议强调加强应对来自俄罗斯的网络威胁，加大美欧协调并对俄罗斯实施全面制裁。与会者表示将加强打击恐怖主义、暴力极端主义、勒索软件和其他形式的网络犯罪等的合作。美国国土安全部部长、司法部部长、欧盟内政事务委员和司法委员等参会。[2]

---

1 "Cybersecurity: EU holds 8th dialogue with the United States", https://digital-strategy.ec.europa.eu/en/news/cybersecurity-eu-holds-8th-dialogue-united-states，访问时间：2023年5月10日。

2 "Joint EU-U.S. statement following the EU-U.S. Justice and Home Affairs Ministerial Meeting", https://www.consilium.europa.eu/en/press/press-releases/2022/06/30/joint-eu-u-s-statement-following-the-eu-u-s-justice-and-home-affairs-ministerial-meeting/; "Joint EU-U.S. Statement Following the EU-U.S. Justice and Home Affairs Ministerial Meeting", https://www.consilium.europa.eu/en/press/press-releases/2022/12/15/joint-eu-us-statement-following-the-eu-us-justice-and-home-affairs-ministerial-meeting/pdf，访问时间：2023年3月1日。

延伸阅读

美欧开展网络联合执法

2022年4月5日，美国司法部与德国警方合作关闭了俄罗斯Hydra Market位于德国的服务器，并没收了价值2500万美元的比特币。[1] Hydra是全球最大的暗网市场之一，据悉，2021年，Hydra交易量约占暗网市场加密货币交易的80%，自2015年以来，该市场加密货币交易总额约52亿美元。2022年4月12日，美国司法部表示，已与欧洲刑警组织（European Union Agency for Law Enforcement Cooperation，Europol）共同查封了RaidForums黑客论坛，并对该论坛创始人迭戈·桑托斯·科埃略（Diego Santos Coelho）提起指控。[2] RaidForums被认为是"近年来影响力最大的全球网络犯罪论坛"。据称，RaidForums论坛在一项名为"止血带行动"的多国联合行动中被查封，美国、英国、德国、瑞典、葡萄牙和罗马尼亚等有关部门参与该联合行动。

4. 美欧加强地球科学数据合作

6月15日，美国宇航局（NASA）与欧洲航天局（ESA）签署合作协议[3]，将加强地球科学领域及月球探索合作。双方还签署了一份谅解备忘录，内容涉及联合发射由英国萨里卫星技术公司开发的月球探路者航天器。美国宇航局局长比尔·尼尔森（Bill Nelson）提到，在探月合作中，欧洲航天局的月球探路者

1　"US Sanctions Garantex Exchange and Hydra Dark Web Marketplace Following Seizure of Hydra by German Authorities"，https://www.elliptic.co/blog/5-billion-darknet-market-hydra-seized-by-german-authorities，访问时间：2023年2月14日。

2　"U.S. Leads Seizure of One of the World's Largest Hacker Forums and Arrests Administrator"，April 12, 2022，https://www.justice.gov/usao-edva/pr/us-leads-seizure-one-world-s-largest-hacker-forums-and-arrests-administrator#:~:text=%E2%80%93%20The%20U.S.%20Department%20of%20Justice%20today%20announced,chief%20administrator%2C%20Diogo%20Santos%20Coelho%2C%202021%2C%20of%20Portugal，访问时间：2023年2月14日。

3　"NASA, ESA Sign Agreements on Earth Science, Lunar Exploration Cooperation"，https://executivegov.com/2022/06/nasa-esa-sign-agreements-on-earth-science-lunar-exploration-cooperation/，访问时间：2023年3月1日。

任务对于推进双方探月计划中的月球通信基础设施建设至关重要；在地球数据领域合作中，美国和欧洲掌握了世界上70%以上的地球科学数据，该合作将为美欧制定应对全球气候危机的相关标准提供支持。

（二）美国与欧洲大国加强双边网络对话

1. 美法开展网络对话和合作

1月13至14日，美国与法国举行第四次网络对话视频会议。[1] 两国代表强调了跨大西洋合作对促进网络空间安全与稳定的重要性，并讨论了法国在2022年上半年担任欧盟轮值主席国期间处理或解决网络问题的计划。双方讨论打击勒索软件和其他网络犯罪、建立网络韧性、捍卫网络人权以及通过北约等促进网络空间负责任国家行为框架、支持乌克兰应对恶意网络活动等问题。1月14日，美国务院公告显示已批准向法国出售价值约8800万美元的传感器套件和其他设备。6月13日，美法举行防务贸易战略对话，并发表联合声明，指出双方将在防务技术和产业基础的网络保障等方面加强对话。[2] 12月1日，白宫发布拜登总统与法国总统埃马纽埃尔·马克龙（Emmanuel Macron）会晤的联合声明，重申11月30日两国防长签署的"意向声明"，承诺双方将在太空、网络空间、情报和反击恶意影响力等方面加强合作，并宣布两国计划在2023年年初召开第五届美法网络对话。[3] 法国作为主张"数字主权"的欧洲大国，与美国在网络治理领域长期博弈，尤其在美、英、澳三边安全伙伴关系确立之后，法国对美国在安全领域的信任受损。鉴于此，美国通过加大与法国的网络对话，以期推动美法关系转好。

---

1 "Fourth U.S.-France Cyber Dialogue"，https://www.state.gov/fourth-u-s-france-cyber-dialogue/，访问时间：2023年2月10日。

2 "Joint Statement: U.S.-France Defense Trade Strategic Dialogue"，https://www.defense.gov/News/Releases/Release/Article/3061339/joint-statement-us-france-defense-trade-strategic-dialogue/，访问时间：2023年2月10日。

3 "Joint Statement Following the Meeting Between President Biden and President Macron"，https://www.whitehouse.gov/briefing-room/statements-releases/2022/12/01/joint-statement-following-the-meeting-between-president-biden-and-president-macron/，访问时间：2023年2月10日。

2. 美英加强网络政策协调

英国启动"脱欧"进程后，寻求强化英美"特殊伙伴关系"，并加大同美国在网络信息技术领域的双边及多边政策协调合作。4月25日，英国国际贸易部部长安妮–玛丽·特里维廉（Anne-Marie Trevelyan）与美国贸易部部长戴琦（Katherine Tai）在英国苏格兰阿伯丁举行第二次"跨大西洋贸易会谈"，重点关注数字创新、绿色贸易、支持中小企业与保护供应链韧性等议程。[1] 7月21日，美国司法部和英国政府发布联合声明称，英美已签署一项《数据访问协议》，该协议允许英美执法部门直接请求访问对方管辖范围内电信提供商持有的数据，但只能用于预防、侦查、调查和起诉恐怖主义和儿童性虐待等严重犯罪之目的，协议于2022年10月3日生效。[2] 9月28日，英国国防部发布消息称，英国计划出资5000万英镑建设网络培训学院，加强与美国在网络安全人才培养方面的合作。10月7日，美国国务院（United States Department of State）宣布启动"美英技术和数据全面对话"（U.S.-UK Comprehensive Dialogue on Technology and Data）[3]，旨在利用双方技术加强两国之间的安全合作。对话主题包括数据保护和共享、关键与新兴技术及共同开发数字基础设施，两国之间的数据传输合作、人工智能技术和供应链安全等成为双方共同关注的重点议题。

3. 美国在中东欧国家进行网络部署

6月，"三海倡议"（Three Seas Initiative）[4]峰会上，美国国务卿安东尼·布林肯（Antony Blinken）在视频致辞中表示"交通、能源和数字通信"等三个

1　"US trade delivering for Scotland as Aberdeen hosts second transatlantic dialogue"，https://www.gov.uk/government/news/us-trade-delivering-for-scotland-as-aberdeen-hosts-second-transatlantic-dialogue，访问时间：2023年2月10日。

2　"UK-US Data Access Agreement: factsheet"，https://www.gov.uk/government/publications/uk-us-data-access-agreement-factsheet，访问时间：2023年2月12日；详情请见"数据治理全面展开"章节第115页。

3　"Launch of the U.S.-UK Comprehensive Dialogue on Technology and Data"，https://www.state.gov/launch-of-the-u-s-uk-comprehensive-dialogue-on-technology-and-data/，访问时间：2023年2月24日。

4　"三海倡议"即"波罗的海、亚得里亚海和黑海倡议"，由克罗地亚和波兰于2015年提出。倡议旨在加强地区间贸易、基础设施、能源和政治合作，成员国包括波兰、克罗地亚、保加利亚、捷克、匈牙利等12个中东欧国家。

核心议题的紧迫性日益显著。[1] 作为"三海倡议"的积极支持者，美国通过国际开发金融公司（DFC）对"三海倡议"投资基金注资，投资中东欧国家的交通、能源和数字基础设施建设。2022年，美国还在多个东欧国家部署了网络"前出狩猎"（Hunt forward operations）行动，虽然美国一直宣称此行动是"防御"性质，但美国网络司令部（United States Cyber Command，USCYBERCOM）保罗·中曾根（Paul Nakasone）在6月的参议院情报委员会听证会上确认，美国对中东欧国家开展了"进攻性网络行动"。

（三）美欧围绕俄乌冲突加强网络事务协调

俄乌冲突爆发以来，各方在网络空间展开激烈博弈，网络攻击、网络干扰、网络间谍、虚假信息等层出不穷，并影响世界其他地区。美欧对乌提供军事经济援助及情报共享，并通过协调网络政策积极介入俄乌网络战，试图增强乌网络韧性、破坏俄网络能力，以改变俄乌力量对比和局势走向。

1. 美欧加大涉俄乌的联合网络调查

1月14日，乌方称其境内发生大规模网络攻击，乌克兰外交部、内政部、能源部等多个政府网站一度被迫关闭。2月24日，乌克兰称其卫星互联网服务供应商卫迅公司（Viasat）遭网络攻击。美欧合作介入此轮网络攻击的调查。3月11日，美国国家安全局与法国国家信息系统安全局（ANSSI）和乌克兰情报人员合作调查网络攻击事件，以确定"是否由俄罗斯国家支持的黑客造成"。[2] 5月10日，美国、欧盟、英国等发表声明，宣布经评估，2月底俄罗斯对乌克兰商业卫星通信网络发动网络攻击，以扰乱乌克兰指挥和控制系统。[3]

1 "Three Seas Initiative Summit", https://www.state.gov/three-seas-initiative-summit/，访问时间：2023年2月14日。

2 "Exclusive: U.S. spy agency probes sabotage of satellite internet during Russian invasion", https://www.reuters.com/world/europe/exclusive-us-spy-agency-probes-sabotage-satellite-internet-during-russian-2022-03-11/，访问时间：2023年7月22日。

3 "Attribution of Russia's Malicious Cyber Activity Against Ukraine", https://www.state.gov/attribution-of-russias-malicious-cyber-activity-against-ukraine/，访问时间：2023年7月22日。

2. "五眼联盟"针对俄罗斯发布网络安全警告

4月20日，"五眼联盟"（美国、英国、加拿大、澳大利亚、新西兰情报共享联盟，Five Eyes Alliance，FVEY）国家网络安全部门联合发布标题为"俄罗斯政府支持的针对关键基础设施的网络犯罪威胁"的网络安全警告，旨在提醒加强关键基础设施网络安全防护。该警告称，针对俄罗斯遭受的经济制裁和美国及盟友对乌克兰提供的物质支持，俄罗斯可能会支持更多的恶意网络活动予以反击；敦促关键基础设施网络防御部门在识别恶意网络活动方面加强防范，积极应对潜在网络威胁，包括破坏性恶意软件、勒索软件、分布式拒绝服务（DDoS）攻击和网络间谍活动等。[1]

3. 美欧在半导体等领域联合对俄制裁

美国同欧盟、七国集团等西方国家对俄罗斯发动数轮联合制裁，涉及芯片等高科技出口管制，以及网络和信息技术等多个领域，试图削弱俄罗斯军事能力和国防工业基础。鉴于俄罗斯依赖外国进口芯片，美欧联合对俄"断芯"一定程度上打击了俄国防工业、尖端技术武器发展，并影响民用生产生活。在俄乌冲突中，美欧联合对俄实施空前的科技制裁，形成由美国主导的国际制裁联盟，加剧破坏全球产业链供应链安全和稳定。

2月24日，美国与欧盟、英国等宣布对俄罗斯实施制裁，包括金融制裁、出口管制，阻止俄国防、航空、海洋等领域获得半导体等尖端科技的途径。

3月11日，美国同欧盟及七国集团宣布继续对俄罗斯实施制裁，包括对俄总统普京的个人制裁，取消俄罗斯最惠国地位，阻止俄政府及寡头等利用数字资产来逃避西方制裁，打击俄"虚假信息"，以及加大对关键技术的进出口管制。

4月4日，美国宣布禁止俄罗斯政府通过其在美银行开设的账户支付超6亿美元的债务，并禁止在俄所有新投资，加大对俄金融机构和国有企业的制裁等；8日，欧盟正式通过新一轮制裁方案，禁止从俄进口煤炭，全面禁止四家

1　"Russian State-Sponsored and Criminal Cyber Threats to Critical Infrastructure"，https://www.cisa.gov/news-events/alerts/2022/04/20/russian-state-sponsored-and-criminal-cyber-threats-critical，访问时间：2023年3月12日。

俄主要银行进行交易，在先进半导体、机械和运输设备等关键领域实施价值近百亿欧元的出口禁令等。

二、美欧推进数据隐私争端调处

美欧关于数据跨境流动的监管政策分歧长期以来是双边争端的焦点。欧盟对美国的数据隐私、数据垄断等问题提出质疑，并积极通过欧盟数字立法及与美国谈判制定数字隐私协议等方式推动争端调处。

（一）美欧就数据传输达成新协议

2022年，在数据传输问题上，欧盟和美国长达数年的博弈取得了新进展。为解决美欧数据跨境流动问题，双方持续推进跨大西洋数据隐私协议谈判。3月25日，美国和欧盟委员会宣布就欧盟—美国数据隐私框架达成原则性协议。该框架将促进跨大西洋数据流动，同时解决2020年7月欧美之间数据传输协议"隐私盾"被判无效问题。[1] 新的欧盟—美国数据隐私框架是重新建立欧盟个人数据传输到美国的重要法律机制。美国已承诺实施新的保障措施，以加强美国信号情报[2]活动隐私和公民自由的保护力度。白宫声明称，在新框架下，数据能够在欧盟和美国之间自由和安全地流动；美国将实施新的保障措施，以确保信号情报监视活动在国家安全方面是必要且相称的；同时，建立具有指导补救措施且具有约束力的两级补救机制，加强对信号情报活动的严格分级监督，以确保对监视活动的限制。[3] 欧盟方面则表示，新框架对于保护公民权利和促

1　2013年美国"棱镜门"事件曝光，允许美欧数据传输的《安全港协议》在保护公民数据隐私方面的不足引发质疑。同年，奥地利律师、隐私活动家马克斯·施雷姆斯向脸书欧洲总部所在地爱尔兰的数据保护委员会提出申诉，控告脸书非法追踪用户数据并参与美情报机构的监控计划。在施雷姆斯案第一阶段（一号案）中，《安全港协议》被欧洲法院宣判无效。该案件第二阶段（二号案）中，曾作为替代性机制的美欧《隐私盾协议》同样被判无效。

2　信号情报（SIGINT）是指通过故意安排的信息接收器、特殊的技术传感器等方式手段来获取情报，包括通信情报（COMINT）、电子情报（ELINT）以及量度与特征情报（MASINT）系统。

3　"FACT SHEET: United States and European Commission Announce Trans-Atlantic Data Privacy Framework", https://www.whitehouse.gov/briefing-room/statements-releases/2022/03/25/fact-sheet-united-states-and-european-commission-announce-trans-atlantic-data-privacy-framework/，访问时间：2023年3月2日。

进跨大西洋贸易至关重要。[1] 该原则性协议在数据流动、情报共享和互操作性等方面达成初步共识。

延伸阅读 ——————————————————

美欧数据传输协议的多次尝试

2020年7月16日，欧洲法院判决欧盟与美国用于跨大西洋个人数据传输的《隐私盾协议》无效。这一协议由欧盟委员会和美国商务部于2016年签署。根据该协议，美国企业可以向美国商务部要求认证，通过公开承诺遵守"隐私盾"框架的所有要求，以获得欧盟的"豁免审查"资格，让数据得以在欧美之间自由跨境传输。法院认为，在该协议下，美国情报机关仍有可能获取用户信息，欧盟公民的个人数据无法得到应有的保护。这是继2015年欧洲法院宣判美欧《安全港协议》无效以来，第二次推翻欧美间数据传输及使用协议。此后双方持续推进数据隐私协议谈判。2022年10月，根据白宫声明，新的数据隐私框架将促进跨大西洋数据流动，并解决欧洲法院在2020年驳回关于美欧"隐私盾"框架的充分性决定时所提出的担忧。[2]

——————————————————

4月7日，欧洲数据保护委员会（European Data Protection Board，EDPB）发布关于新的《跨大西洋数据隐私框架》[3]的声明。[4] 声明表示，欧洲数据保护委员会欢迎美国做出的承诺，即对欧洲经济区的个人数据传输到美国时采取措

---

1 "European Commission and United States Joint Statement on Trans-Atlantic Data Privacy Framework", https://ec.europa.eu/commission/presscorner/detail/en/IP_22_2087，访问时间：2023年3月2日。

2 "FACT SHEET: President Biden Signs Executive Order to Implement the European Union-U.S. Data Privacy Framework", https://www.whitehouse.gov/briefing-room/statements-releases/2022/10/07/fact-sheet-president-biden-signs-executive-order-to-implement-the-european-union-u-s-data-privacy-framework/，访问时间：2023年3月2日。

3 详情请见"数据治理全面展开"章节第118页。

4 "EDPB Adopts Statement on the New Trans-Atlantic Data Privacy Framework, Letter Concerning Independence of Belgian SA & Discusses Membership Spring Conference", https://edpb.europa.eu/news/news/2022/edpb-adopts-statement-new-trans-atlantic-data-privacy-framework-letter-concerning_en，访问时间：2023年2月10日。

施加强个人数据隐私保护。欧洲数据保护委员会指出，该公告并不构成欧洲经济区数据出口实体可以将数据传输到美国的法律框架，数据出口实体须继续采取必要行动以遵守欧洲法院的判例法。欧洲数据保护委员会将推动这一政治协议转化为具体的法律提案。

10月7日，为实施欧盟—美国数据隐私框架，美国总统拜登签署了《关于加强美国信号情报活动保障措施的行政令》。[1] 行政令要求美国信号情报活动应考虑所有公民的隐私和自由，并仅在出现明确的国家安全目标时进行；此外，行政令扩大了法律和监管部门的责任，确保通过合理行动来纠正不合规事件，并要求美国情报界成员更新政策和程序，为公民隐私提供相应保障措施。行政令还确定了双层补救机制，设立数据保护审查法庭，在维护国家安全的同时，保障公民的隐私和自由。此后，美国司法部部长梅里克·加兰（Merrick Garland）发布相关条例，对行政令进行补充。这些举措赋予了欧盟—美国数据隐私框架来自美国的法律效力。

12月13日，欧盟委员会发布《欧盟—美国数据隐私框架充分性决定草案》，并启动了充分性决定进程。[2] 该充分性决定草案反映了欧盟委员会对美国法律框架的评估，其得出的结论认为美方可提供与欧盟类似的保障措施，欧盟—美国数据隐私框架有助于促进跨大西洋数据安全流动。

美欧《跨大西洋数据隐私框架》反映了美欧谈判的成果，可为恢复跨大西洋数据流动提供法律基础。但是，关于此框架能否切实解决美欧间数据隐私问题仍存争议。2022年5月，奥地利律师、隐私活动家马克斯·施雷姆斯通过其创设的机构"NOYB-欧洲数字版权中心"向美国和欧盟发出公开信，质疑其并未依据欧洲法院的判决对美国法律做出实质性改变。[3] 12月，施雷姆斯再次

1　"President Biden Signs Executive Order On Enhancing Safeguards For United States Signals Intelligence Activities", https://www.whitehouse.gov/briefing-room/statements-releases/2022/10/07/fact-sheet-president-biden-signs-executive-order-to-implement-the-european-union-u-s-data-privacy-framework/，访问时间：2023年2月24日。

2　"Data protection: Commission starts process to adopt adequacy decision for safe data flows with the US", https://ec.europa.eu/commission/presscorner/detail/en/ip_22_7631，访问时间：2023年3月1日。

3　"Open Letter: Announcement of a New EU-US Personal Data Transfer Framework", https://noyb.eu/sites/default/files/2022-05/open_letter_EU-US_agreement.pdf，访问时间：2023年3月2日。

提出质疑，认为欧盟委员会的充分性决定草案侵犯公民基本权利。[1]

（二）欧盟加大对美国互联网企业监管

在数据治理和规范数字市场秩序方面，欧盟进一步推进立法进程，在数据安全和隐私保护水平方面提出更高的规范要求，同时通过严格的规则和处罚条例来限制美国大型互联网企业在欧洲市场过度扩张，数字监管和反垄断力度持续加大，美欧双方在数字市场领域的竞争博弈和摩擦持续不断。

2月23日，欧盟委员会正式公布数据治理立法《数据法案》草案全文。[2] 监管对象主要为互联网产品的制造商、数字服务提供商和用户等。草案涉及数据共享、公共机构访问、国际数据传输、云转换服务等方面。其中，为了让数据共享和使用更加容易，草案要求企业达成数据共享协议，强制亚马逊、微软或特斯拉等科技巨头分享更多数据。草案规定了关于谁可以使用和访问欧盟所有经济部门生成的数据，以期确保数字环境的公平性，刺激竞争激烈的数据市场，为数据创新驱动提供机会，并使所有人更容易获得数据。欧盟委员会称，《数据法案》解决了数据未被充分利用的法律、经济和技术问题，使更多数据可供重复使用，预计到2028年将创造2700亿欧元的GDP。

7月5日，欧洲议会通过《数字市场法案》和《数字服务法案》。7月18日，欧盟理事会批准通过了《数字市场法案》，该法案旨在数字领域建构公平竞争的新规则。为实现构建公平竞争市场的目标，《数字市场法案》针对大型网络平台制定了明确的权利和规则，并确保没有任何一个平台可以滥用其优势地位。同时，《数字市场法案》重视消费者和中小企业在数字市场中的利益。通过实施《数字市场法案》，消费者可以获得大型平台的服务同时保留对其数据的控制权。该法案同时避免了对中小企业的过度监管，确保其获得公平竞争的市场机会。10月19日，欧盟理事会批准通过旨在净化互联网环境的《数字服

1　"Statement on EU Comission adequacy decision on US"，https://noyb.eu/en/statement-eu-comission-adequacy-decision-us，访问时间：2023年7月21日。

2　"Data Act: Proposal for a Regulation on harmonised rules on fair access to and use of data"，https://digital-strategy.ec.europa.eu/en/library/data-act-proposal-regulation-harmonised-rules-fair-access-and-use-data，访问时间：2023年2月10日。

务法案》。根据《数字服务法案》，欧盟可以对在网络发布仇恨言论、虚假信息和有害内容等违规行为处以高额罚款，从而迫使大型科技公司加强自我监管。两个法案各有侧重，《数字市场法案》重在数字平台反垄断，《数字服务法案》重在信息内容治理，通过整合为"数字服务一揽子法案"（Digital Services Package），共同构建欧盟内部的数字平台治理新框架，赋予了欧盟对大型数字平台企业空前的监管权力，标志着欧洲数字市场监管模式的重大转变。[1]

欧盟及欧洲国家依据GDPR等法律，就数据隐私、垄断和安全等问题加大对美国科技公司的监管和审查。1月，法国国家信息自由委员会以违反欧盟的隐私规定为由，对谷歌和脸书分别处以1.5亿欧元和6000万欧元的罚款。[2] 英国金融监管机构加强对亚马逊、微软和谷歌等云计算供应商在保证网络和数据安全等方面的审查。[3] 法国最高行政法院表示，维持2020年对谷歌的1亿欧元数据保护违规罚款。[4] 5月，西班牙数据保护机构发表声明，称由于谷歌在未经授权的情况下将用户数据提供给第三方并阻碍用户行使删除个人数据的合法权利，决定对其处以1000万欧元的罚款。[5]7月，欧盟委员会宣布，已对名为"开放媒体联盟"（AOM）的行业组织的视频技术对外授权政策展开反垄断调查，该联盟成员包括谷歌、亚马逊、微软、奈飞（Netflix）等多家美国大型科技公司。8月，欧盟委员会反垄断机构调查谷歌应用商店向开发者抽取高达30%费用的政策。9月，英国政府通信监管机构通信管理局（Office of Communication, Ofcom）表示对美国亚马逊、微软和谷歌在云服务领域的垄断行为展开调查。11月，爱尔兰数据保护委员会宣布对脸书母公司Meta罚款2.65亿欧元，理由是

1　其他有关《数字市场法案》与《数字服务法案》信息，详见"平台发展与治理持续推进"章节第152页。

2　"Cookies: the CNIL fines GOOGLE a total of 150 million euros and FACEBOOK 60 million euros for non-compliance with French legislation"，https://www.cnil.fr/en/cookies-cnil-fines-google-total-150-million-euros-and-facebook-60-million-euros-non-compliance，访问时间：2023年2月12日；详情请见"数据治理全面展开"章节第109页。

3　"UK financial regulators to step up scrutiny of cloud computing giants"，https://www.ft.com/content/29405a47-586b-4c5a-b641-0f479b4cee1d，访问时间：2023年2月10日。

4　"French court upholds 100 mln euro fine against Google for breaches linked to cookie policy"，https://www.reuters.com/technology/french-court-upholds-100-mln-euro-fine-against-google-breaches-linked-cookie-2022-01-28/，访问时间：2023年2月28日。

5　详情请见"数据治理全面展开"章节第111页。

该软件中超5亿用户数据被泄露。截至2022年11月，Meta已因隐私泄露被该监管机构罚款近10亿欧元。

面对欧洲方面的严厉判罚，一些美国互联网企业发起上诉以争取自身的利益。1月26日，英特尔公司在对欧盟10.6亿欧元反垄断罚款的上诉中获胜，欧洲法院撤销欧盟委员会2009年对英特尔的反垄断罚款。[1]但是，上诉策略并非总能奏效。欧洲普通法院（General Court，欧洲法院的下级法院）维持欧盟对谷歌"利用安卓操作系统打击竞争对手"的反垄断判决，但将创纪录的43.4亿欧元罚款缩减至41.25亿欧元。这意味着谷歌上诉欧盟反垄断裁决遭遇挫败。[2]自2017年以来，欧盟对谷歌公司做出至少三次重大反垄断罚款，总额超过80亿美元，其中安卓反垄断案的罚款最高。2018年7月，欧盟宣布对谷歌处以43.4亿欧元的反垄断罚款，创下欧盟对美国科技公司罚款的纪录。欧盟在2018年的反垄断决定中表示，谷歌的非法行为包括迫使制造商在使用安卓系统的设备上预装谷歌搜索应用程序、Chrome浏览器以及谷歌应用商店，并阻止制造商使用非安卓系统。2022年12月1日，谷歌表示就这一判决向欧盟最高法院——欧洲法院提出上诉。[3]

为进一步调解欧盟和美国数字领域分歧，加强双方互动协作，9月1日，欧盟宣布在美国加州旧金山市设立办事处，主要覆盖硅谷地区，以"加强欧盟和美国在数字外交方面的合作，增强欧盟与数字技术领域主要的公共和私人参与者（包括政治家、商界和民间社会）互动"。在美国设立办事处是2021年美欧峰会的成果之一，也是欧盟外交事务委员会2022年7月达成的"数字外交"政策核心组成部分，这一举措也会推进美欧贸易和技术委员会的工作。欧盟外交与安全政策高级代表兼欧盟委员会副主席博雷利表示："在旧金山开设办公室是响应欧盟对加强跨大西洋技术合作、促进全球数字转型的承诺。这是加强欧盟在网络安全议题及防范威胁、打击信息操纵和外国干涉的具体措施。"[4]

1　"The General Court annuls in part the Commission decision imposing a fine of € 1.06 billion on Intel"，https://curia.europa.eu/jcms/upload/docs/application/pdf/2022-01/cp220016en.pdf，访问时间：2023年3月8日。

2　"Google Loses Most of Appeal of EU Android Decision"，https://www.wsj.com/articles/google-loses-most-of-appeal-of-eu-android-decision-11663144271，访问时间：2023年3月2日。

3　"Google appeals huge Android antitrust fine to EU's top court"，https://www.lemonde.fr/en/europe/article/2022/12/01/google-appeals-huge-android-antitrust-fine-to-eu-s-top-court_6006294_143.html，访问时间：2023年7月24日。

4　"US/Digital: EU opens new Office in San Francisco to reinforce its Digital Diplomacy"，https://www.eeas.europa.eu/eeas/usdigital-eu-opens-new-office-san-francisco-reinforce-its-digital-diplomacy_en，访问时间：2023年3月2日。

（三）美欧"芯片法案"引发新争端

2020年以来，受新冠疫情和俄乌冲突的影响，全球"芯片荒"日益严重。美欧均从自身利益出发，加大对芯片等关键产业和供应链的保护主义政策，以达到所谓保障产业链韧性和安全、重振本土制造、重塑实体经济等目的，引发双方之间新的利益冲突。

欧盟在全球芯片设计等领域扮演重要角色，但制造产能方面不具优势。为实现芯片自主，2022年2月8日，欧盟委员会推出《欧洲芯片法案》草案[1]，提出到2030年推动欧洲芯片产量占全球市场份额翻番的总目标，并公布了构建"更具韧性"的欧洲芯片供应链的具体措施。

美国虽在半导体研发和芯片设计方面处于世界领先地位，但仍存在半导体产业短板，主要是制造、封装等领域依赖其他国家和地区。为保持美国半导体领域竞争优势和领先地位，美国采取各种措施刺激本土芯片制造业回流。8月9日，拜登正式签署《2022年芯片与科学法案》[2]。该法案对美本土芯片产业提供巨额补贴，并要求任何接受美方补贴的公司必须在美国本土制造芯片。[3]

9月13日，拜登政府出台《通胀削减法案》（Inflation Reduction Act of 2022，IRA）[4]，提供高达3690亿美元补贴，以支持电动汽车、关键矿物、清洁能源等多行业的生产和投资，但其中多项补贴政策和税收优惠仅面向美国本土企业或在美运营的企业。这一举措引发欧洲国家不满。法德等欧盟主要成员国认为，这一政策将逼迫欧洲制造业巨头为保住其在美国的巨大市场，将在欧洲的生产研发及资金转移到美国。11月25日，欧盟贸易部长会议在布鲁塞尔举行。会议上，各方对美国推出的《通胀削减法案》表示了不满。欧盟委员会副主席瓦尔

1　"European Chips Act"，https://commission.europa.eu/strategy-and-policy/priorities-2019-2024/europe-fit-digital-age/european-chips-act_en，访问时间：2023年3月8日；详情请见"网络核心技术发展与治理广受关注"章节第60页。

2　"FACT SHEET: CHIPS and Science Act Will Lower Costs, Create Jobs, Strengthen Supply Chains, and Counter China"，https://www.whitehouse.gov/briefing-room/statements-releases/2022/08/09/fact-sheet-chips-and-science-act-will-lower-costs-create-jobs-strengthen-supply-chains-and-counter-china/，访问时间：2023年3月8日。

3　详情请见"网络核心技术发展与治理广受关注"章节第54页。

4　"Remarks by President Biden on the Passage of H.R. 5376, the Inflation Reduction Act of 2022"，https://www.whitehouse.gov/briefing-room/speeches-remarks/2022/09/13/remarks-by-president-biden-on-the-passage-of-h-r-5376-the-inflation-reduction-act-of-2022/，访问时间：2023年3月8日。

迪斯·多布罗夫斯基斯（Valdis Dombrovskis）指出，《通胀削减法案》中的补贴政策对欧盟的电动汽车、电池、可再生能源和能源密集型等行业构成歧视，并呼吁公平对待欧洲在美企业。

为维护欧洲关键产业链供应链韧性，欧洲国家纷纷吸引美国互联网企业投资建厂。3月，意大利的一份法令草案显示，该国计划到2030年拨款超过40亿欧元，吸引英特尔等芯片厂商投资建厂，推动意大利本土芯片制造产业，其中，2022年拨款1.5亿欧元，2023至2030年每年拨款5亿欧元。[1] 意大利还与其他芯片厂商进行投资建厂的谈判，包括意法半导体、美商休斯电子材料公司和高塔半导体。3月，美芯片制造商英特尔宣布在德国马格德堡投资187亿美元新建芯片制造厂。5月，德国经济部部长哈贝克表示，德国政府希望用140亿欧元资金支持吸引芯片制造商，并指出半导体短缺是一个严重的问题。他还称，尽管德国企业在电池等零部件方面仍依赖其他地方的生产商，但将会有更多类似马格德堡的例子；德国必须制定战略，确保初级材料供应。

美欧推出各自"芯片法案"以维护自身关键产业链优势，其出台的贸易保护措施加剧了双方信息技术竞争，从长远来看不利于全球半导体产业的效率和发展，并对半导体供应链稳定造成负面影响。

三、美欧加强多边网络协调

美国与欧洲主要国家在北约、七国集团、二十国集团等多边机制框架下推进网络合作，构建网络排他性"小圈子"，试图构建西方主导的相互嵌套的网络空间同盟体系。

（一）与北约合作推动网络空间军事化进程

美国与欧洲主要国家通过北约加强网络安全政策协调，开展网络防御演习，提升网络空间作战和防御能力。

1　"Italy Creating €4 Billion Chipmaking Fund, Trying to Attract Intel"，https://www.techpowerup.com/292572/italy-creating-eur4-billion-chipmaking-fund-trying-to-attract-intel，访问时间：2023年3月8日。

美欧通过北约加大对乌克兰网络支持。美欧利用北约成熟先进的网络安全协作平台，加大对乌克兰网络安全及技术等方面的支持。北约允许乌方访问北约恶意软件信息共享平台，帮助乌克兰增强网络防御能力。2022年1月17日，北约通信与信息局和乌克兰政府签署《技术合作备忘录更新协议》，继续推进信息技术领域项目合作[1]，进一步强化乌克兰武装部队指挥和控制系统。[2] 3月24日，北约国家元首和政府首脑特别峰会在布鲁塞尔召开，北约30个成员国政府首脑悉数与会，会议通过《北约成员国元首和政府首脑联合声明》，提出将继续对乌克兰提供军事援助，包括反坦克武器、防空武器和无人机以及防生化武器和防核武器的装备，此外还将向乌克兰提供保证网络安全的技术装备。[3]

3月，北约合作网络防御卓越中心（NATO Cooperative Cyber Defence Centre of Excellence，CCDCOE）举行第30次指导委员会，27个提案国一致投票同意乌克兰作为贡献参与者加入北约合作网络防御卓越中心。[4] 虽然乌克兰尚未成为北约组织的成员，但该国已被接受为北约合作网络防御卓越中心的贡献参与者。[5] 4月19至22日，乌克兰参与北约年度"锁盾"（Locked Shields）网络防御演习，借此提高乌克兰对网络攻击的应对能力。[6]

北约新版战略概念推动数字化转型。6月29日，北约30个成员国领导人在西班牙马德里举行峰会，并批准《北约2022战略概念》（NATO 2022 Strategic Concept）。[7] 此次峰会形成了各项关键成果：加强网络安全和防御方面，在2021年通过的北约网络防御方针基础上，各国将批准一项在政治、军事和技术各层面的行动计划以加强网络合作；保护关键技术方面，各国将建立新的"北大西洋防务创新加速器"（DIANA），以支持北约加强互操作性，确保各国获

1　"NATO and Ukraine reaffirm commitment to technical cooperation"，https://www.nato.int/cps/en/natolive/news_190906.htm，访问时间：2023年3月11日。

2　详情请见"俄乌冲突中的网络博弈引发国际关注"章节第207页。

3　"Statement by NATO Heads of State and Government"，https://www.nato.int/cps/en/natohq/official_texts_193719.htm，访问时间：2023年3月12日。

4　乌克兰于2023年5月正式加入北约合作网络防御卓越中心。

5　"Ukraine to be accepted as a Contributing Participant to NATO CCDCOE"，https://ccdcoe.org/news/2022/ukraine-to-be-accepted-as-a-contributing-participant-to-nato-ccdcoe/，访问时间：2023年7月27日。

6　详情请见"俄乌冲突中的网络博弈引发国际关注"章节第208页。

7　"NATO 2022 Strategic Concept"，https://www.nato.int/nato_static_fl2014/assets/pdf/2022/6/pdf/290622-strategic-concept.pdf，访问时间：2023年3月2日。

得军事方面的尖端技术解决方案等。北约成员国领导人还批准了北约首份《数字化转型愿景》。[1]

北约设立防务创新基金。6月30日，北约30个成员国中的22个国家在北约马德里峰会期间，签署了一份10亿欧元防务创新基金框架内的承诺文件。[2] 此前在2021年北约已通过对成立该基金的提议，目标是支持创新和加强技术优势。北约秘书长斯托尔滕贝格表示，各成员国将在该基金框架内投资10亿欧元，用于支持开发人工智能等军民两用新技术的初创企业和项目。北约创新基金（NATO Innovation Fund）将和"北大西洋防务创新加速器"共同发挥作用，利用新技术确保跨大西洋安全。

北约举行首届年度数据和人工智能领导人会议。11月8日，北约在比利时布鲁塞尔举行首届年度数据和人工智能领导人会议。北约副秘书长、盟军最高司令以及来自加拿大、法国、德国、英国和美国的数据和人工智能高级官员发表主旨演讲，来自成员国和有关行业的高级代表参加会议。北约副秘书长米尔恰·杰瓦纳（Mircea Geoana）在讲话中指出，新技术正在改变发动和赢得战争的方式，北约需要在更加危险和竞争激烈的世界中确保安全。[3]

北约举行网络防御承诺会议。11月9至10日，北约2022年网络防御承诺会议在意大利罗马举行。[4] 本次会议由意大利和美国共同主办。会议包括两个部分：一是常驻代表级别的成员国讨论北约应对网络威胁的关键支柱，包括加强威胁分析、提升韧性和响应能力；二是国家网络事务负责人和专家召集小组讨论，重点保护能源部门免受网络威胁，并确保北约网络防御承诺与不断变化的网络威胁形势保持同步。

北约开展网络军事演习。11月28日至12月2日，北约举行年度旗舰集体网

---

1 "FACT SHEET: The 2022 NATO Summit in Madrid"，https://www.whitehouse.gov/briefing-room/statements-releases/2022/06/29/fact-sheet-the-2022-nato-summit-in-madrid/，访问时间：2023年2月22日。

2 "NATO launches Innovation Fund"，https://www.nato.int/cps/en/natohq/news_197494.htm?selectedLocale=en，访问时间：2023年2月8日。

3 "Speech by NATO Deputy Secretary General Mircea Geoană at NATO's first annual Data and AI Leaders' Conference"，https://www.nato.int/cps/en/natohq/opinions_208823.htm?selectedLocale=en，访问时间：2023年2月18日。

4 "NATO's 2022 Cyber Defense Pledge Conference"，https://www.state.gov/natos-2022-cyber-defense-pledge-conference/，访问时间：2023年3月8日。

络防御演习"网络联盟22"（Cyber Coalition 22），旨在增强北约成员国和合作伙伴在网络防御和网络空间共同行动的能力。[1] 来自32个国家的约1000名网络防御人员以及业界和学术界人员参加了此次演习，包括26个成员国和6个伙伴国（芬兰、格鲁吉亚、爱尔兰、日本、瑞典和瑞士）。韩国作为受邀观察员国也参加了此次演习。参演人员接受了应对现实网络挑战的培训，例如应对电网、程序和北约成员国资产遭遇网络攻击，演习提供了互相协作、分享经验和最佳实践以及开展实验的平台。12月5日，北约合作网络防御卓越中心举行第11届"十字剑"（Crossed Swords）红队技术网络演习，试验在现代战场上整合进攻性的网络空间作战能力。[2] 此次年度演习在爱沙尼亚演习和训练中心CR14举行，由北约合作网络防御卓越中心与法国网络司令部、爱沙尼亚国防军、CR14以及相关私营公司联合组织，汇集了来自24个北约和非北约国家约120名参演人员。演习使用了现实技术和攻击方法，并在虚构场景下进行演练。演习场景基于威胁国家安全的现实事件，侧重在不断升级的冲突环境中加强合作，为进一步整合作战要素做准备。

（二）在七国集团框架下的数字对话合作

七国集团是美国与欧洲主要大国开展数字对话和沟通协调的重要平台，美欧通过七国集团机制加快抢占数字领域规则制定权。

加强数据治理合作。5月10至11日，七国集团数字部长会议举行并发布宣言[3]，承诺在数字化、数据、数字市场竞争和电子安全等多个主题上实现共同的政策目标。在数据政策方面，宣言称七国集团已通过了《七国集团促进基于信

---

1 "NATO's flagship cyber defence exercise kicks off in Estonia"，https://www.act.nato.int/articles/natos-flagship-cyber-defence-exercise-kicks-estonia#:~:text=NATO%E2%80%99s%20flagship%20cyber%20defence%20exercise%20kicks%20off%20in,defend%20their%20networks%20and%20operate%20together%20in%20cyberspace，访问时间：2023年3月9日。

2 "Exercise Crossed Swords 2022 Kicks Off!"，https://ccdcoe.org/news/2022/exercise-crossed-swords-2022-kicks-off/，访问时间：2023年3月9日。

3 "Ministerial Declaration: G7 Digital Ministers' Meeting"，http://www.g7.utoronto.ca/ict/2022-declaration.html#:~:text=We%2C%20the%20Digital%20Ministers%20of%20the%20G7%2C%20met,and%20related%20frameworks%2C%20aiming%20to%20be%20%27Stronger%20Together%27，访问时间：2023年3月5日。

任的数据自由流动的行动计划》。[1]9月19日，七国集团成员国数据保护机构就数据转让、隐私技术等领域合作达成协议，强调各成员国将持续加强个人信息保护和数据跨境流动合作。未来，成员国将加强国际数据传输工具和隐私增强技术研究合作，在增强个人数据隐私保护基础上推动去识别化技术的应用，在商业活动中遵循"最小数据"（data minimisation）原则，在人工智能治理中落实伦理原则。[2]

加大数字基础设施建设的战略争夺。6月26日，美国总统拜登和七国集团其他成员国领导人正式宣布启动"全球基础设施和投资伙伴关系"（Partnership for Global Infrastructure and Investment，PGII）倡议[3]，提出将在未来五年内筹集6000亿美元的私人和公共资金，为发展中国家所需的基础设施建设提供资金。其中，美国计划在未来五年内动员2000亿美元的联邦资金和私人投资用于支持中低收入国家基建项目；欧盟计划动员3000亿欧元投资，建立可持续发展方案。11月15日，在二十国集团领导人第十七次峰会期间，美国、欧盟与二十国集团轮值主席国印度尼西亚共同发布"全球基础设施伙伴关系"的联合声明，将美国"全球基础设施和投资伙伴关系"倡议合作扩大至G20平台，参与国包括阿根廷、加拿大、法国、德国、印度、日本、韩国、塞内加尔和英国，宣布将在数字互联互通等关键领域加大投资合作。[4]"全球基础设施和投资伙伴关系"倡议实际上是2021年七国集团峰会上提出的"重建更美好世界"（B3W）倡议的再包装。就资金规模而言，新版的"全球基础设施和投资伙伴关系"倡议较"重建更美好世界"计划大幅缩水。美欧试图通过所谓"高标准""价值观驱动"的数字基础设施投资，加大对发展中国家的影响力。

加强网络防御协调。11月，七国集团发布"内政与安全部长联合声明"指

1　详情请见"数据治理全面展开"章节第114页。

2　"G7 Data Protection Authorities: Promoting Privacy Internationally"，https://www.cnil.fr/en/g7-data-protection-authorities-promoting-privacy-internationally，访问时间：2023年3月2日。

3　"G7 Leaders' Communiqué"，https://www.consilium.europa.eu/media/57555/2022-06-28-leaders-communique-data.pdf，访问时间：2023年3月5日。

4　"United States-Indonesia-EU Joint Statement on Partnership for Global Infrastructure and Investment"，https://www.whitehouse.gov/briefing-room/statements-releases/2022/11/15/united-states-indonesia-eu-joint-statement-on-partnership-for-global-infrastructure-and-investment/，访问时间：2023年3月2日。

出，成员国将加强在基础设施网络安全方面的配合与防御，共同打击混合威胁、外国信息操纵和干扰，阻止外国的恶意投资和收购等。[1] 12月8日，七国集团网络专家组（G7 Cyber Expect Group）发布关于勒索软件和第三方风险的两份报告[2]，美国财政部网络安全和关键基础设施办公室（OCCIP）联合英格兰银行共同主持本次发布活动。两份报告旨在加强行业指导，协助金融部门更好地了解"多边共识商定"（agreed upon by a multilateral consensus）的网络安全相关主体，帮助公共和私人金融机构加强内部勒索软件风险防范。报告是七国集团网络专家组制定的一系列政策文件的一部分，概述了七国集团当前的政策方法、行业指南和最佳实践，但并不具有约束力。

（三）组建封闭排他的网络同盟"小圈子"

近年来，美国采取多种手段维护网络空间霸权。特朗普政府泛化"国家安全"，鼓吹"清洁网络计划"，破坏全球产业链和供应链，加速全球互联网碎片化。拜登政府则基于地缘政治考量，积极拉拢欧洲构筑网络同盟，在互联网领域以意识形态划线，拉拢欧洲盟友伙伴等组建封闭排他的网络同盟"小圈子"，维护美国在网络空间的绝对优势。

组建"互联网未来联盟"。美国原计划于2021年12月在所谓的"领导人民主峰会"期间宣布建立"互联网未来联盟"，但因多方反对而搁浅。2022年4月28日，美国再次拉拢法、德、英、日等全球60个合作伙伴签署《互联网未来宣言》（Declaration for the Future of the Internet）。该宣言声称将为对抗所谓的"威权主义"在网络空间中扩散，提出构建一个"开放、自由、全球性、可互操作、可信赖及安全的互联网"。[3] 宣言声称致力于全球性、可互操作的互联网，但美国却弃联合国等多边平台不用，试图以意识形态划线，建立以美国标

1　"G7 Interior and Security Ministers' Statement"，https://www.dhs.gov/news/2022/11/19/g7-interior-and-security-ministers-statement，访问时间：2023年3月2日。

2　"G7 Cyber Expert Group Releases New Reports on Ransomware and Third-Party Risk"，https://home.treasury.gov/news/press-releases/jy1153，访问时间：2023年3月2日。

3　"FACT SHEET: United States and 60 Global Partners Launch Declaration for the Future of the Internet"，https://www.whitehouse.gov/briefing-room/statements-releases/2022/04/28/fact-sheet-united-states-and-60-global-partners-launch-declaration-for-the-future-of-the-internet/，访问时间：2023年2月10日。

准主导的网络空间国际规则秩序。

强化美英澳联盟网络空间军事合作。2021年9月15日，美英澳宣布建立三边安全伙伴关系（AUKUS），基本目标之一是从网络能力、人工智能（特别是应用型人工智能）、量子技术和海底能力这四大新兴科技领域入手，深化三国军事技术合作。[1] 2022年4月5日，美英澳联盟发表联合声明，三国承诺将开始在高超音速和反高超音速技术、电子战能力等领域开启新的三边合作，并扩大信息共享和加强国防创新，深化三国在网络能力、人工智能、量子技术等方面合作。[2] 9月23日，美英澳联盟发表成立一周年的联合声明[3]，指出联盟一年来合作取得一定进展；未来，三国将继续促进信息和技术共享，加强工业基础和供应链整合，加速国防企业创新等，并与其他盟友和伙伴国加强合作。12月7日，美英澳联盟国防部部长发布联合声明[4]，表示将加强（提供满足三方军队要求的）技术能力和互操作性，增强海上和海底情报收集、监视和侦察能力。声明还提出，美英澳联盟将从2023年开始加强与国防工业界、学术界的接触，深化政府、学术界和国防工业基础在先进系统上的合作，继续加强信息和技术共享。

美国加大同"五眼联盟"的网络安全合作。9月13日，美国同澳大利亚、加拿大、新西兰和英国召开"五眼联盟"部长级会议，这是2019年以来的首次线下会议。会议讨论了五国目前面临的一些最重要的安全挑战，以及如何通过加强密切合作应对这些挑战。会后发布声明强调"五眼联盟"国家将共同应对网络安全威胁，保护五国公民免受恶意网络活动的影响，并确保新兴技术，尤其是影响关键基础设施技术的安全与韧性。[5]

---

[1] "Joint Leaders Statement on AUKUS"，https://www.whitehouse.gov/briefing-room/statements-releases/2021/09/15/joint-leaders-statement-on-aukus/，访问时间：2023年3月2日。

[2] "AUKUS Leaders' Level Statement"，https://www.whitehouse.gov/briefing-room/statements-releases/2022/04/05/aukus-leaders-level-statement/，访问时间：2023年2月10日。

[3] "Joint Leaders Statement to Mark One Year of AUKUS"，https://www.whitehouse.gov/briefing-room/statemets-releases/2022/09/23/joint-leaders-statement-to-mark-one-year-of-aukus/，访问时间：2023年3月2日。

[4] "AUKUS Defense Ministerial Joint Statement"，https://www.defense.gov/News/Releases/Release/Article/3239061/aukus-defense-ministerial-joint-statement/，访问时间：2023年3月2日。

[5] "Five Country Ministerial Communique"，https://www.dhs.gov/sites/default/files/2022-09/22_0913_FCM_communique.pdf，访问时间：2023年3月3日。

延伸阅读

美国网络司令部举行网络演习

10月17至28日，美国网络司令部在弗吉尼亚州萨福克举行了"网络旗帜23-1"（CYBER FLAG 23-1）多国战术演习。[1] 该演习是美国网络司令部一年一度的防御性网络演习，在虚拟培训环境中向参演人员提供针对恶意网络行为者活动的培训，旨在加强防御性网络行动协作，提高战备能力。本次演习主要培训来自八个国家的250多名网络专业人员，包括来自澳大利亚、法国、日本、新西兰、韩国、新加坡、英国和美国的团队。在美国方面，美国网络司令部、美国陆军网络司令部（Army Cyber Command，ARCYBER）、美国海军舰队网络司令部和美国海军陆战队网络司令部人员参加演习，"联合部队总部—国防部信息网络"（JFHQ-DODIN）提供有关支持。除网络演习活动外，美网络司令部还与其他30多个机构和国际合作伙伴举办了为期两天的研讨会和圆桌演练，重点关注亚太地区网络空间挑战，以及"五眼联盟"伙伴合作等事宜等。

---

1 "CYBERCOM concludes CYBER FLAG 23 exercise"，https://www.cybercom.mil/Media/News/Article/3209896/cybercom-concludes-cyber-flag-23-exercise/，访问时间：2023年3月1日。

第八章　俄乌冲突中的网络博弈引发国际关注

2022年爆发的俄乌冲突将国家间热战风险重新拉回国际社会视野。在俄乌冲突中，以美国为首的西方国家为乌克兰提供人力与物力支持，与俄罗斯之间展开经济实力与技术能力的综合博弈。

俄乌双方除军事行动外，在网络空间也展开了大规模、高强度的对抗，网络空间与海陆空天交织混合，形成"看不见硝烟的战场"。俄乌双方武装冲突表现为混合战争的形式，大量新兴网络工具与信息技术手段在战争中得到应用，综合电子战、信息战和舆论战等形式，在物理层面和虚拟层面展开多重对决。截至2022年年底，双方网络空间对抗仍在继续。俄乌冲突对网络空间全球治理与安全秩序等提出新的挑战，引发世界主要国家对信息时代战争形态与规则的思考。

延伸阅读

克里米亚领土争端与俄乌冲突

克里米亚地处黑海和亚速海北岸，历史悠久，是欧亚大陆的战略要地。1921年，克里米亚苏维埃社会主义自治共和国成立，成为俄罗斯苏维埃联邦社会主义共和国的一部分。1954年，根据苏联最高苏维埃主席团决议，将克里米亚从俄罗斯苏维埃社会主义共和国移交给乌克兰苏维埃社会主义共和国。1991年，苏联解体后，克里米亚成为乌克兰的自治共和国。2014年，乌克兰政局动荡，原乌克兰总统亚努科维奇下台，克里米亚通过全民公投脱离乌克兰并加入俄罗斯联邦。2014至2022年，乌克兰政府军与顿巴斯地区民兵之间的武装冲突持续，局势胶着。由德、法、俄、乌四方在2015年签订的《明斯克协议》是调停俄乌冲突最重要的文件，但文件规定的停火、乌克兰宪法改革、赋予乌东部自治地位、有条件地将乌东部的部分领土纳入乌克兰政府管辖等目标均未达成；2019年"诺曼底模式"巴黎峰会关于交换战俘、停战等措施也并未完全执行。由此，美欧与俄罗斯之间长期实施相互制裁，美俄、欧俄矛盾持续扩大。此外，乌克兰多年来一直寻求加入北约，这也是俄乌冲突爆发的重要原因之一。2022年2月24日，俄罗斯对乌克兰发起特别军事行动。

一、俄罗斯遭遇停服断供

（一）乌克兰提出停止对俄罗斯互联网关键资源授权

2月28日，乌克兰数字化转型部数字基础设施发展司副司长（乌克兰政府在GAC中的代表）通过电子邮件，向互联网名称与数字地址分配机构（Internet Corporation for Assigned Names and Numbers，ICANN）总裁兼首席执行官马跃然（Göran Marby）和政府咨询委员会（GAC）全体成员（近180个国家和地区政府）转发了乌克兰副总理兼数字化转型部部长米哈伊洛·费多罗夫（Mykhailo Fedorov）签署的信件。[1]

信中强烈谴责俄罗斯对乌克兰实施军事行动、打击其信息基础设施和控制网络言论等行为，并敦促ICANN尽快采取封禁俄互联网访问相关制裁措施以"应对和阻止俄联邦进一步侵略行为"。信中所提的制裁措施主要包括：一是关闭位于俄境内的四个域名系统根（镜像）服务器节点，包括位于莫斯科的三个节点（IPv4 199.7.83.42）和位于圣彼得堡的一个节点（IPv4 199.7.83.42）[2]；二是永久或临时撤销".RU"（俄罗斯）、".РФ"（俄罗斯）和".SU（苏联）"顶级域，"还可能包括在俄罗斯联邦推出的其他（顶级）域"；三是协助撤销上述（顶级）域下所运营网站的SSL安全证书。乌克兰政府也单独致信欧洲网络协调

1　信件原文参见：https://www.icann.org/en/system/files/correspondence/fedorov-to-marby-28feb22-en.pdf。

2　全球共有13个根服务器（以A-M标记），分属12家运营机构（A和J属于同一运营机构），其中F、I、J、K、L根服务器均在俄罗斯境内设置镜像。199.7.83.42为L根服务器的IPv4地址。

中心（RIPE NCC）[1]，要求其撤销该机构下所有俄会员使用IP地址的权利，并阻断相应根服务器节点的运行（内容与乌克兰政府发给ICANN的信件一致）。

作为乌克兰政府对俄制裁诉求涉及的两大互联网基础资源国际治理组织，ICANN和RIPE NCC均明确表态持中立立场，拒绝对俄实施阻断域名和IP地址服务的制裁措施。ICANN总裁兼首席执行官马跃然于当地时间3月2日向乌克兰副总理公开回信称[2]，ICANN及其全球社群都对乌克兰在此冲突中遭受的损失表示关切，但是，ICANN不控制互联网访问或内容，也没有制裁权力；作为互联网唯一标识符系统的技术协调者，ICANN的建立是为确保互联网正常运行，而不是阻止其运行。马跃然表示，ICANN遵循全球多利益相关方社群通过共识合作机制所制定的互联网唯一标识符分配政策，这种广泛而包容的决策方式促进互联网蓬勃发展和全球公共利益，并使互联网能够抵御单边决策，确保其运作不被政治化。马跃然也指出，只有通过广泛和畅通无阻的互联网访问，公民才能获得可靠的信息和多样化的观点；ICANN对此保持中立，并随时准备继续为乌克兰和全球互联网的安全、稳定和韧性提供支持。ICANN还宣布为保持乌克兰的互联网基础设施运行提供100万美元紧急援助。[3]

RIPE NCC执行理事会主席克里斯蒂安·考夫曼（Christian Kaufmann）于3月1日公布了执行理事会决议声明[4]，声明表示RIPE NCC致力于采取一切合法措施，为其服务区域内的所有会员和全球互联网社群提供不间断的服务，确保注册管理机构不受法律、监管或政治发展的负面影响。考夫曼同时表示，RIPE NCC保持中立，不对国内政治争端、国际冲突或战争采取立场，这保证了对所有互联网服务提供者的平等对待，也意味着其所提供的信息和数据权威可信

1　全球五个区域性IP地址分配管理机构（RIR）之一，负责欧洲、中东及中亚等区域的IP地址分配。俄罗斯的IP地址主要来自欧洲网络协调中心的分配。

2　"ICANN's reply to Mykhailo Fedorov"，https://www.icann.org/en/system/files/correspondence/marby-to-fedorov-02mar22-en.pdf，访问时间：2023年6月19日。

3　"ICANN Allocates Emergency Financial Support for Continued Access to the Internet"，https://www.icann.org/en/announcements/details/icann-allocates-emergency-financial-support-for-continued-access-to-the-internet-06-03-2022-en，访问时间：2023年6月19日。

4　"RIPE NCC Executive Board Resolution on Provision of Critical Services"，https://www.ripe.net/publications/news/announcements/ripe-ncc-executive-board-resolution-on-provision-of-critical-services，访问时间：2023年6月19日。

且不受偏见或政治因素影响。

不过，俄罗斯采取的军事行动还是在部分网络组织引起反弹。例如，欧洲国家顶级域注册管理机构委员会（Council of European National Top-Level Domain Registries，CENTR）发表声明[1]声援乌克兰，表示暂停俄罗斯在该组织的会员资格。在国际电信联盟全权代表大会的选举中，俄罗斯提名的秘书长候选人仅获得24票而落败，美国提名的候选人多琳·伯格丹-马丁则以139票当选，来自反俄立场坚决的立陶宛的候选人则成功当选副秘书长；俄罗斯还失去了理事国席位[2]，并在无线电规则委员会的选举中败选。国际电信联盟还发布题为"帮助和支持乌克兰重建其电信行业"的第1048号决议，谴责俄罗斯对乌克兰电信部门的破坏，并责成秘书长与标准化（ITU-T）、无线电（ITU-R）、发展（ITU-D）三部门负责人研究援乌事宜，8月26日，国际电信联盟秘书长向全球代表大会报告了有关情况。

（二）部分美欧互联网服务机构对俄停止服务

国际骨干网供应商方面，美国Cogent公司宣布于3月4日终止对俄罗斯客户的所有服务并回收相应端口和IP地址[3]，Lumen Technologies于3月8日发表声明中止在俄业务"以应对俄境内日益增长的安全风险"[4]。俄罗斯电信巨头Rostelecom、俄罗斯搜索引擎Yandex，以及俄罗斯最大的两家移动运营商MegaFon和VEON都是Cogent公司的客户，此举会导致俄罗斯网络连接速度变慢，但不会完全断开俄罗斯与全球互联网的连接。LINX等互联网交换点（IXP）服务商也断开了与俄罗斯的网络连接。其他美欧网络运行机构纷纷争论是否应跟随采取类似的制裁措施，包括是否应继续接受来自俄自治系统（AS）的路由通告。

1　"The CENTR Board suspends Coordination Center for TLD RU/РФ's membership"，https://www.centr.org/news/news/suspension-ru.html，访问时间：2023年4月13日。

2　ITU本届会议选出48个理事国。

3　"Internet backbone Cogent cuts Russia connectivity"，https://www.theregister.com/2022/03/04/cogent_cuts_off_russia/，访问时间：2023年6月19日。

4　"Internet backbone provider Lumen quits Russia"，https://www.theregister.com/2022/03/09/lumen_quits_russia/，访问时间：2023年6月19日。

域名服务机构方面，拥有乌克兰背景的Namecheap公司率先停止对俄客户提供服务，要求他们于3月6日前将域名转移至其他域名注册服务机构，记者、医护人员和援助组织相关人员除外；同时Namecheap对持不同政见者和反战网站提供免费服务。全球大型域名注册服务机构GoDaddy发表声明宣布停止提供".RU"和".ru.com"域名新注册及".RU"域名转移交易服务，关闭GoDaddy俄文网站页面并停止接收卢布；同时承诺提供50万美元人道主义救济资金，以及60天内为乌克兰客户免费更新到期产品和服务等。德国域名注册服务机构IONOS宣布支持对俄罗斯进行全球制裁、终止与所有俄罗斯客户和合作方的关系，同一集团下的域名交易服务机构Sedo也宣布暂停俄罗斯".RU"和白俄罗斯".BY"域名交易等。英国国家顶级域名".UK"域名注册管理机构Nominet宣布，俄罗斯域名注册服务机构将不能再出售".UK"域名，"极少数"现有俄罗斯地址的域名"将继续正常运行"。

安全套接层（SSL）证书认证机构方面，美国证书颁发机构Sectigo已停止接受俄".RU"和".РФ"域名网站的SSL证书新申请，并且撤回俄中央银行等受制裁机构的现有SSL证书。俄罗斯政府则宣布组建国家认证中心免费发放SSL证书。

（三）美国及盟友对俄实施金融和技术制裁

1. 打击俄罗斯支付系统

针对俄罗斯特别军事行动，美西方国家对俄罗斯发起互联网金融制裁。2月26日，美国与欧盟、德国、法国、英国、意大利、加拿大发表共同声明，宣布将部分俄罗斯银行排除在SWIFT支付系统之外，并对俄罗斯央行实施限制措施。万事达卡（MasterCard）、维萨（Visa）信用卡等支付服务均无限期暂停在俄业务。3月2日，SWIFT宣布与七家俄罗斯银行及其子公司以及三家白俄罗斯银行及其子公司断开联系。6月，俄罗斯最大商业银行——俄罗斯联邦储蓄银行也被排斥出SWIFT。此外，俄罗斯外贸银行、俄罗斯外经银行、俄罗斯农业银行、莫斯科信贷银行、开放银行、索夫科姆银行、俄罗斯银行、工业通讯银行和诺维科姆银行，以及这些银行的多个下属子公司及高管也均被列入制裁范围，其子公司业务范围包括数字金融信息服务、信息技术咨询、数据处理、软件开发等领域。此外，主流的苹果支付（Apple Pay）、谷歌支付（Google Pay）以及PayPal等在线支付服务均无限期暂停在俄业务。

美西方国家还针对加密货币对俄实施制裁。为了全面隔绝俄罗斯与全球金融交易数字系统之间的联系，3月11日，美国财政部发布指导意见，要求美国的加密货币交易所、加密钱包、外国交易所嵌套服务供应商和其他服务商禁止参与涉及俄罗斯联邦中央银行、俄罗斯联邦国家财富基金或俄罗斯联邦财政部的加密货币交易。此外，美国的金融机构也被禁止处理涉及相关俄罗斯金融机构的交易，包括加密货币交易。[1] 4月21日，俄罗斯央行表示，计划在2023年实现数字卢布交易，并用于部分国际结算。数字卢布的推广使用将解决俄罗斯银行被排斥出SWIFT支付系统所产生的问题。与此同时，俄罗斯央行加快与12家银行进行数字卢布试点部署工作。[2]

4月5日，美国财政部和司法部、联邦调查局（Federal Bureau of Investigation，FBI）、缉毒局、国税局和国土安全调查局联合对俄罗斯暗网市场Hydra实施制裁，美国还与德国合作关闭Hydra在德服务器。美国财政部部长耶伦在声明中表示，财政部已确定100余个与Hydra运营相关的虚拟货币地址被用于进行非法交易。[3] 此外，违规的虚拟货币交易所经营者也会受到严格调查并被追究责任。[4] 非同质化通证交易平台DMarket等也冻结俄罗斯用户虚拟资产。

2. 对俄罗斯实施技术出口管制

在技术领域，美国及其盟友动用力度空前的贸易出口管制政策，将半导体、计算机、通信设备、激光器、传感器等俄罗斯难以自产的数字技术关键产

---

1 "Виртуальные санкции: смогут ли США запретить россиянам биткоин", https://iz.ru/1302865/dmitrii-migunov/virtualnye-sanktcii-smogut-li-ssha-zapretit-rossiianam-bitkoin，访问时间：2023年4月12日。

2 "Цифровой рубль: что это такое", https://journal.tinkoff.ru/guide/digital-currency/，访问时间：2023年4月12日。

3 "Treasury Sanctions Russia-Based Hydra, World's Largest Darknet Market, and Ransomware-Enabling Virtual Currency Exchange Garantex", https://home.treasury.gov/news/press-releases/jy0701，访问时间：2023年7月13日。

4 "США ввели санкции против крупнейшего в мире даркнет-рынка Hydra", https://www.rbc.ru/politics/05/04/2022/624c82259a79477ef6a8dcec，访问时间：2023年4月12日。

品纳入对俄出口管制清单，遏制俄罗斯获取技术及软硬件产品的能力。2月25日，欧盟宣布限制和打击俄罗斯获得重要技术的能力，其中包括微芯片领域。2月末，美国商务部宣布对俄罗斯制裁，禁运包括半导体、计算机、电信、信息安全设备、激光器和传感器等技术及产品，并依据动态修订的《出口管理条例》，不断扩充所谓"违背美国国家安全利益或外交政策"的实体清单，其中包含大量俄罗斯数字技术企业和科研机构。[1] 3月18日，日本也追随美国与欧盟，将57种产品和技术列为禁止出口俄国目录，包括半导体、信号处理设备、通信设备、传感器、雷达与航海设备等31种产品和26种软件及技术。3月31日，美国财政部宣布对俄罗斯科技和网络相关的实体与个人实施制裁，措施包括冻结其在美所有资产。俄罗斯最大芯片制造商米克朗控股公司被列入制裁名单。美国财政部称，此次制裁主要针对三方面，包括俄罗斯科技行业、帮助俄罗斯规避制裁的各国实体以及所谓"恶意网络行为者"。[2]

11月15日，美国财政部海外资产控制办公室（Office of Foreign Assets Control，OFAC）启动对俄罗斯全球电子工业供应链制裁。本次制裁共包括28个实体和14名个人，包括亚美尼亚、瑞士、中国台湾等实体及相关个人，旨在打击俄罗斯全球军事供应链，干扰甚至切断俄罗斯军工技术、微电子工业发展的关键供应链。

（四）国际互联网社群反对"断网"但提出其他制裁方案

3月10日，来自全球互联网治理学术网络（GigaNet）的专家比尔·伍德科克（Bill Woodcock）、尼尔斯·特·奥弗（Niels ten Oever）等牵头30余名专家联名发布《多利益相关方实施互联网制裁》（Multistakeholder Imposition of Internet Sanctions）声明[3]，提出对受制裁国家军事和宣传机构及其信息基础设施，应采

---

1 "США внесли более 90 организаций и лиц в список экспортных ограничений против России", https://iz.ru/1300405/2022-03-04/ssha-vnesli-bolee-90-organizatcii-i-litc-v-spisok-eksportnykh-ogranichenii-protiv-rossii，访问时间：2023年6月19日。

2 "Treasury Targets Sanctions Evasion Networks and Russian Technology Companies Enabling Putin's War", https://home.treasury.gov/news/press-releases/jy0692，访问时间：2023年6月19日。

3 "Ukraine invasion: We should consider internet sanctions, says ICANN ex-CEO", https://www.theregister.com/2022/03/10/internet_russia_sanctions/，访问时间：2023年4月10日。

取适当、有效、有针对性的制裁措施，并由多利益相关方社群通过协商一致方式审议确定的基本原则。同时，基于对互联网基础资源和设施各层面制裁效果、成本和风险的技术分析，声明反对停止域名服务以及普遍性地停止IP地址，并提出了对俄罗斯互联网制裁的"最佳方案"，即编制俄罗斯军事和宣传机构及其信息基础设施相关IP地址、自治系统号和域名的屏蔽列表（即黑名单），供网络运行机构、域名解析服务机构等主体自愿采用和执行。这一声明在GigaNet社群中引发巨大争议，ICANN第73次会议通用名称支持组织（Generic Names Supporting Organization，GNSO）理事会总结会以及国际互联网工程任务组（Internet Engineering Task Force，IETF）社群中也对此进行了讨论。持支持态度的成员认为制裁是一种必要的抵制或自卫措施，互联网多利益相关方社群有责任为平民做出人道主义决定，完善制裁措施并对后续影响进行评估，以尽量减少意外后果或附带伤害；持反对立场的成员则认为应在互联网技术（Information Technology，IT）运行方面保持中立，维护DNS安全性和稳定性，避免政治因素造成互联网分裂。

包括国际互联网协会、万维网联盟（W3C）基金会、电子前沿基金会（EFF）等在内的40家非政府组织于3月10日联名致信美国政府[1]，认可美国政府及其他国家和地区针对俄罗斯军事行动采取的措施，但同时呼吁维持俄罗斯个人通信并保护信息自由流动。信件指出，在美欧等政府制裁压力下，已有部分美国互联网骨干网服务提供商、主要的软件和互联网平台服务商等停止对俄罗斯提供产品和服务，可能也有政府正在考虑以新的制裁措施限制俄罗斯互联网接入。但此前已有类似先例证明，确保数字平台和现代通信技术不受制裁影响符合公众利益，过度制裁措施将阻碍俄罗斯民主和反战人士发声，甚至无意中加速俄罗斯政府对境内信息空间的控制。基于此，上述非政府组织敦促所有考虑采取措施限制俄互联网接入的主体仔细考虑此类措施的全面影响及可能造成的意外后果，并以符合国际人权原则的、有针对性的、开放和战略性的方式采取具有合法性、正当性、必要性和相称性的行动；同时呼吁美国财政部海外资产控制

1　信件原文参见：https://www.accessnow.org/wp-content/uploads/2022/03/Civil-society-letter-to-Biden-Admin-re-Russia-sanctions-and-internet-access_10-March-2022-1.pdf。

办公室立即向俄罗斯授权提供互联网个人通信所需服务及软硬件，以保护俄罗斯信息自由流动。信件还列出对俄罗斯制裁行动应采取的步骤，包括：立即对俄罗斯授权提供个人通信所需软硬件和服务；充分咨询社会团体参与者和科技公司以了解潜在制裁的后果；确保制裁措施遵循国际人权原则并提供明确指导；确保制裁理由与影响的透明性；与社会团体密切协商，定期审查并在必要时修改制裁措施以符合制裁目的；明确可能取消或修改制裁措施的因素和操作方法；对白俄罗斯的潜在制裁采取相似做法。美国政府对此做出回应，表示电信及互联网服务可以获得"豁免"，不被列入制裁范围。[1]

（五）俄罗斯采取措施应对"断网"等制裁

针对本国网络面临的被停止服务等风险，3月1日俄罗斯政府宣布，已做好启用RuNet的准备。该网络此前已经过相关部门多次测试，可在俄罗斯互联网基础设施遭受外部攻击时作为应急措施保障境内互联网运行。随后，俄罗斯副总理德米特里·切尔尼申科（Dmitry Chernyshenko）于3月6日指示数字发展、通信与大众媒体部优先制定保护国家信息基础设施的措施。白俄罗斯媒体援引社交平台发布的俄罗斯政府内部文件称，俄所有国有网站、服务和域名等公共资源于3月11日前被移至俄本土DNS服务器和".RU"顶级域。

针对多家西方媒体机构关于"俄罗斯计划于3月11日正式断开与国际互联网的连接，切断与独立信息世界的关联"的言论，俄罗斯3月8日回应称，俄罗斯政府近日出台指导建议旨在保护国家信息基础设施，确保俄罗斯网络资源面对境外网络攻击时可以得到访问，但并不希望与全球互联网断开连接。ICANN第73次会议GAC开幕全会上，俄罗斯政府代表也明确表示，正在竭尽全力维护全球互联网的完整和不可分割性。[2]

---

1 "US says internet services are exempt from Russian sanctions"，https://www.theverge.com/2022/4/11/23020221/us-russian-sanctions-treasury-department-exemption-internet-services；"Fact Sheet: Preserving Agricultural Trade, Access to Communication, and Other Support to Those Impacted by Russia's War Against Ukraine"，https://ofac.treasury.gov/media/922206/download?inline，访问时间：2023年7月1日。

2 "MINUTES OF MEETING ICANN73 Virtual Community Forum"，https://gac.icann.org/contentMigrated/icann73-gac-minutes，访问时间：2023年7月1日。

事实上，2022年，俄罗斯和乌克兰均通过多种方式保持与全球互联网的连接。乌克兰还获得了"星链"（Starlink）系统提供的网络连接支持。欧洲网络协调中心研究人员对俄罗斯网络互联情况开展测试研究指出，俄罗斯互联网具有很强的互联性和韧性，相关企业制裁措施并未在全局层面对其境内外网络连接造成较大影响，但依赖俄罗斯网络进行路由的其他国家或地区的可用带宽受到一定影响。俄罗斯《消息报》6月27日报道，俄罗斯总统数字和技术发展领域特别代表德米特里·佩斯科夫表示，将俄罗斯断开与互联网的连接对其他国家来说是无益的，不可能把俄罗斯与全球互联网的连接切断。

面对美西方国家的技术制裁，俄罗斯加强国内自主可控技术的发展和应用。根据俄政府3月颁布的《关于确保俄罗斯关键信息基础设施技术独立性和安全性的措施》的政府法令，自3月31日起，未经监管机构许可，禁止在关键基础设施和其他设施中购买和使用外国软件。到2025年，俄罗斯将完成所有自主本土替代。6月3日，俄罗斯举办第七届俄罗斯数字工业大会，总理米哈伊尔·米舒斯京参会并在演讲中强调，在面临外国制裁的背景下，现代化工业体系将是国家未来重点发展领域，数字化成熟度和工业自动化程度是其未来构建现代化工业体系重要评价标准。他认为俄罗斯必须减少对进口的依赖，并启动自主工业数字化创新项目，这些项目的产品将在全生命周期中融合机器人技术、人工智能、大数据、无线通信和物联网技术。[1]

半导体方面，4月15日，俄罗斯宣布新的半导体计划，该计划作为俄全新微电子开发计划的初步版本，预计到2030年投资3.19万亿卢布。资金将用于开发俄本土半导体生产技术、国内芯片开发、数据中心基础设施、本土人才培养及自制芯片和解决方案的市场推广。短期目标是在2022年年底前使用90纳米制造工艺提高本地芯片产量，长期目标是到2030年实现28纳米芯片工艺制造。基础设施方面，计划投资4600亿卢布，到2030年全国数据中心预计由目前的70个增加到300个。9月7日，俄罗斯政府宣布，将斥资70亿卢布，支持俄最大半导体公司也是目前俄唯一一家具备0.18微米到90纳米制程技术的半导体供应商米

1　"Всероссийская конференция по цифровой индустрии началась в Нижнем Новгороде", https://ria.ru/20220601/konferentsiya-1792381611.html，访问时间：2023年7月11日。

克朗，提升其芯片产能。此外，针对美西方国家对俄罗斯的半导体制裁，6月6日，俄罗斯工业和贸易部宣布，在2022年年底前对制造半导体必需的氖气等惰性气体进行出口限制，主要针对"不友好国家和地区"。

开源方面，10月12日，俄罗斯数字发展部（Ministry of Digital Development, Communication and Mass Media of the Russia Federation）出台法令，提出创建开源代码资源库的工作[1]，通过开源代码资源库制造可用于其他项目的软件，编写开源代码软件的发布标准。另外，法令还规定开源许可证的形式，将在各个国家机关和企业网站上登载具有开源许可证的软件。此前，自4月13日起，开源社区GitHub开始屏蔽受美制裁公司的俄罗斯开发者账户，其中包括俄罗斯联邦储蓄银行（Sberbank）、俄罗斯最大的私人银行Alfa-Bank和其他公司的账户，以及个人开发商的账户。

人工智能方面，据俄罗斯卫星通讯社9月9日报道，俄罗斯副总理德米特里·切尔尼申科表示，俄罗斯国家人工智能发展中心已在政府的领导下开始运作，将为商业、科学和国家机构选择有效的人工智能解决方案，并监测行业发展关键指标。该中心的主要工作是为推广人工智能提供专家支持、促进落实重要基础设施任务、推动国际合作，以及推进一系列人工智能领域关键项目，致力于落实俄罗斯总统普京批准的国家人工智能发展战略。

二、多方卷入网络攻防对抗

（一）针对关键基础设施的网络攻击规模及数量激增

1月以来，乌克兰多个政府部门、军事设施、金融机构等网站多次遭到大规模网络攻击而被迫临时关闭，部分关键基础设施和重要网络系统瘫痪，部分系统设备和数据被摧毁。冲突爆发当天，美国卫星通信供应商卫讯公司位于乌克兰的KA卫星网络遭遇"酸雨"（AcidRain）恶意擦除软件攻击，这影

1　"В России появится национальный репозиторий открытого кода"，https://digital.gov.ru/ru/events/42098/，访问时间：2023年6月19日。

响了一家德国大型能源公司，导致该公司失去了对5800多台风力涡轮机的远程监控访问权限。尽管此次袭击貌似针对乌克兰军事目标，但乌克兰境内外的平民和民用目标都受到了影响。3月28日，乌克兰一家主要网络提供商遭到袭击后，乌克兰发生了全国范围的网络中断，网络连通性下降至战前水平的13%，在中断发生约15小时后才得以恢复服务。据乌克兰国家特殊通信和信息保护局8月26日公布的统计数据，自冲突爆发以来，乌克兰共遭到1123次网络攻击。乌克兰政府、地方政府是主要被攻击目标，其他受网络攻击影响较大的有金融机构、国防机构、能源企业等关键基础设施。7月，瑞士网络和平研究所指出，以恶意擦除软件为代表的破坏性网络攻击和行动持续不断。自1月以来，已发现六款针对乌克兰实体和组织的重要数据擦除恶意软件，包括WhisperGate/WhisperKill、HermeticWiper、IsaacWiper、AcidRain、CaddyWiper、DoubleZero。其中三款软件在军事行动发生的前一天或当天首次被发现。[1]国际电信联盟发布的报告称，战争的前六个月，乌克兰24个地区中有10个地区的电信基础设施遭到严重破坏。此外，俄罗斯联邦单方面将联合国机构建立的乌克兰电话代码更改为俄语电话代码。报告认为，乌克兰至少需要17.9亿美元来重建其电信基础设施，使其恢复至冲突开始前的水平。[2]

俄罗斯方面，2月26日，俄罗斯主要国家公共服务门户网站Gosuslugi.ru遭受了超过50次网络攻击，导致网站瘫痪、无法访问，其他很多俄罗斯实体与重要基础设施也遭到网络攻击。3月初，俄罗斯文化部与联邦通信、信息技术和大众传媒监督局等政府机构网站遭到网络攻击。[3]俄罗斯联邦安全局4月表示，自2022年年初以来，已记录超过5000起对俄罗斯关键基础设施的网络攻击。5月6日，俄罗斯规模最大的银行——俄罗斯联邦储蓄银行披露击退了有史以来

---

1 "Ukraine: 100 Days of War in CyberSpace", https://cyberpeaceinstitute.org/news/ukraine-100-days-of-war-in-cyberspace/，访问时间：2023年2月11日。

2 "ITU: Interim assessment on damages to telecommunication infrastructure and resilience of the ICT ecosystem in Ukraine", https://www.itu.int/en/ITU-D/Regional-Presence/Europe/Documents/Interim%20assessment%20on%20damages%20to%20telecommunication%20infrastructure%20and%20resilience%20of%20the%20ICT%20ecosystem%20in%20Ukraine%20-2022-12-22_FINAL.pdf，访问时间：2023年7月1日。

3 "Russian government websites face 'unprecedented' wave of hacking attacks, ministry says", https://www.washingtonpost.com/world/2022/03/17/russia-government-hacking-wave-unprecedented/，访问时间：2023年2月11日。

规模最大的DDoS攻击，峰值流量高达450Gb/s，攻击流量来自美国、英国、日本和中国台湾的27000台被感染的设备。8月29日至9月11日的14天时间内，包括俄罗斯联邦储蓄银行、俄罗斯最大的汽车及零配件在线销售平台在内的2400个俄罗斯网站在网络攻击中瘫痪，俄罗斯"米尔"支付系统遭到的网络攻击数量也成倍增长。10月，俄罗斯联邦储蓄银行遭遇至少3万台设备的攻击，持续时间达24小时7分钟，再次刷新纪录。12月6日，俄罗斯第二大银行——俄罗斯外贸银行表示遭受了其历史上最大规模的网络攻击，访问其移动应用程序和网站出现困难。俄罗斯外交部副部长奥列格·瑟罗莫洛托夫（Oleg Syromolotov）在12月28日的总结中表示，俄罗斯2022年遭受的网络攻击数量比前一年增加了80%。[1]

作为俄罗斯盟友，白俄罗斯也遭受了网络攻击。2月27日，一个自称"Cyber-Partisans"的黑客组织在Telegram上表示，已经再次攻击了白俄罗斯的国有铁路系统，以阻止俄罗斯通过铁路系统向白俄罗斯与乌克兰边境运送部队和补给。随后，白俄罗斯铁路公司确认，售票和调度系统无法正常工作，列车只能使用手动模式进行调度，降低了铁路货运系统的运输能力。该组织曾于1月25日对白俄罗斯铁路公司实施网络攻击，利用勒索软件对该公司后台系统的数据库和数据服务进行加密。[2]

（二）黑客组织搅动网络战火

根据推特的网络态势感知分析账号"赛博知道"（Cyberknow）[3]2022年11月的统计，全球有32个民间黑客组织和4个国家黑客组织宣布支持乌克兰，31个民间黑客组织和9个国家黑客组织支持俄罗斯。黑客组织在宣布支持冲突的某一方后，即采取实际行动开展大规模的网络攻击，造成网络瘫痪、数据泄露等后果。

1　"В 2022 году хакеры стали еще опаснее и хитрее. Чем это грозит простым россиянам?"，https://lenta.ru/articles/2022/12/30/cyberwar，访问时间：2023年7月11日。

2　"'Cyberpartisans' hack Belarusian railway to disrupt Russian buildup"，https://www.theguardian.com/world/2022/jan/25/cyberpartisans-hack-belarusian-railway-to-disrupt-russian-buildup，访问时间：2023年7月10日。

3　"Cyberknow"，https://twitter.com/cyberknow20，访问时间：2023年12月27日。

2月25日，美国前国务卿希拉里·克林顿（Hillary Clinton）接受微软全国广播公司（MSNBC）采访时呼吁美国黑客对俄罗斯发动网络攻击。此后，全球最大的黑客组织"匿名者"（Anonymous）宣布对俄罗斯发起"网络战争"，并声称对今日俄罗斯（rt.com）网站遭受的DDoS攻击负责。

2月27日，乌克兰数字转型部部长米哈伊洛·费多罗夫宣布组建由来自全球的网络特工和志愿黑客组成的"IT军队"，创建了专门的Telegram小组，并通过脸书账号和Telegram频道提供了包括俄罗斯银行、商业机构和政府网站在内的打击清单，敦促志愿者使用一切网络工具攻击俄罗斯网站。"IT军队"还与"匿名者"等国际黑客组织共同实施DDoS攻击，对克里姆林宫（kremlin.ru）、联邦政府（government.ru）、国防部（mil.ru）等俄罗斯政府门户及今日俄罗斯电视台等媒体网站运行造成一定影响。俄方表示已对此采取过滤境外网络流量等防御措施，并将做好启用本国互联网系统RuNet的准备。

5月，乌克兰政府宣布，在5月9至15日这一周里，超过240个俄罗斯在线资产遭到"IT军队"的攻击，数据以前所未有的速度被泄露并在线发布，尤其是与俄罗斯私人和公共组织有关的数据。"匿名者"相关团体对俄罗斯公共部门以及金融、能源和旅游管理公司持续发起破坏性袭击导致大量数据泄露。[1]

亲俄的黑客也对乌克兰及其支持国家开展DDoS攻击。4月和5月发生的一系列DDoS袭击事件，影响了诸多支持乌克兰国家的公共管理部门、政府网站和国家铁路供应商。所记录的针对北约成员国和候选成员国的攻击涉及芬兰、捷克、罗马尼亚、爱沙尼亚、德国、加拿大、西班牙、法国和意大利。攻击发生后，黑客组织Killnet公开宣称对这些袭击负责，因为该组织已对"匿名者"公开宣战，这也是数个"匿名者"派系宣布与俄罗斯开展"网络战"的直接后果。许多攻击都发生在与制裁、武器供应和正在进行的北约成员国身份谈判有关的地缘政治和经济背景下。

除了DDoS等低复杂性攻击，俄乌网络冲突中也出现了多起高级可持续威

1　"Ukraine: 100 days of war in cyberspace", https://cyberpeaceinstitute.org/news/ukraine-100-days-of-war-in-cyberspace/，访问时间：2023年7月11日。

胁攻击（APT攻击）事件。相对于普通的黑客攻击工具，APT的针对性、攻击复杂程度更高，往往具有持续性，且隐蔽性更强。例如，APT组织UNC1151发起网络攻击，收集有关乌克兰难民管理的相关情报。3月，乌克兰计算机应急响应小组（CERT-UA）发现了黑客组织Gamaredon发送给拉脱维亚政府机构的钓鱼邮件。黑客组织Turla也被观察到采取了针对波罗的海国防学院等目标的攻击行动。一些攻击者专注于特定类型的攻击，例如Frozenlake/Fancy Bear组织、Frozenvista组织和白俄罗斯攻击者Puschcha（UNC1151）对乌克兰和北约国家进行网络钓鱼活动，Coldriver（Gossamer Bear）组织也曾进行过针对乌克兰和美国的黑客攻击和泄密行动。[1]

此外，很多APT组织利用俄乌冲突这一热点话题作为诱饵实施网络钓鱼攻击。许多钓鱼文档利用恶意宏代码或模板注入获取初始立足点，发起后续的恶意攻击，在拉丁美洲、中东、亚洲等地区均发现相关钓鱼文档。

（三）新型网络作战形式引发关注

基于互联网技术的订单式打击与众包程序在俄乌冲突中的应用，不仅实现网络武器化升级，而且让广大网络用户卷入网络攻防乃至军事行动。这些新兴作战形式对网络战和军事行动的规则提出新挑战。

订单式打击基于互联网技术，借鉴了近年来以手机应用程序为载体的商用互联网订单服务模式，能够在发现敌情目标的同时实施"召唤式"打击、按适配度分配战争任务、提高作战效率、降低作战成本。乌克兰军队在美国与北约的帮助下，借鉴"订单式"与"适配召唤式"服务，建立了类似的"临时杀伤链"和"随机杀伤链"。"临时杀伤链"可以临机进行规划，采取半自动指挥模式，用于打击临机目标。"随机杀伤链"可在线进行规划，采取自动指挥模式，主要用于打击时敏目标，即能够在有限的"攻击窗口"或"交战机会"内迅速发现、定位、识别、瞄准和攻击的目标。乌军主要使用的订单式打击作战

---

1 "Российские хакеры атаковали ядерные лаборатории в США", https://www.moscowtimes.io/2023/01/07/rossiiskie-hakeri-atakovali-yadernie-laboratorii-v-ssha-a30212，访问时间：2023年6月19日。

系统名为"GIS Arta"，被称为"火炮中的优步"。与优步（Uber）的叫车技术类似，该系统可以识别跟踪定位俄军的目标，并迅速选择射程内合适的火炮、迫击炮、导弹或无人机作战力量实施打击。

延伸阅读

乌克兰订单式打击作战系统"GIS Arta"

GIS Arta系统由乌克兰34岁程序员雅罗斯拉夫·舍斯特约克（Yaroslav Sherstyuk）组织研发。克里米亚并入俄罗斯后，该团队于2014年5月研发出被称为"目标分配网络"的早期版本，后续逐步改进形成参战版本，也被称为"火炮作战管理系统"。该系统具有三大优势：一是该系统具备目标情报综合功能，软件包括一个复杂的联络、跟踪和定位系统，可以通过军用通信系统和"星链"等手段连接指挥所和分布部署的作战单元，下达指令、分发参数；可以接收来自无人机、侦察机、智能手机、测距仪、卫片、视频等数据，甚至可整合经过认证的众筹手机的情报，通过智能技术快速处理生成目标的精确坐标；采用类似谷歌地图的方式，还可根据目标的移动不断更新坐标，引导火力打击。二是该系统可智能匹配任务，即根据打击意图，可将任务指派到最适合打击的榴弹炮、迫击炮、无人机、火箭发射器以及乌军特种部队小组。三是该系统能够计算诸元参数，通过计算火力到达目标上空的时间，召唤多个分布部署的不同火力单元对同一目标区从不同方向实施齐落打击，同时能够扰乱敌方雷达的观察能力，从而突破其防御，增大敌军进行报复性打击的难度。由此，系统"识别目标—摧毁目标"流程由原来的20分钟减少至30秒，射击精度为6—25米，甚至优于美军先进野战炮兵战术数据系统（Advanced Field Artillery Tactical Data System，AFATDS）。由此，其作战流程相当高效：当侦察系统在指定区域发现目标后，会将其位置和图像等信息报告给该系统，一旦指挥员决定对该目标实施打击，系统会选择最合适的若干导弹、火炮或无人机，按照同步到达目标的要求，自动计算打击时序和射击诸元，通过"星链"等通信链路下达打击指令给分布部署的任务部队，目标将在30秒内被摧毁。[1]

乌克兰军队的另一项关键技术是众包程序，利用这一工具动员平民从事情报工作。所谓"众包"指的是一个公司或机构把过去由员工执行的工作任务，以自由自愿的形式外包给非特定的大众志愿者的做法。众包程序即是使用软件程序将任务发布人和任务完成人关联到一起，任务发布人将任务分解成最小单位，分包、任务完成人领包、完成任务并提交执行结果。众包程序在俄乌冲突中主要应用包括：一是使平民能够通过该程序提供关键军事情报，将战斗扩大到传统军事和政府行为者之外的范畴；二是雇佣军人员可根据其就近地区、擅长的作战类型通过众包程序接受战斗任务；三是众包程序汇集了"发布—接收—完成—反馈"的完整任务流程，具有保存证据、事后进行战争追责的作用。

延伸阅读

乌克兰众包程序作战应用

众包程序的Diia实名认证程序与eVorog（e-Enemy）聊天机器人和电子敌人应用程序帮助乌克兰军队获取情报。乌民众通过身份验证登录eVorog软件后，即可上传所发现的俄军人员和装备的照片、视频及其活动时间、精确地点等信息，按照颜色区分紧急程度，并且支持提供图片或视频链接网址，这些信息经乌克兰数字化转型部随时处理并汇总到地图上，提供给乌军用于防御作战和打击行动。乌克兰政府此前开发的公共服务软件——Diia众包应用程序为eVorog提供了实名认证支持，保障了上传信息的真实性。Diia本是2020年年初乌克兰政府推出用于方便公民更新许可证、支付停车罚单和报告道路损毁情况

---

[1] 赵国宏：《从俄乌冲突中杀伤链运用再看作战管理系统》，载《战术导弹技术》，2022年第4期，第1—16页。

的政府公共服务程序，在俄乌冲突前已经在乌克兰得到广泛使用。登录 eVorog 软件，需要使用 Diia 程序实名登记提交信息人的身份，由此避免了虚假信息干扰。乌克兰数字化转型部将 Diia 程序、eVorog 程序和 Telegram 结合起来，将 eVorog 接口托管在 Telegram 加密消息平台上。除此之外，乌还开发了"阻止俄罗斯战争"（@stop_russian_war_bot）、"乌克兰复仇者"（@ukraine_avanger_bot）、"空中警报"（Повітряна тривога）等聊天机器人，这些平台同样用于方便乌克兰民众通过手机报告俄军动向。[1] 许多个案表明乌军使用这些程序开展战斗。例如，在 2022 年 3 月争夺南部城镇沃兹内森斯克的战斗中，乌克兰志愿者使用社交应用程序 Viber 发送俄罗斯坦克的坐标，并指引乌军火炮攻击俄军。

（四）重要数据成为高价值作战目标

数据泄露事件在俄乌冲突中持续发酵。俄罗斯有关机构的重要数据信息遭到不同程度的泄露，包括俄罗斯发电站的电网源代码数据、重要机构的财务数据、国防工业合同、技术文件、机密知识产权等内部关键信息，甚至包括俄罗斯探月计划的技术文件、登月机器人的设计图纸、智能卫星系统 IP 地址等一系列敏感信息。俄罗斯政府机构、银行、能源企业、科研机构、媒体网站等均遭遇数据泄露。例如，2 月 27 日，与"匿名者"组织相关的"第 65 网络营"在其推特账号上声称，已攻入了俄罗斯核研究所并发布了窃取的四万余份文件。该研究所主要负责检测俄罗斯核电站的安全，被窃取的文件可能包含相当敏感的数据并会造成严重后果。3 月 28 日，乌克兰国防情报局获取了 600 多名俄罗斯联邦安全局特工的身份信息。6 月，俄罗斯储蓄银行称 6500 万俄罗斯公民的个人相关信息被乌克兰黑客窃取，1300 万张俄罗斯公民的银行卡信息被泄露。[2] 9 月 23 日，黑客团体"匿名者"宣称入侵了俄罗斯国防部（Ministry of Defense of the Russian Federation）的网站并泄露了超过 30 万预备役军人的数据。普通

1　赵国宏：《从俄乌冲突中杀伤链运用再看作战管理系统》，第 1—16 页。

2　同上。

民众的个人信息也在此次网络战中遭到不同程度的泄露。

针对大规模数据泄露事件，5月1日，俄罗斯总统普京签署了确保俄罗斯信息安全额外措施的总统令。普京下令在每个部门、机构和骨干组织里设立IT安全部门。根据规定，从2025年1月1日起，俄罗斯国有企业和机构禁止使用"不友好国家"生产的信息安全设备和工具，包括防病毒软件、防止DDoS攻击的程序、防泄露保护和用户身份验证服务等，尤其是要禁止在俄罗斯关键信息基础设施中使用外国软件。普京指出："需要加强对国内数字空间的防御。"他补充说："最大限度地减少机密信息和公民个人数据泄露的风险至关重要，要更严格地控制办公设备和通信的使用。"[1]

（五）北约欧盟支援乌克兰并趁机扩展势力

1月17日，北约官网发布消息，北约通信与信息局和乌克兰政府签署《技术合作备忘录更新协议》，继续推进信息技术领域项目合作。北约与乌克兰政府于2015年签署首份合作协议，北约主要通过指挥、控制、通信和计算机（C4）信托基金支持乌克兰信息技术和通信服务现代化。2017年，北约宣布向乌克兰的关键政府机构提供最新网络安全设备，以帮助乌克兰保护关键政府机构免受网络攻击。新协议将进一步强化乌克兰武装部队指挥和控制系统，包括继续提供信息安全通信设备，推进北约—乌地区空域安全计划，以专用网络进行空中预警和信息通信，共享C4领域国防现代化能力和实践经验。2022年2月，北约进一步增加派驻东欧的"前线狩猎小组"数量。2月23日，欧盟也宣布在整个欧洲部署网络快速反应小组，新成立的由来自立陶宛、克罗地亚、波兰、爱沙尼亚、罗马尼亚和荷兰的专家组成的团队，帮助乌克兰抵御可能来自俄罗斯的网络攻击。[2]

北约官员表示，若成员国遭受严重的网络攻击将触发《北大西洋公约》第

1　"Putin orders a new security system to protect Russian data. Will it work?"，https://www.trtworld.com/magazine/putin-orders-a-new-security-system-to-protect-russian-data-will-it-work-57458，访问时间：2023年2月17日。

2　"В Европе созданы Кибернетические силы ЕС быстрого реагирования"，https://www.securitylab.ru/news/505628.php，访问时间：2023年6月19日。

五条集体防御条款，预计北约将根据网络攻击的严重程度，采取包括外交、经济制裁甚至是动用常规部队等措施予以回应。美国总统拜登也警告本国企业注意防范俄方可能发动的网络攻击。3月24日，《北约成员国元首和政府首脑联合声明》提出，除继续对乌克兰提供军事援助外，还将向乌克兰提供保证网络安全的技术装备。4月，乌克兰大使称，乌克兰实际上是将网络工具用于恶意目的的试验场，在消除可能对伙伴国家的网络攻击方面拥有独特的实践经验。乌克兰将继续建设国家网络安全能力、加强网络立法。[1] 乌克兰于3月获批加入北约合作网络防御卓越中心，后又参与了北约年度"锁盾"网络演习，这是世界上规模最大的国际网络防御实战演习，共有来自32个国家的2000多名参与者，部分团队成员也来自乌克兰。[2]

三、俄乌冲突中的数字技术应用

（一）卫星互联网技术的军事应用

1. 商业卫星公司预警俄乌冲突

在2022年的俄乌冲突中，卫星互联网成为重要战略资源。卫星网络信号超越与重置以地面信号为主的网络覆盖方式，以空中包裹方式全面突破地理空间屏障，从信息传播的基础结构上改变了信息生产、信息表达、信息提供、信息需求、信息接收、信息获取、信息效果与信息调和等各个环节的性状。

西方商业卫星公司与情报分析公司深度参与俄乌冲突。冲突爆发前，美国商业卫星公司、情报分析公司密切追踪俄军军备动态，以美国为代表的西方国家坚称俄罗斯计划对乌克兰发动进攻，甚至公开发布冲突发生的预测日期，GPS干扰信号和卫星影像正是其预测的主要依据。美国太空探索技术公

1　"CCDCOE raised the Ukrainian flag in solidarity and support", https://ccdcoe.org/news/2022/ccdcoe-raised-the-ukrainian-flag-in-solidarity-and-support/，访问时间：2023年7月27日。

2　"World's Largest International Live-Fire Cyber Exercise launches in Tallinn", https://ccdcoe.org/news/2022/locked-shields-2022-exercise-to-be-launched-next-week/，访问时间：2023年7月10日。

司（SpaceX）的"星链"的情报获取系统贯穿整个冲突进程，在战场得到大规模应用。自2022年年初首次运抵乌克兰投入使用以来，"星链"系统卫星成为乌克兰军方的重要通信手段，尤其是在战况胶着的乌东战线，乌军每天使用"星链"网络与区域指挥部和首都联络。除了美国企业，8月18日，芬兰冰眼卫星公司（Iceye）还向乌克兰政府出售一颗军用侦察卫星，并向乌克兰政府开放其拥有的20颗卫星数据访问权限。与传统地球观测卫星相比，该公司提供的合成孔径雷达卫星影像能够在夜间和高云层覆盖的情况下显示高分辨率图像。[1]

谷歌地图实时交通数据也为判断冲突局势提供重要依据。在2月24日上午普京宣布"特别军事行动"开始之前，米德尔伯里国际研究所（Middlebury Institute of International Studies）在当天凌晨3点15分，根据谷歌地图实时交通数据发现从俄罗斯通往乌克兰边境的道路交通拥堵严重。研究人员结合商业卫星高分辨率图像发现大量装甲运兵车、导弹发射器及其他军用车辆正向乌克兰前进。

2. "星链"在乌克兰战场的应用情况

SpaceX推出的"星链"是一项通过大规模卫星群提供覆盖全球的互联网接入服务，能克服地域条件限制，通过"星地互联"和"星星互联"的动态连接方式，实现全球网络无缝连接。"星链"系统在俄罗斯军队开启"特别军事行动"两天后就着手进驻乌克兰。2月26日，乌克兰副总理米哈伊尔·费多洛夫在推特上请求埃隆·马斯克在乌克兰激活"星链"服务，并迅速得到了马斯克回应和支持。[2] 从2月底到3月初，SpaceX向乌克兰陆续交付了多批"星链"终端，乌克兰政府支付了总费用的四分之一，其余费用主要依赖于各国的财政支持及非政府组织、众筹及SpaceX的减免与捐助，主要捐助方是美国、英

---

1 "ICEYE Signs Contract to Provide Government of Ukraine with Access to Its SAR Satellite Constellation", https://www.iceye.com/press/press-releases/iceye-signs-contract-to-provide-government-of-ukraine-with-access-to-its-sar-satellite-constellation，访问时间：2023年6月19日。

2 "Маск утверждает, что Россия пытается 'убить' Starlink на Украине", https://ria.ru/20221015/starlink-1824241023.html，访问时间：2023年7月11日。

国和波兰。其中最大的单一贡献者是波兰，提供了近9000个终端的费用。按照SpaceX的CEO埃隆·马斯克的说法，截至10月底，乌克兰有2.5万个"星链"终端在运行。马斯克也与乌克兰政府官员在社交媒体上互动并更新"星链"的应用情况，指导和提醒"星链"使用的注意事项，为此脸书还专门成立群组来解决相关问题。[1]

据悉，俄乌冲突以来，乌克兰军队每个月的"星链"终端用量为500个，这些终端耗材需要源源不断地购买与补充。除终端费用外，与手机等电子产品相似，"星链"持续的服务费用也是一笔昂贵开销。[2] SpaceX表示，实际已承担了乌克兰"星链"终端约70%的服务费。[3] 按照"星链"卫星发射时间与累计运行数量统计来看，"星链"网络从2021年1至5月，以及2022年2月至5月期间明显加快了布局速度，尤其是2022年2至5月对应了俄乌冲突的爆发进程。2月3日至5月18日，105天累计完成12批次、611颗卫星的发射（其中573颗运行）。就周期而言，大约8.75天就批量发射1次；就频率而言，每天平均发射5.81颗卫星。截至7月10日，SpaceX已累计发射2750颗"星链"卫星。[4]

俄乌冲突爆发后，乌克兰战区的地面网络基站和供电站遭到破坏，致使原有网络瘫痪，但"星链"系统使得乌方的军事通信及其在全球社交平台的发声均未受到影响。乌克兰总统泽连斯基也通过"星链"发布社交媒体内容，并借助网络会议的形式参与世界性的重要活动，与俄罗斯开展信息对抗。以亚速钢铁厂战斗为例，近四个月中，驻扎在钢铁厂内的乌克兰部队在通信上完全依靠"星链"网络，士兵仍能每天和家人视频通话，并与基辅和地区指挥部联络进行补给任务。4月，SpaceX的官方代表机构Starlink Ukraine在乌克兰正式注册。

1　"Маск объявил об отзыве запроса на финансирование Starlink на Украине", https://www.rbc.ru/technology_and_media/18/10/2022/634dc2b19a7947e558de7a8a，访问时间：2023年7月11日。

2　"Bloomberg: Украина получит от Starlink еще более 10 тысяч терминалов", https://www.mk.ru/politics/2022/12/20/bloomberg-ukraina-poluchit-ot-starlink-eshhe-bolee-10-tysyach-terminalov.html，访问时间：2023年7月11日。

3　"SpaceX tells US government that it can no longer pay for Ukraine's Starlink service", https://www.theverge.com/2022/10/14/23404069/spacex-ukraine-starlink-funding-elon-musk-satellite-connectivity-us-government-funding，访问时间：2023年6月19日。

4　何康、张洪忠：《从信息渠道到战略资源：俄乌冲突中星链卫星网络的功能跃升》，载《湖南工业大学学报》(社会科学版)，2022年第5期，第77—85页。

截至5月初，有超过15万乌克兰公民能够通过"星链"随时发布消息、了解战情，并与外部世界保持联系。[1]美国科技网站"连线"一篇题为"星链如何努力让乌克兰保持在线"的文章，从侧面还原了"星链"重建乌克兰网络信号的过程。报道以基辅西北部伊尔平为例，当时该市大部分信号基站都遭到严重破坏，幸存者无法让亲友获知他们是否安全。但仅两天后，"星链"帮助这座城市的通信重新上线，沃达丰（Vodafone）的工程师带着圆形白色卫星天线（即"星链"卫星互联网服务终端）抵达当地，将接收器、发电机及其电动底座安装到伊尔平周边地区的移动基站上，帮助原有光纤和电源已被切断的基站重新恢复连接，几个小时后就成功恢复了信号。乌克兰电信公司的技术人员表示，尽管通过"星链"连接的手机信号塔无法以光纤连接的速度运行，但它仍然可以保证人们获得重新上网所需的通话和移动数据。[2]

　　"星链"在俄乌战场发挥的另一项关键作用是指挥无人机侦察与作战。"星链"在乌克兰参与战斗的模式是：前线通过小型无人机与"星链"网络高速传输战场实时信息，后方指挥部得到信息，并进一步指挥无人机或战机执行打击任务。"星链"操作无人机的优势在于，传统应对无人机集群作战的方法是打击无人机的指挥控制节点，包括控制无人机的指挥车、地面中继天线等，但卫星互联网使得无人机和卫星之间可以直接通信，负责通信的传统地面节点也不再存在，由此使得"星链"指挥的无人机集群实现了技术代差上的跨越。多家媒体消息分析，乌克兰空中侦察部队（Aerorozvidka）每天能够使用"星链"监视、控制和协调无人机执行信息收集任务，使乌方士兵能够有针对性地伏击、反制俄罗斯坦克武装和部队。据乌克兰无人机公司DroneUA估计，乌克兰部队拥有6000多架侦察无人机，这些无人机均能与"星链"卫星系统连接并上传其拍摄的影像资料。俄罗斯红星电视台和美国《纽约时报》也发布过相关报道称，在马里乌波尔亚速钢铁厂的战场上，乌克兰无人机通过"星链"网络

1　"Apptopia: Starlink в Украине ежедневно активно пользуется около 150 000 человек", https://itc.ua/news/apptopia-starlink-v-ukraine-ezhednevno-aktivno-polzuetsya-okolo-150-000-chelovek/，访问时间：2023年7月13日。

2　"How Starlink Scrambled to Keep Ukraine Online", https://www.wired.com/story/starlink-ukraine-internet/，访问时间：2023年7月13日。

向俄罗斯军队投掷炸弹。[1]

"星链"的军事化用途在俄乌冲突中得到应用后，SpaceX还将"星链"升级为"星盾"（Starshield），以进一步服务美国国家安全和军事部门。12月2日，SpaceX宣布成立了名为"星盾"的新业务部门，目标客户是美国国家安全机构和五角大楼。SpaceX宣称，"星盾"将利用近地轨道上的"星链"卫星星座满足美国国防和情报机构日益增长的需求。该公司明确宣称："'星链'最初是用于消费者和商业用途，而'星盾'设计用于政府服务，初步重点是三个领域：地球观测、安全通信和有效载荷托管。SpaceX与国防部和其他合作伙伴正在进行的工作表明，将有能力大规模提供太空和地面服务。"

延伸阅读

"星链"在军事领域的应用

军事使用是"星链"系统这类低轨卫星重要的应用场景之一。美国太空发展局（Space Development Agency，SDA）在2019年就提出构建由七个星座层（传输层、战斗管理层、跟踪层、监视层、导航层、威慑层、支撑层）组成的下一代国防太空架构，这些星座层正是由近地轨道运行的卫星组成，能够提供弹性、灵活和敏捷的军事传感与数据传输能力。2020年5月，美陆军同SpaceX签署了一项为期三年的协议，试验使用"星链"在各军事网络间传输数据，重点是"星链"与美军现有作战系统通联的可行性。除陆军外，"星链"项目已经与美国国防部及空军等多部门展开合作。合作的主要目标是加强"星链"与天基预警卫星建设、陆军通信网络连接和空军机载数据通信等方面的深度融合。基于空中传输的高速率通信技术，"星链"能够为无人机形成更加强大的集群作战模式提供支持。2021年，美国空军已在C-12J情报飞机平台上安装天线，通过"星链"实现的通信速度达到610 Mbps。相

1　"Как Starlink Илона Маска помогает Украине во время войны с Россией"，https://www.golosameriki.com/a/how-elon-mask-starlink-helps-ukraine-during-the-war-with-russia/6626611.html，访问时间：2023年6月19日。

较于美军传统的高轨高通量卫星而言，"星链"在兼顾广域覆盖要求的同时，突出重访周期短、空间传输损耗小、通信带宽高和传输速率快等优势，能够为美军提供全时全域且高效的宽带通信服务，最大限度支持美军联合全域指挥控制效能的发挥。

另外，"星链"的抗干扰能力也在乌克兰战场得到了检验。俄罗斯方面曾试图使用电子战手段阻止来自太空的信号接入。3月与9月分别有报道称，乌克兰一线部队的"星链"终端出现失效情况，认为可能是俄罗斯的电子干扰所致[1]，但SpaceX随后通过更新软件代码修复系统漏洞，成功阻止了对其网络服务的干扰。这也意味着"星链"软件系统具备比较灵活的技术修复能力。此外，"星链"系统本身就具备联合防御能力。因为对于这种大规模的卫星系统来说，试图攻击其中几颗卫星并不能在短时间内起到明显作用，因为其他卫星能够通过相互补位，保持整体信号连接。后续星座如果发展到上万颗，那么所形成的星链网络将更加紧密，防御系数会更高，这也意味着攻击者必须同时精确定位所有卫星才能削弱整个系统。

（二）人工智能技术在俄乌冲突中的应用

人工智能技术使得战争手段更加多元化，这一现象在俄乌冲突中尤为明显。在俄乌冲突中，人工智能通过软硬件升级和信息传播等各种方式应用于军事行动，进一步加剧网络空间军事化。

1. 实施侦察、窃听情报和战场态势评估

乌克兰军队得到美国人工智能信息收集系统及分析、决策系统的支持。3月22日，乌克兰开始使用美国Seekr技术公司与开源情报软件商Semantic AI公司的人工智能信息收集与分析系统。该系统能持续监控和收集俄罗斯相关数

---

[1] "Маск утверждает, что Россия пытается "убить" Starlink на Украине"，https://ria.ru/20221015/starlink-1824241023.html，访问时间：2023年7月11日。

据，并收集各种开源新闻内容。Seekr 技术公司表示，在得到 Semantic AI 公司的增强智能平台加持后，系统平台能够进行深度分析，提升信息分析质量，发现人员、地点、组织和事件之间的隐蔽联系，从而识别任何开源数据中的威胁，帮助做出作战决策。[1]

3月起，美国人工智能和机器学习公司 Primer 开始为乌克兰提供具备先进算法的人工智能系统，乌克兰军队借助 Primer 公司人工智能设备，可以对俄军的无线电和电话通信进行拦截，自动抓取、跟踪并自动翻译未加密的俄军通信内容。[2]

美国国防部则使用人工智能技术研究俄乌战场。4月21日，美国国防部官员表示，"五角大楼正在秘密使用人工智能和机器学习工具分析大量数据，创建有用的战场情报，并分析俄罗斯的战术与战略"。所有数据将进入美相关数据库用于训练使用，并应用于战争推演，使美军事人工智能程序可基于丰富的数据预测对手行动。[3]

2. 操纵无人系统进行精确火力打击

融合人工智能技术的无人机在俄乌战争中得到大规模应用。人工智能技术使无人机能够根据从摄像头和传感器接收的数据识别与打击目标。俄军动用的无人机包括"海雕-10""海雕-30""前哨-R""猎户座""扎拉·基布"（KUB-BLA）等，机器人有天王星扫雷机器人等，主要执行侦察监视、实时打击、火力校射、反渗透和破坏等。乌军使用的无人机包括"旗手"TB2、RQ-20"美洲狮"、"弹簧刀-600"小型侦察和打击类无人机等，可对俄军燃油车、地面输油装置、弹药补给车等后勤保障节点实施精准打击。

俄罗斯融合人工智能视觉识别技术的"扎拉·基布"无人机能够对目标进

---

1 "SEEKR TECHNOLOGIES IS SELECTED BY SEMANTIC AI FOR JOINT PROJECT THAT EXPOSES RUSSIAN THREATS DURING UKRAINE CRISIS", https://www.semantic-ai.com/news-item/seekr-technologies-is-selected-by-semantic-ai-for-joint-project-that-exposes-russian-threats-during-ukraine-crisis，访问时间：2023年7月13日。

2 "As Russia plots its next move, an AI listens to the chatter", https://www.wired.com/story/russia-ukraine-war-ai-surveillance/，访问时间：2023年6月19日。

3 "Пентагон обучает боевой ИИ на тактике российской армии на Украине", https://www.cnews.ru/news/top/2022-04-25_pentagon_obuchaet_boevoj，访问时间：2023年7月13日。

行实时自主识别和分类，并精确打击乌克兰步兵。"扎拉·基布"是俄卡拉什尼科夫公司旗下子公司扎拉于2019年推出的自杀式无人机，使用电动发动机，声学特征小，可携带多种战斗部，可用于执行情报监视侦察等任务，能够进行蜂群作战，人工智能技术的应用将单次无人机飞行的覆盖面积增加60倍，提高了无人机的实时杀伤力和自主性。[1]

乌克兰军队的主力无人机是土耳其研发制造的"旗手"TB2中空长航时察打一体无人机。2022年4月13日，该无人机引导导弹攻击，并击沉"莫斯科"号巡洋舰。TB2无人机可挂载光电、红外成像和瞄准传感器及激光制导弹药，可自主起飞、飞行和降落。TB2无人机在俄乌冲突初期取得过一些重要战果，但随着战争的推进，俄罗斯的电子战和防空系统在相互协调和作战部署方面有所改善，TB2的作用降低并逐渐退出战场使用。

3. 识别并帮助消灭敌方人员

在俄乌冲突中，乌克兰国防部使用美国人工智能技术公司Clearview AI的面部识别技术，这是面部识别技术首次规模化应用于战争。3月，Clearview AI开始向乌政府提供免费访问其软件的权限，乌克兰军队称其使用面部识别算法发现了多名在基辅地区活动的俄罗斯特工，并对其在乌行动进行限制。此外，乌克兰还利用Clearview AI技术识别俄罗斯阵亡或被俘士兵，通过社交媒体发布其个人信息和人际关系，甚至发送至其亲人。这一做法引发多方关注互联网图像信息安全问题。谷歌、领英等纷纷对Clearview AI发出警告，督促该公司停止下载后台用户自拍照。5月，英国监管机构信息专员办公室（Information Commissioner's Office，ICO）也对Clearview AI处以755万英镑的罚款，责令其停止获取并删除在互联网上公开的英国居民的个人信息。Clearview AI拥有一个包含来自网络的100亿张面孔的数据库，其中仅来自俄罗斯社交媒体VKontakte的图像就高达20亿张。[2]该公司于2022年2月表示，其

---

1 "Russia's Killer Drone in Ukraine Raises Fears About AI in Warfare"，https://www.wired.com/story/ai-drones-russia-ukraine/，访问时间：2023年6月19日。

2 "Украина начала использовать систему распознавания лиц Clearview AI, содержащую 2 млрд фото из "ВКонтакте"，https://strana.best/news/381623-ukraina-identifitsiruet-vraha-sistemoj-raspoznavanija-lits-s-2-mlrd-foto-sotsseti-vkontakte.html，访问时间：2023年7月13日。

数据库的面部图像有望在一年内扩充至1000亿张，以确保"全球几乎每个人都可以被识别"。[1]

四、俄乌网络舆论战成新焦点

自俄乌冲突以来，俄罗斯与乌克兰和美西方爆发了激烈的网络舆论战，双方竭力传播对己方有利的信息，大量片面报道和虚假信息充斥新闻媒体和社交平台。各方更加重视数字平台在舆论塑造、切断宣传、限制服务等方面的作用，使网络舆论战成为新焦点。

（一）主流媒体及社交媒体平台成主战场

乌克兰背后的西方国家尤其是美国利用全球主流媒体、社交平台的掌控，以及一批跨国信息科技公司在全球互联网的资源主导权，不断对俄罗斯的舆论发声渠道进行围追堵截。从2月底开始，乌克兰使用美西方主导的主流媒体及推特、脸书、优兔、谷歌等大型数字平台释放特定信息，塑造国际舆论。为了压制来自俄方的信息，优兔、推特和脸书等美方社交平台通过调整算法的方式降低俄方媒体的曝光率。俄罗斯电视台、报社与通讯社等舆论信息传播渠道纷纷遭到堵截。3月2日，欧盟境内正式封禁俄罗斯电视台和俄罗斯卫星通讯社。英国通信管理局随后也于3月18日关闭了今日俄罗斯电视台和俄罗斯卫星通讯社的网站、社交媒体账户和手机应用程序，同时撤销了今日俄罗斯电视台在英国的广播许可证。在加拿大，2月27日，加拿大电信运营商罗杰斯（Rogers）、贝尔（Bell）和萧氏通讯（Shaw）下架了今日俄罗斯电视频道。[2] 3月16日，加拿大广播电视和电信委员会（Canadian Radio-television and Telecommunications

---

[1] "Facial recognition firm ClearviewAI tells investors it's seeking massive expansion beyond law enforcement"，https://www.washingtonpost.com/technology/2022/02/16/clearview-expansion-facial-recognition/，访问时间：2023年7月13日。

[2] "Rogers, Bell and Shaw pull Russian state-controlled channel RT over invasion of Ukraine"，https://www.cbc.ca/news/business/rogers-bell-russia-today-1.6366729，访问时间：2023年7月13日。

Commission，CRTC）宣布删除今日俄罗斯电视台及其法国频道节目。[1]

主流社交平台和跨国信息科技公司也纷纷跟进。谷歌公司封锁了各大俄罗斯官方媒体的优兔频道，并将俄罗斯国家资助的出版商从谷歌新闻中删除；微软从其全球微软应用商店中删除了俄罗斯新闻应用程序；苹果应用商店在俄罗斯以外的国家或地区下架了俄罗斯的新闻应用程序。脸书平台限制欧盟用户访问今日俄罗斯和俄罗斯卫星通讯社；推特宣布用户访问任何俄罗斯国家媒体网站都会收到自动警告提示；优兔禁止俄罗斯媒体账号面向欧洲发布信息，并限制俄罗斯国家媒体在其平台投放广告。

5月，美国国务院启动"冲突观察站"项目（Conflict Observatory），该项目与美国环境系统研究所公司、耶鲁大学人道主义研究实验室、史密森文化救援计划以及PlanetScape AI合作，专门针对俄罗斯特别军事行动，旨在收集、分析、记录、核实并公开传播有关俄乌冲突的相关信息，将集合的卫星图像以及社交媒体内容，作为指控俄罗斯"军事暴行"的证据。

（二）社交操纵和虚假信息制造混乱

9月初，Meta宣布关闭了数量庞大的脸书和照片墙的俄罗斯用户群，并称这些用户群在60多个冒充欧洲新闻机构的网站发布虚假信息，传播与俄乌冲突及其对欧洲影响有关的虚假内容。据英国广播公司（British Broadcasting Corporation，BBC）5月10日报道，在俄罗斯胜利日期间，俄罗斯境内部分电视台遭受网络攻击。在俄罗斯总统普京发表讲话时，黑客组织破坏了俄罗斯在线的电视时间表网页，并发布反战信息。这次网络攻击影响了包括俄罗斯第一频道、MTS和NTV-Plus等俄罗斯主要媒体。[2]

在俄乌冲突的网络舆论战中，社交机器人成为冲突方对抗的新工具。社交机器人是由人工智能控制的社交媒体账号，能在社交媒体上自动生成内容并与人类用户互动。随着自然语言处理等人工智能技术的进步，社交机器人已能利

---

1 "Ofcom revokes RT's broadcast licence–Ofcom"，https://www.ofcom.org.uk/news-centre/2022/ofcom-revokes-rt-broadcast-licence，访问时间：2023年6月19日。

2 "В День Победы хакеры взломали российский телеэфир"，https://newdaynews.ru/incidents/758489.html，访问时间：2023年7月13日。

用预训练的多语言模型，在推特等社交平台生成类人的言论，从而用于操纵公众舆论或煽动情绪。俄乌冲突期间出现的"大V"型社交机器人账号，真人粉丝、机器人粉丝帮助"大V"账号涨粉、转发扩散推文。交战方通过人工智能社交机器人实现"舆论内容定制"，引导国际舆论方向。

在俄乌冲突中，社交机器人的运用体现出以下特点：一是社交机器人推动推特空间"标签战"，包括通过大量转发固定标签内容，复制粘贴重复内容迅速扩大讨论量，以及形成相互转发的集群网络等。6月10日，俄罗斯最大社交网络VKontakte称，网络平台出现大量社交机器人，这些机器人进行虚假评论和帖子，传播负面评论，并模仿社交网络用户的行为，增加组或账户中的浏览量。另有账号发布数百项消息，为VKontakte的用户群体提供机器人购买服务。[1] 二是社交机器人参与标签劫持，除发布垃圾信息制造"烟幕弹"之外，这批机器人账号也采取了混入对立标签转移话题，以及表明反对立场进行批评的新战术。三是培育大量重点机器人账号，快速散播信息。8月，乌克兰安全局下属的网络警察部门关闭了一处拥有上百万机器人的设施农场。乌克兰安全局称，机器人农场运营商开发并部署了定制软件来远程管理假名社交媒体账户，推送所需的宣传信息。乌方称这些机器人用于在社交网络上传播虚假信息，抹黑乌克兰并制造冲突。[2]

俄乌冲突爆发后，深度伪造视频等虚假信息在社交平台流传。2月23日，美国福克斯新闻网称，美国情报官员密切关注可能被操控的、用于深度伪造的视频和音频，包括与俄罗斯总统普京、乌克兰总统泽连斯基和其他关键人物相关的深度造假视频。3月16日，各社交平台出现了乌克兰总统泽连斯基宣布投降、号召士兵放下武器并放弃战斗的"深度伪造"视频。此外，"俄罗斯空袭卢甘斯克发电厂引起爆炸""俄军2月24日轰炸乌克兰东南部城市马里乌波尔""乌克兰疯狂拦截俄罗斯导弹""乌克兰王牌飞行员'基辅幽灵'击落俄6

---

1 "Нечеловеческая опасность. Как боты захватили социальные сети и можно ли их победить", https://secretmag.ru/technologies/nechelovecheskaya-opasnost-kak-boty-zakhvatili-socialnye-seti-i-mozhno-li-ikh-pobedit.htm，访问时间：2023年4月12日。

2 "SSU shuts down million-strong bot farm that destabilized situation in Ukraine and worked for one of political forces", https://ssu.gov.ua/en/novyny/sbu-likviduvala-milionnu-botofermu-yaka-rozkhytuvala-obstanovku-v-ukraini-na-zamovlennia-odniiei-z-politsyl-video，访问时间：2023年7月6日。

架飞机"和"蛇岛乌克兰士兵被杀"等视频均被证实为虚假信息，这些视频基本均是利用深度伪造技术生成的。此外，还有大量利用妇女、儿童等弱势群体博取同情、煽动反俄情绪的信息。这些网络虚假信息均反复被作为武器来抹黑或污蔑敌方，制造极端对立情绪，消费民众情感。

延伸阅读

布查事件

2022年4月初，网络上关于乌克兰布查镇平民伤亡的新闻铺天盖地，乌克兰声称这是俄罗斯军队所为，俄方辟谣否认屠杀平民的行为并称此为乌克兰伪造。4月1日，联合国人权理事会应乌克兰要求，通过了一项由乌克兰等国提交的打击虚假信息的行动计划，强调政府在打击虚假信息方面的主要作用。针对轰动国际的布查事件，4月3日，联合国秘书长呼吁对乌克兰布查市平民屠杀案展开独立调查和有效问责。4月5日，安理会召开会议讨论乌克兰布查问题。4月7日，联合国大会投票宣布暂停俄罗斯的人权理事会成员资格，随后当天俄罗斯主动退出联合国人权理事会。

（三）俄罗斯加强媒体管制

面对乌克兰以及美欧的网络舆论攻势，俄罗斯采取一系列应对措施。一是修改立法严控仇俄言论。脸书针对俄罗斯的仇恨言论采取放宽政策，允许用户发布对俄罗斯士兵、俄罗斯总统普京、白俄罗斯总统卢卡申科等群体和个人的死亡呼吁，并允许用户发表对乌克兰极右翼势力"亚速营"的赞扬性评论。针对脸书、照片墙等西方社交媒体平台所发布的歧视性政策，俄罗斯更新相关法律条文，加强应对美国社交媒体平台上的仇俄言论。3月4日，俄罗斯总统普京签署俄罗斯联邦刑法修正案，规定公开故意发布有关俄罗斯武装部队的虚假信息者，最高可判处三年监禁或150万卢布的罚款；若利用其公职，出于雇佣关系，或基于政治、意识形态、种族、民族或宗教仇恨而违反有关法律，将处以最高10年的监禁或最高500万卢布的罚款；如果虚假信息造成严重后果，将判处10至15年监禁。

二是对西方平台公司发起诉讼、限制广告投放以及推出替代产品。4月26日，谷歌因拒绝恢复俄罗斯新闻媒体的优兔账户访问权限，莫斯科法院下令没收谷歌在俄罗斯5亿卢布的资金。4月8日，俄罗斯联邦通信、信息技术和大众传媒监督局因推特拒绝删除俄罗斯禁止的内容，包括纳粹象征、对极端主义和恐怖主义的网络活动的辩护、在家制造炸弹的指导等，而向莫斯科地方法院提出行政诉讼，4月28日推特被判决300万卢布的罚款赔偿。除此之外，对违反俄罗斯信息法的平台限制广告投放。4月8日，因谷歌未删除优兔上关于俄乌冲突的虚假新闻的视频，俄罗斯联邦通信、信息技术和大众传媒监督局要求Yandex搜索引擎给谷歌贴上"违反俄罗斯法律"的标签，禁止其投放广告。7月18日，俄罗斯联邦通信、信息技术和大众传媒监督局表示，因谷歌屡次未删除被俄罗斯认定为非法的内容，莫斯科一法院依照谷歌公司在俄罗斯的年营业额，对该公司处以近211亿卢布的罚款。在此之前，俄联邦通信、信息技术和大众传媒监督局已向谷歌发出了17条警告，要求其旗下的优兔视频网站删除有关抹黑俄罗斯武装部队等乌克兰特别军事行动的虚假内容，但该信息始终未被删除。[1] 此外，俄罗斯涌现出一批代替性的社交平台产品。4月8日，Now作为代替照片墙的手机应用程序出现在俄罗斯市场。据报道，Now在推出的七小时内有超过1万的用户注册。

三是加大传统媒体管控，限制外媒在俄访问权限。2月26日，俄罗斯联邦通信、信息技术和大众传媒监督局对至少10家新闻媒体下令，要求它们在报道中"有必要限制对虚假信息的获取"。3月1日，俄罗斯关闭了莫斯科回声电台和独立电视台Dozhd TV，认为它们"故意散布有关莫斯科入侵乌克兰的虚假信息"。针对西方国家对俄罗斯媒体禁令，俄罗斯对英国广播公司、德国之声等外国媒体实施访问限制。

1　"Russia fines Google $370 million for repeated content violations, regulator says"，https://www.reuters.com/technology/google-is-fined-390-mln-russia-not-deleting-banned-content-interfax-2022-07-18/，访问时间：2023年4月24日。

五、国际组织持续关注冲突进展

俄乌冲突发生后，重要国际组织与多边平台对有关局势进行了一系列探讨与磋商。2022年，联合国信息安全开放式工作组召开多次实质性会议，但各成员围绕网络安全的不同解决方案的分歧和争论却更趋激烈。一方面，3月，联合国信息安全开放式工作组召开第二次实质性会议，包括美国、欧盟、澳大利亚、加拿大、乌克兰等18个国家和组织代表谴责俄罗斯在乌克兰采取军事行动，呼吁俄罗斯阻止针对乌克兰目标的网络攻击和乌克兰境内的虚假信息活动。一些国家还表示，俄罗斯不能成为网络空间负责任国家行为谈判中值得信赖的伙伴。另一方面，白俄罗斯、古巴和俄罗斯等呼吁这一进程不要政治化。8月，联合国信息安全开放式工作组第三次实质性会议关注乌克兰局势，德国、日本等国家代表强调应关注信息通信技术的军事使用。

联合国安理会多次召开涉俄乌问题会议。2月28日，联合国针对俄乌情势召开紧急特别会议，第76届联大主席沙希德在紧急特别会议上发表讲话，再次呼吁各方立即停火，保持最大程度的克制，重回外交解决途径。他说，国际社会应通过各种渠道控制局势、缓解紧张，按照国际法和《联合国宪章》原则寻求乌克兰问题的和平解决。[1]

4月21日，在博鳌亚洲论坛（Boao Forum on Cyber Expertise，BFA）2022年年会上，着眼于维护世界和平安宁，中国首次提出全球安全倡议（Global Security Initiative），阐述了中方促进世界安危与共、维护世界和平安宁的立场主张，强调人类是不可分割的安全共同体，呼吁通过对话协商以和平方式解决国家间的分歧和争端。11月15日，中国在二十国集团领导人第十七次峰会上提出，坚持共同、综合、合作、可持续的安全观，倡导通过谈判消弭冲突，通过协商化解争端，支持一切有利于和平解决危机的努力。

---

1 "联合国大会就乌克兰问题召开紧急特别会议"，https://news.un.org/zh/story/2022/02/1099862，访问时间：2023年7月10日。

第二部分

2022 年网络空间
全球治理大事记汇编

1月

1. ICANN启动新通用顶级域后续流程运营设计阶段评估程序

1月3日，互联网名称与数字地址分配机构正式启动新通用顶级域（Generic Top-Level Domain，gTLD）后续流程运营设计阶段（Operational Design Phase，ODP）评估程序。ODP旨在对通用名称支持组织理事会提出的政策建议或其他ICANN社群提出的董事会认为适当的建议进行评估，以便向董事会提供相关信息，供其审议是否批准这些建议。[1] 本项评估工作按照以下九个方面展开：项目治理、政策制定和实施资料、运营筹备、系统和工具、供应商、沟通和外联、资源、人员配置和后勤工作、财务以及总体性工作。ODP将编写一份运营设计评估报告，以告知董事会实施方案和预估的所需工作。[2]

2. 世界银行批准捐款为莫桑比克农村地区提供互联网服务

1月5日，世界银行批准了一笔3亿美元的捐款，用于支持莫桑比克的能源和宽带服务。世界银行指出，目前莫桑比克城乡之间存在很大差异，在农村地区只有8%的人能用上电，而城市地区这一比例为72%。莫桑比克只有30%的人能使用互联网。该项目将用于扩大城市周边和农村地区的电网，惠及110多万人，并为至少58万人提供宽带接入服务。[3]

3. 中国发布《金融科技发展规划（2022—2025年）》

1月7日，中国人民银行印发《金融科技发展规划（2022—2025年）》。该规划依据《中华人民共和国国民经济和社会发展第十四个五年规划和二〇三五年远景目标纲要》制定，提出新时期金融科技发展指导意见，明确金融数字化

---

1 "Operational Design Phase"，https://www.icann.org/resources/pages/odp-2021-06-03-zh，访问时间：2023年3月21日。

2 "ICANN Subsequent Procedures ODP: Introducing the Work Tracks"，https://www.icann.org/en/blogs/details/icann-subsequent-procedures-odp-introducing-the-work-tracks-18-1-2022-en，访问时间：2023年3月21日。

3 "World Bank support for rural energy and broadband"，http://www.poptel.org.uk/mozambique-news/newsletter/aim601.html#story17，访问时间：2023年4月3日。

转型的总体思路、发展目标、重点任务和实施保障。"十四五"规划明确，稳妥发展金融科技，加快金融机构数字化转型。规划按照"十四五"规划部署，从宏观层面对我国发展金融科技进行顶层设计和统筹规划，将进一步推动金融科技迈入高质量发展的新阶段，更充分发挥金融科技赋能作用，增强金融服务实体经济的能力和效率。[1]

4. 欧洲刑警组织被要求删除与犯罪无关的个人数据

1月10日，欧洲数据保护专员公署（European Data Protection Supervisor，EDPS）要求欧洲刑警组织删除过去六年从欧盟成员国警察机构收集的与犯罪无关的大量个人数据。此前，EDPS已向欧洲刑警组织发出警告通知，称其未能遵守数据法规。EDPS给欧洲刑警组织一年的时间来整理现有数据，以找出可以合法保留的内容，并命令其在六个月内删除任何未归类的新数据。[2]

5. 欧盟移动运营商禁止iCloud隐私中继服务

1月11日，欧盟移动运营商计划禁止苹果的iCloud Private Relay隐私中继服务，并表示这一功能可能会"严重损害欧洲的数字主权"。iCloud Private Relay是苹果iOS 15系统的一项数据加密功能，使苹果公司和第三方都无法看到用户在Safari中的浏览活动。该功能发布后，沃达丰等运营商向欧盟委员会发出了一封联名信，表示iCloud Private Relay将削弱其他公司在下游数字市场的创新和竞争，并可能影响运营商有效管理电信网络，同时也侵犯了欧盟数字主权。[3]

---

1 《金融科技发展规划（2022—2025年）》印发——金融与科技加快深度融合"，http://www.gov.cn/zhengce/2022-01/07/content_5666817.htm，访问时间：2023年2月15日。

2 "Europol told to delete personal data not linked to any crime by EU watchdog"，https://www.euronews.com/2022/01/10/europol-told-to-delete-personal-data-not-linked-to-any-crime-by-eu-watchdog，访问时间：2023年2月10日。

3 "EU carriers want to kill iCloud Private Relay over 'digital sovereignty' worries [Update]"，https://www.imore.com/eu-carriers-want-kill-icloud-private-relay-over-digital-sovereignty-worries，访问时间：2023年2月10日。

6. 美国信息技术产业委员会发布关于保护信息通信技术的建议

1月11日，美国信息技术产业委员会（Information Technology Industry Council，ITI）宣布已向美国政府，特别是美国商务部提出了一系列建议，以应对互联软件交易对全球信息通信技术供应链造成的风险。ITI特别指出，美国商务部的拟议规则过于宽泛，无法具体实施。因此，ITI提出了一系列建议，包括：确定导致国家安全问题的信息通信技术交易类别，考虑将遵守全球公认的国际标准作为缓解措施；进一步缩小联网软件应用程序的定义，将重点放在软件应用程序处理的数据类型上；阐明互联软件应用程序规则是否适用于软件分发和使用链中的部分或全部利益相关者等。[1]

7. 美国公布《联邦信息安全管理法案》修正案

1月11日，美国众议院监督和改革委员会（House Committee on Oversight and Reform）公示其对《联邦信息安全管理法案》（Federal Information Security Modernization Act）的修正草案。该法案旨在为联邦机构设定网络安全要求，其中拟议的条款包括：将联邦网络安全政策制定更直接地交由美国行政管理和预算局（Office of Management and Budget，OMB）负责，赋予美国网络安全与基础设施安全局协调运行的责任，并将"总体网络安全战略"责任赋予美国国家网络总监；要求网络安全与基础设施安全局通过共享服务和技术援助，消除联邦机构网络安全工作的障碍；改善联邦机构间的网络事件信息共享能力等。[2]

8. 美国商务部组建物联网咨询委员会专家团队

1月13日，美国商务部宣布正在为物联网咨询委员会（Internet of Things Advisory Board，IoTAB）组建专家团队，为物联网联邦工作组提供建议。咨询委员会包括联邦政府以外具有物联网相关专业知识的人员。委员会将建议联邦工

1　"ITI Offers Recommendations to U.S. Department of Commerce on Securing ICTS and Connected Software Applications"，https://www.itic.org/news-events/news-releases/iti-offers-recommendations-to-u-s-department-of-commerce-on-securing-icts-and-connected-software-applications，访问时间：2023年2月10日。

2　"Federal Information Security Modernization Act"，https://www.cisa.gov/federal-information-security-modernization-act，访问时间：2023年2月10日。

作组确定以下四点内容，包括可能抑制或促进物联网发展的法规、计划或政策；物联网能够带来重大经济和社会效益的情况；小型企业物联网的机遇和挑战；任何与物联网相关的国际合作机会。该委员会将由16名成员组成，任期两年。[1]

9. 美国政府邀请大型科技公司讨论开源软件安全问题

1月13日，美国政府邀请谷歌、苹果、亚马逊和IBM公司进行座谈会，探讨美国开源软件安全问题。2021年年底，Log4j开源软件漏洞席卷全球，美国国家安全顾问曾致信美国各大科技公司的首席执行官，称开源软件涉及"关键国家安全问题"，要求公司加强应对。此次参与座谈会的还包括美国土安全部、国防部和商务部等政府机构。[2]

10. 电气与电子工程师协会推动制定触觉反馈技术开放标准

1月14日，电气与电子工程师协会（Institute of Electrical and Electronics Engineers，IEEE）与消费者技术协会/标准委员会/开放互联工作组和触觉行业论坛（Haptics Industry Forum，HIF）宣布合作，协同IEEE标准协会共同制定触觉反馈技术的开放标准。触觉反馈技术已经广泛应用于消费类和专业类相关产品，触觉反馈全球标准的缺失阻碍了复杂振动器件的大规模部署，使用户无法获得良好的体验。[3]

11. 尼日利亚通信委员会称信息通信技术对尼日利亚GDP至关重要

1月14日，尼日利亚通信委员会称，电信业为尼日利亚国内生产总值贡献

1　"Department of Commerce Seeks Internet of Things Experts for New Advisory Board"，https://www.commerce.gov/news/press-releases/2022/01/department-commerce-seeks-internet-things-experts-new-advisory-board，访问时间：2023年2月10日。

2　"White House hosts tech summit to discuss open-source security after Log4j"，https://www.theverge.com/2022/1/13/22881813/white-house-tech-summit-apple-google-meta-amazon-open-source-security，访问时间：2023年2月10日。

3　"共同努力推动触觉反馈技术的开放标准"，https://cn.ieee.org/2022/01/14/%e5%85%b1%e5%90%8c%e5%8a%aa%e5%8a%9b%e6%8e%a8%e5%8a%a8%e8%a7%a6%e8%a7%89%e5%8f%8d%e9%a6%88%e6%8a%80%e6%9c%af%e7%9a%84%e5%bc%80%e6%94%be%e6%a0%87%e5%87%86/，访问时间：2023年3月23日。

了12.45%。尼日利亚是非洲最大的信息通信技术市场，拥有非洲大陆82%的电信用户和29%的互联网用户。过去10多年来，信息通信技术行业一直对尼日利亚GDP的贡献率超过10%，截至2020年第四季度，仅电信行业就对GDP的贡献率为12.45%。[1]

12. 华为助力提升哥斯达黎加数字能力

1月17日，为推动哥斯达黎加的数字扫盲进程，以及新科技在居民社区的应用，哥斯达黎加科技与电信部和华为公司共同签署了一份谅解备忘录。根据该谅解备忘录，双方计划通过各类培训活动推进数字扫盲进程，并提升不同社会群体，特别是提升年轻人、社会弱势群体、农村地区居民、妇女等社会群体的就业竞争力。同时，华为还将支持哥斯达黎加将智能社区中心改造升级为社区创新实验室，面向居民举办互联网技术、云技术、人工智能、大数据、物联网等领域的职业技术讲座。[2]

13. 国际金融公司牵头对巴西数据中心公司投资3000万美元

1月18日，国际金融公司（International Finance Corporation，IFC）为巴西数据中心公司ODATA牵头进行了新一轮3000万美元的融资。IFC表示，融资将用于支持ODATA公司在巴西的数据中心市场拓展，旨在增强拉美地区数据托管服务市场的生产力和竞争力，增强巴西的数字韧性并满足民众对云服务的需求。[3]

14. 拜登签署国家安全系统网络安全备忘录

1月19日，美国总统拜登签署了《关于改善国家安全、国防和情报系统

---

1 "Telecoms add 12.45% to Nigeria's GDP"，https://thenationonlineng.net/telecoms-add-12-45-to-nigerias-gdp/，访问时间：2023年2月15日。

2 "华为助力哥斯达黎加数字扫盲"，http://www.br-cn.com/static/content/news/nm_news/2022-01-19/933382500695552000.html，访问时间：2023年3月23日。

3 "IFC leads $30m investment round in Brazil's ODATA"，http://direct.datacenterdynamics.com/en/news/ifc-leads-30m-investment-round-in-brazils-odata/，访问时间：2023年2月15日。

网络安全的备忘录》（Memorandum on Improving the Cybersecurity of National Security, Department of Defense, and Intelligence Community Systems，NSM）。该备忘录是落实第14028号《改善国家网络安全行政令》（Executive Order on Improving the Nation's Cybersecurity）的政策文件，从明确网络安全技术落地应用时间安排与指导方针、强化美国国家安全局对国家安全系统的管理与指导地位、确保跨域解决方案安全性、提升网络安全风险感知能力、构建国家安全系统云技术网络安全和事件响应协作机制、引入基于特殊任务需求的例外情况六大维度，加强网络安全保障，细化美国国家安全系统的网络安全标准。此外，备忘录要求美国国家安全局、中央情报局（Central Intelligence Agency，CIA）、联邦调查局、国防部分支机构和情报界开发一个框架，以更好地协调国家安全云技术的网络安全和事件响应工作。[1]

15. 美国甲骨文公司在南非建立数据中心

1月19日，甲骨文公司（Oracle）在南非约翰内斯堡开设了一个数据中心，首次在非洲本体提供云服务。非洲将成为甲骨文的第37个"云区域"——在该区域，客户可以从当地的数据中心更快地访问数据。南非作为非洲最发达的经济体且得益于海底通信电缆提供的快速连接，成了各大云运营商的关键选址。目前，该国拥有50多个数据中心，大多靠近开普敦和约翰内斯堡。[2]

16. 英国与澳大利亚宣布建立新的网络和关键技术伙伴关系

1月20日，澳大利亚与英国正式建立网络和关键技术合作伙伴关系。双方将围绕"应对恶意行为者""加强全球技术供应链""对技术的积极愿景""利用技术解决全球挑战"深化合作，并提出通过协调网络制裁制度强化网络威

1　"Memorandum on Improving the Cybersecurity of National Security, Department of Defense, and Intelligence Community Systems"，https://www.whitehouse.gov/briefing-room/presidential-actions/2022/01/19/memorandum-on-improving-the-cybersecurity-of-national-security-department-of-defense-and-intelligence-community-systems/，访问时间：2023年2月10日。

2　"Oracle joins the race for Africa with its first African data centre"，https://techcabal.com/2022/01/24/oracle-cloud-africa-first-africa-data-centre/，访问时间：2023年2月15日。

慢、合作加强网络能力建设以提升对恶意网络活动的应急响应能力、制定全球标准、推进女性参与网络议程。[1]

17. IETF提名委员会公布IAB和IETF领导层等成员名单

1月24日，互联网工程任务组（IETF）提名委员会正式公布了互联网架构委员会（Internet Architecture Board，IAB）、IETF信托基金和IETF行政管理有限公司董事会、互联网工程指导小组（Internet Engineering Steering Group，IESG）成员名单。IESG是IETF的领导层；IAB负责对互联网技术架构的各个方面进行监督和评论；IESG负责IETF活动和互联网标准流程的技术管理，包括最终批准规范作为互联网标准。来自中国互联网络信息中心、华为公司的代表进入委员会担任委员。[2]

18. 英国发布新版政府网络安全战略

1月25日，英国正式发布《政府网络安全战略（2022—2030）》（Government Cyber Security Strategy 2022-2030）。战略阐释英国政府确保公共部门有效应对网络威胁的方式，描绘战略愿景，以提升英国政府部门网络安全韧性。新版政府网络安全战略分别从背景、方法、网络安全风险管理、网络攻击防御、网络安全事件监测、网络安全事件影响控制、网络安全知识技能及文化培养、成果评估、战略执行等方面对英国政府网络安全战略进行了全面描述。[3]

19. 美国发布《联邦政府零信任战略》

1月26日，美国政府发布《联邦政府零信任战略》（Federal Zero Trust

1　"Minister for Foreign.Affairs Statement on the UK-Australia Cyber and Critical Technology Partnership"，https://www.foreignminister.gov.au/minister/marise-payne/media-release/statement-uk-australia-cyber-and-critical-technology-partnership，访问时间：2023年2月10日。

2　"New Internet Architecture Board, IETF Trust, IETF LLC and Internet Engineering Task Force Leadership Announced"，https://www.ietf.org/blog/nomcom-announcement-2022/，访问时间：2023年3月26日。

3　"Government Cyber Security Strategy"，https://assets.publishing.service.gov.uk/government/uploads/system/uploads/attachment_data/file/1049825/government-cyber-security-strategy.pdf，访问时间：2023年2月10日。

Strategy）。该战略由美国行政管理和预算局制定，是对2021年9月发布的草案的更新。新版本包括对网络安全专业人士、非营利组织和私营企业要求的变更。行政管理和预算局表示，最终确定的战略包括加强访问控制——要求部署多因素身份验证机制，以及加密所有DNS和HTTP流量等。该战略的目标是到2024年使美国联邦政府网络架构完成向"零信任"转变。[1]

20. 美国联邦调查局发布针对伊朗网络的防范措施

1月26日，美国联邦调查局正式对外公布《防止伊朗网络集团Emennet Pasargad恶意活动的背景和建议》（Context and Recommendations to Protect Against Malicious Activity by Iranian Cyber Group Emennet Pasargad），旨在使公众能够了解伊朗所进行的"网络攻击"活动基本情况和手法，并给予针对性防范建议。[2]

21. 尼日利亚政府计划为数字基础设施建设引资400亿美元

1月27日，尼日利亚联邦政府在《2021—2025年国家发展计划：第一卷》（National Development Plan 2021-2025: Volume I）中对数字经济发展做出规划，计划到2025年将400亿美元的私人资本投资投入数字基础设施建设。该文件称，到2025年，将把数字经济对GDP贡献率从10.68%提高到12.54%。其他目标还包括改进电子政务、提高数字素养、改进数字基础设施、改进数字金融服务、鼓励数字创新创业、增强数字技能。该文件总结称：随着5G、网络安全、人工智能、机器学习、机器人技术、物联网、计算机视觉等数字技术的普及，全球逐渐过渡到第四次工业革命。[3]

---

1 "Office of Management and Budget Releases Federal Strategy to Move the U.S. Government Towards a Zero Trust Architecture"，https://www.whitehouse.gov/omb/briefing-room/2022/01/26/office-of-management-and-budget-releases-federal-strategy-to-move-the-u-s-government-towards-a-zero-trust-architecture/，访问时间：2023年2月10日。

2 "Context and Recommendations to Protect Against Malicious Activity by Iranian Cyber Group Emennet Pasargad"，https://www.ic3.gov/Media/News/2022/220126.pdf，访问时间：2023年2月3日。

3 "Nigeria targets $40bn Worth of Private Investments In Digital Infrastructure By 2025"，https://pe-insights.com/news/2022/01/03/nigeria-targets-40bn-worth-of-private-investments-in-digital-infrastructure-by-2025/，访问时间：2023年2月15日。

22. 中国—阿根廷签署关于科技园区和创新创业的合作谅解备忘录

1月28日，中国与阿根廷签署《中华人民共和国科学技术部与阿根廷共和国科技创新部关于科技园区和创新创业的合作谅解备忘录》。根据该协议，双方将在科技园区和创新创业合作领域建立合作机制，加强两国科技园区交流合作，推动科技成果转化，以科技创新促进两国产业转型、经济繁荣和可持续发展。[1]

23. 巴西授权美国太空探索技术公司提供卫星互联网服务

1月28日，巴西国家电信局授权美国太空探索技术公司为整个巴西提供卫星服务，有效期至2027年。巴西国家电信局称，该项目对分布在巴西境内各个地区的用户提供互联网接入服务，尤其对位于农村和偏远地区的学校、医院和其他机构具有重要意义。[2]

2月

1. 日本内阁网络安全中心（NISC）发布《网络安全战略》

2月1日，日本内阁网络安全中心发布了最新《网络安全战略》。[3] 该战略规划了今后三年日本要实施的各项措施的目标和方针，涵盖全体国民等所有主体"不落一人的网络安全政策"（Cybersecurity for All），致力于同时推进数字改革和网络安全，强化措施、确保网络空间的安全，以保证"自由、公正、安全的网络空间"。该战略的实施需要日本政府一体化的推进，以日本数字厅（Digital Agency of Japan）作为推进数字化改革的司令部，并加强相关组织的应对能力和合作。

---

1 "科技部与阿根廷科技创新部签署关于科技园区和创新创业的合作谅解备忘录"，https://www.most.gov. cn/kjbgz/202202/t20220214_179378.html，访问时间：2023年2月17日。

2 "巴西电信局授权马斯克公司提供卫星互联网服务"，http://www.br-cn.com/static/content/news/br_news/ 2022-01-31/937713596992204800.html，访问时间：2023年2月15日。

3 "Cybersecurity for All"，https://www.nisc.go.jp/pdf/policy/kihon-s/cs-senryaku2021-c.pdf，访问时间：2023年1月31日。

2. 波兰成立"网络空间防御部队"

2月8日，波兰政府正式宣布成立"网络空间防御部队"（Wojska Obrony Cyberprzestrzeni），作为波兰军队内部的指挥中心运作，并有权执行侦察、防御和进攻行动。波兰网络空间防御部队和波兰国家网络空间安全中心由同一人领导，将在波兰军队内部单独运作，其中网络空间防御部队专注于军事网络行动，而国家网络空间安全中心将专注于网络安全、互联网技术和密码学领域的研究。波兰政府表示，作为提高军事网络能力的一部分，计划继续招募、获取和创建"用于网络空间全方位活动的工具"，并建立一个联合网络行动中心。[1]

3. 非洲发展基金和马拉维签署金融数字化倡议赠款协议

2月10日，非洲发展基金（African Development Fund，ADF）和马拉维政府签署了一项14万美元的赠款协议，支持"数字化、普惠金融包容性和竞争力"项目（Financial Inclusion and Competitiveness，DFIC），用于基础设施升级并创建一个更高效、更透明的数字支付系统。DFIC项目符合《马拉维数字经济战略（2021—2026）》（Malawi Digital Economy Strategy 2021-2026）和《第三次国家普惠金融战略（2022—2026）》（The Third National Strategy for Financial Inclusion 2022-2026），有助于实现马拉维包容性金融体系和数字经济，创造包容性财富的长期目标。该项目将扩大该国的金融包容性，特别面向妇女、青年和农村居民。它还将允许有效的商业交易，为小微企业提供进入新的国家以及国际市场的机会。[2]

4. 美国发布《印太战略》布局印太地区网络合作

2月11日，美国白宫发布《印太战略》（Indo-Pacific Strategy of the United States），宣称将在印太地区投入更多的外交与安全资源。战略指出，美国将

1　"Polish army gets cyber component"，https://fudzilla.com/news/54345-polish-army-gets-cyber-component，访问时间：2023年4月6日。

2　"Malawi: African Development Fund signs $14.2 million grant agreement for financial digitalization initiative"，https://www.afdb.org/en/news-and-events/press-releases/malawi-african-development-fund-signs-142-million-grant-agreement-financial-digitalization-initiative-49073，访问时间：2023年4月3日。

聚焦从南亚到太平洋诸岛的印太地区所有角落，未来1至2年内的核心工作包括支持印度的持续崛起和加强地区领导地位、加强美日韩三边合作、扩大在太平洋诸岛的影响力、启动"印太经济框架"、兑现对"四方安全对话"承诺等。战略提出，推动伙伴国家，实施应对关键技术和新兴技术、互联网和网络空间的共同方法；将关注创新，以确保美军能够在包括太空、网络空间以及关键和新兴技术领域等快速发展的威胁环境中作战。[1]

延伸阅读

美国《印太战略》涉互联网领域内容

2月11日，美国发布首份《印太战略》，以促进"自由、开放的印太地区"为名，宣称将与印太地区国家在网络领域开展合作，主要包含以下内容：

1. 促进安全、可信赖的区域数字基础设施，特别是云计算和电信供应商的多样性，包括通过创新的网络架构，如开放无线网络；鼓励大规模的商业部署和测试合作，如通过共享测试床来实现共同的标准开发。美国还将深化关键政府和基础设施网络的共同韧性，同时建立新的区域倡议，以改善集体网络安全并迅速应对网络事件。

2. 与盟友、伙伴加强合作，共同推动关键新兴技术、互联网、网络空间应用。与合作伙伴紧密协调，保持国际标准机构的完整性，促进"基于共识的、与价值观相一致"的技术标准。美国促进研究人员流动、科学数据开放，以加强前沿技术合作，并努力实施网络空间负责任行为的框架及其相关规范。

3. 鼓励盟友、伙伴加强彼此间联系，支持并赋能盟友、伙伴发挥区域领导作用，以灵活组合方式工作，发挥集体力量，特别是借力四国集团（Quad Group）应对当前诸多关键挑战，加强四国集团在全球

1　"Indo-Pacific Strategy of the United States"，https://www.whitehouse.gov/wp-content/uploads/2022/02/U.S.-Indo-Pacific-Strategy.pdf，访问时间：2023年4月6日。

卫生、气候变化、关键新兴技术、基础设施、网络空间、教育和清洁能源等领域合作。

5. ICANN关注量子计算对域名系统影响

2月11日，ICANN首席技术官办公室发布《量子计算和域名系统（DNS）》报告[1]指出，量子计算机具有超强的数学和逻辑运算能力，可用于轻松破解传统加密算法，进而威胁互联网数字签名和密钥交换算法的安全性。目前，DNS SEC社区尚未就量子计算发展与DNS之间的关系达成共识。为了保障DNS协议的安全和稳定运行，ICANN首席技术官提出两项基本原则性建议：一是在现有量子计算发展情况下，DNS SEC社区目前不考虑后量子密码学；二是DNS协议中的TLS加密算法与Web协议保持一致，将后量子加密考虑其中。[2]

6. 法国计划建设网络安全园区应对复杂网络形势

2月15日，法国政府召集汇集来自公共和私营部门的网络安全专家，致力于开发新的安全技术，建设一个网络安全园区（Campus Cyber），以应对复杂的网络安全形势。该项目的灵感来自以色列的同类园区CyberSpark。法国政府认为，网络攻击的频次增多、复杂程度加剧，可能会破坏国家主权。同时，法国财政部表示，法国希望在先进技术方面保持独立。[3]

7. 南非着手推行"宽带连接计划"

2月15日，南非政府在国情咨文辩论中表示，在未来南非将着眼数字经济发展，并在已有发展基础上进一步大力推行"宽带连接计划"（South Africa

---

1 "ICANN Publishes Paper on How Quantum Computing Will Affect the DNS in the Future", https://www.icann.org/en/blogs/details/icann-publishes-paper-on-how-quantum-computing-will-affect-the-dns-in-the-future-17-2-2022-en，访问时间：2023年3月27日。

2 "Quantum Computing and the DNS", https://www.icann.org/en/system/files/files/octo-031-11feb22-en.pdf，访问时间：2023年3月27日。

3 "France launches 'cyber city' to pool resources for better digital security", https://www.rfi.fr/en/france/20220216-france-launches-cyber-city-to-pool-resources-for-better-digital-security，访问时间：2023年4月6日。

Connect），努力为21000余个尚未联网的公立学校、卫生设施、公共图书馆、政府机构等提供联网服务。此外南非政府还计划投资30亿南非兰特（约1.6亿美元）[1]，提供超过33000个社区Wi-Fi热点，以便更多社区民众能够更便利地访问互联网。该计划在2013年首次启动，是政府确定的国家宽带项目，旨在实现《国家发展计划》（the National Development Plan）中创建包容性信息社会的技术目标。[2]

延伸阅读

南非"宽带连接计划"概述

南非"宽带连接计划"始于2013年，计划建立一个包容性的信息社会，为一些服务不足的地区市政当局提供宽带服务，从而弥合宽带连接差距。由于项目规模较大，分为两个阶段进行。就第一阶段而言，在计划之初原本准备将八个乡村地区的6135个政府设施（包括所有学校、卫生设施、邮局、警察局和政府办公室）连接到宽带服务。但后续由于预算限制，第一阶段的范围减少到970个政府设施。该项目第二阶段计划连接全国超过4.2万个政府设施。当前，南非政府已与南部非洲开发银行（Development Bank of Southern Africa，DBSA）进行了合作可行性研究，旨在按省份或地区推出基础设施和服务的"计划方法"，并在评估社会和经济效益以及成本等一系列指标后提出针对性解决方案。第二阶段的实施将在资金到位后进行。[3]

---

1 "R3bn budget boost for SA Connect, phase two"，https://www.itweb.co.za/content/Gb3Bw7WagoWq2k6V，访问时间：2023年5月23日。

2 "Bold targets set for phase two of SA Connect"，https://www.itweb.co.za/content/mYZRX79aKRr7OgA8，访问时间：2023年5月23日。

3 "SA CONNECT"，https://www.dcdt.gov.za/sa-connect-document.html，访问时间：2023年5月22日。

8. ICANN举行2022年首次根区密钥签名仪式

2月16日，ICANN举行第44次根区密钥签名仪式，旨在确保域名系统免受若干安全漏洞的影响。来自世界各地安全专家构成的受托社群代表负责共同参与解锁并监督"根区密钥签名密钥"（Root Zone Key Signing Key，KSK）的激活。密钥签名仪式将生成一套唯一的根区公私密钥对，这将极大提高域名系统的安全性。ICANN自2010年开始宣传这种以透明的方式举行的仪式，并鼓励对其工作方式进行监督。[1]

9. ICANN同意根服务器系统治理工作组有关调整请求

2月16日，ICANN董事会致信根服务器系统治理工作组（RSS GWG），同意调整工作组成员构成、工作机制和计划等有关建议。[2] 1月17日，RSS GWG曾致信ICANN，表示采纳了根服务器系统咨询委员会提交的文件《RSSAC058：根服务器系统治理的成功标准》（RSSAC058: Success Criteria for the RSS Governance Structure）[3]，并向ICANN提出三项请求：一是调整RSS GWG成员构成，从每家根服务器运营商中增加一位代表；二是调整工作组达成共识的机制，采用"无任何正式反对意见即达成一致共识"的办法；三是调整工作组的工作计划，延长完成全部工作的时间。[4] RSS GWG于2019年11月成立，是由社群驱动的旨在为根服务器系统制定最终合作和治理模型的核心组织。

10. 欧洲数据保护专员公署呼吁禁用以色列飞马间谍软件

2月16日，欧洲数据保护专员公署呼吁在欧盟范围内禁用以色列NSO集团开

1　"ICANN Conducts its First Key Ceremony of 2022 to Secure the Internet"，https://www.icann.org/en/announcements/details/icann-conducts-its-first-key-ceremony-of-2022-to-secure-the-internet-15-2-2022-en，访问时间：2023年3月24日。

2　"Revised RSS GWG Charter Operating Procedures 2022"，https://www.icann.org/en/system/files/correspondence/botterman-to-hardie-16feb22-en.pdf，访问时间：2023年3月21日。

3　"RSSAC058: Success Criteria for the RSS Governance Structure"，https://www.icann.org/en/system/files/files/rssac-058-17nov21-en.pdf，访问时间：2023年3月21日。

4　"Request for adjustments from the RSS GWG"，https://www.icann.org/en/system/files/correspondence/hardie-to-botterman-17jan22-en.pdf，访问时间：2023年3月21日。

发的飞马间谍软件（Pegasus），并警告使用该软件或将带来严重后果。根据欧洲数据保护专员公署的调查，一些成员国已承认购买了飞马间谍软件，真实的客户名单"可能会更多"。NSO集团声称，其仅将飞马间谍软件出售给政府以打击犯罪和恐怖主义。但多份报告显示，该间谍软件被用来针对包括法国、西班牙和匈牙利等欧盟成员国的记者、活动家和政治人士。同时，欧洲数据保护专员公署向欧盟委员会呼吁禁止在欧盟开发和部署具有同类功能的间谍软件。[1]

11. 法国呼吁欧盟建立自主卫星网络

2月16日，欧盟各国在图卢兹召开太空事务部长会议，一致认为欧盟需要建立自主卫星基础设施，用于高速互联网的接入。法国总统马克龙指出，欧洲自主打造卫星网络涉及的是主权问题。欧盟主权是法国担任欧盟轮值主席国期间的标志性议题，缺少了太空板块，尤其是发射器或卫星群等关键领域，对技术主权的构想就难以实现。欧盟应加强太空设施防务建设，采取紧急行动，以赶上美国、中国和俄罗斯在此方面的步伐。马克龙还指出，太空不能成为法外之地，应通过推进相关监管标准的设立来让太空成为保护人类共同财产的地方。[2]

12. 埃及正式启动《"海外数字埃及"战略》

2月16日，埃及信息技术产业发展局（Information Technology Industry Development Authority，ITIDA）推出的《"海外数字埃及"战略》（Digital Egypt Strategy for Offshoring）正式启动。该战略旨在提高埃及在研发和高价值服务领域的竞争力并创造超过21.5万个就业岗位。同时，此项战略还能使得埃及数字化离岸服务的出口收入增加三倍。[3]

---

1 "Preliminary Remarks on Modern Spyware"，https://edps.europa.eu/system/files/2022-02/22-02-15_edps_preliminary_remarks_on_modern_spyware_en_0.pdf，访问时间：2023年4月6日。

2 "EU states agree on need to build own satellite constellation"，https://www.reuters.com/world/europe/eu-states-agree-need-build-own-satellite-constellation-2022-02-16/，访问时间：2023年4月6日。

3 "ICT Minister witnesses launch of Digital Egypt Strategy for Offshoring Industry"，https://www.itida.gov.eg/English/PressReleases/Pages/Digital-Egypt-Strategy-for-Offshoring-Industry-2022-2026.aspx，访问时间：2023年3月4日。

13. 俄罗斯发布《部分高科技产业发展状况白皮书》

2月16日，俄罗斯经济发展部（Ministry of Economic Development of the Russian Federation）会同俄国有企业发布《部分高科技产业发展状况白皮书》。白皮书总结分析了人工智能、物联网、5G技术、量子计算、量子通信、区块链、电力传输技术和分布式智能电网、储能系统技术、储能系统技术、新材料与新物质、未来空间技术十个关键高科技领域发展情况。白皮书还指出，俄高科技产业存在独立技术和专家不足、关键零部件和设备严重依赖进口，缺少私营高科技公司实施科技成果转化等问题。[1]

延伸阅读

俄罗斯《部分高科技产业发展状况白皮书》概述

2月16日，俄罗斯经济发展部发布《部分高科技产业发展状况白皮书》。[2]《白皮书》由俄罗斯经济发展部与多家高校、权威部委、头部国有企业联合拟定，研究了以下十个领域的现状和发展趋势，分析了俄罗斯在上述领域与领先国家存在的差距、具备的优势和不足以及未来面临的风险。

1. 人工智能：全球人工智能领域专利和出版物的领先者为中国和美国，在论文著作方面，俄罗斯作者份额仅占1.5%。俄罗斯在人工智能领域的主要优势是超级计算机，主要短板则是电子元件。

2. 物联网：该领域的领先者包括美国的微软、亚马逊、IBM、谷歌云等公司，以及中国的阿里云、百度等公司。与中美相比，俄罗斯的主要优势是功能强大的软件、高效的数据处理算法、数据存储和监控等，主要短板则是硬件解决方案依赖国外进口。

3. 5G技术：5G基础设施主要由大型电信设备制造商开发，包括中

1　"ВРоссиипредставили 'Белуюкнигу' высокихтехнологий"，https://tass.ru/ekonomika/13721597，访问时间：2023年2月8日。

2　"Развитие отдельных высокотехнологичных направлений·Белая книга"，https://issek.hse.ru/mirror/pubs/share/565446894.pdf.，访问时间：2023年5月12日。

国的华为和中兴、瑞典爱立信、芬兰诺基亚及韩国三星等。上述公司占据了移动设备95%的市场。美国、中国和韩国的5G普及率已接近20%，而5G技术在俄罗斯尚处于试验阶段，预计2024年才能实现全面推广。

4. 量子计算：在量子计算领域，世界领先者为中国和美国。俄罗斯约落后中美7至10年。现阶段，量子设备的运算能力尚未超过传统的超级计算机。

5. 量子通信：俄罗斯量子通信领域专利总数仅占世界的1.1%，论文著作仅占4.4%；但在大气和太空通信领域，俄罗斯占50%。目前，美国、欧盟、英国、日本、中国和俄罗斯均开始部署多节点干线和城市光纤量子网络。

6. 区块链：区块链技术的领先者是美国与中国。预计2030年，区块链技术可使全球GDP增加1.8万亿美元。

7. 电力传输技术和分布式智能电网：该领域的世界领先者为中国、日本、美国。在该领域，俄罗斯制定了2030至2035年的中期战略规划。

8. 储能系统技术：欧盟、中国和美国已逐渐向碳中和能源过渡，已有多个国家宣布未来将禁止使用内燃机汽车。在该领域，俄罗斯的最大贡献是氢能技术领域的科研成果。

9. 新材料与新物质：包括超轻材料、超硬材料、记忆材料、添加剂、聚合物复合材料、稀土金属及其相关副产品等。俄罗斯最大的优势是稀土，相关科研成果占全球的4.2%，稀土储量为全球第二，稀土产量为全球第七。

10. 未来空间技术：在未来空间技术领域，俄罗斯专利申请数量占世界的3.9%，科研论文占5.1%，上述两项指标的领先者为中国和美国。俄罗斯的最大优势在先进地理信息系统（29%），以及新一代航天器技术（4.2%）。

综上，俄罗斯与中美差距较大，俄罗斯的最大阻碍是技术发展严重依赖设备和零部件进口；同时，俄罗斯缺乏独角兽公司（市值超过10亿美元的私营科技公司），科研成果转化存在难题。此外，俄罗斯的国外市场推广缺少政府的协调支持。

14. 美国联邦调查局成立专门打击加密货币犯罪的部门

2月17日，美国司法部在慕尼黑安全会议上宣布，美国联邦调查局将成立专门追踪和没收非法加密货币的部门——虚拟资产行动小组，负责整合关于加密货币的专业知识与专家，并为联邦调查局其他人员提供与区块链分析、虚拟资产没收相关的知识，同时提供相关培训。[1]

15. 中国加强电子证照应用安全管理以保障信息安全

2月22日，中国国务院办公厅印发《关于加快推进电子证照扩大应用领域和全国互通互认的意见》，就进一步加快推进电子证照扩大应用领域和全国互通互认，进一步助力深化"放管服"改革和优化营商环境作出部署。《意见》提出，要坚持安全可控，统筹发展和安全，加强电子证照应用全过程规范管理，严格保护商业秘密和个人信息安全，切实筑牢电子证照应用安全防线。[2]

16. 韩国将为国家元宇宙项目投资2237亿韩元

2月27日，韩国政府称，将投资2237亿韩元创建名为"扩展虚拟世界"（Expanded Virtual World）的元宇宙生态系统，以支持数字内容增长和企业发展。这笔投资将用于发展去中心化的创造者经济、培养人才、支援VR/AR设备开发企业等方面。[3]

3月

1. 加拿大投资2.4亿加元发展半导体产业

3月1日，加拿大创新、科学与经济开发部部长公开表示，加拿大将向半

1　"Justice Department Installs New FBI Crypto Crime Unit"，https://www.wsj.com/articles/justice-department-installs-new-fbi-crypto-crime-unit-11645129414，访问时间：2023年4月6日。

2　"国务院办公厅关于加快推进电子证照扩大应用领域和全国互通互认的意见"，http://www.gov.cn/zhengce/content/2022-02/22/content_5674998.htm，访问时间：2023年4月6日。

3　"South Korea to invest \$187M in national metaverse project"，https://blockworks.co/south-korea-to-pour-187m-into-world-class-metaverse-ecosystem/，访问时间：2023年2月8日。

导体产业投资2.4亿加元，以支持芯片的研究和制造。该投资共涉及两个项目。其中，1.5亿加元将作为半导体挑战号召基金（Semiconductor Challenge Callout），用于开发和供应半导体。另外的9000万加元已被分配给加拿大国家研究委员会下属的加拿大光子制造中心。[1]

2. 美国参议院通过《加强美国网络安全法案》

3月1日，美国参议院通过《加强美国网络安全法案》（Strengthening American Cybersecurity Act）。该法案于2月8日提出，试图改善联邦机构之间的协调，并要求所有民事机构向美国网络安全与基础设施安全局报告网络攻击事件。该法案由《网络事件报告法案》《2021年联邦信息安全现代化法案》和《联邦安全云改进和就业法案》三项网络安全法案组成，更新了各机构向国会报告网络事件的规定，赋予美国网络安全与基础设施安全局更多权力，确保其作为民用网络安全事件的主要负责机构。[2]

3. 美国国家安全局发布《网络基础设施安全指南》

3月1日，美国国家安全局发布《网络基础设施安全指南》（Network Infrastructure Security Guidance），向全美政府机构提供网络基础设施抵御网络攻击的通用技术建议。该指南涵盖网络设计、设备密码和密码管理、远程登录、安全更新、密钥交换算法，以及NTP、SSH、HTTP、SNMP等重要协议。主要包括以下内容：网络体系架构与设计采用多层防御；定期进行安全维护；采用认证、授权和审计来实施访问控制并减少维护；创建具有复杂口令的唯一本地账户；实施远程记录和监控；实施远程管理和网络业务；配置网络应用路由器对抗恶意滥用；正确配置端口。[3]

1　"Canada to invest C\$240 mln to develop semiconductor industry"，http://www.reuters.com/technology/canada-invest-c240-mln-develop-semiconductor-industry-2022-02-28/，访问时间：2023年10月10日。

2　"Summary: S.3600−117th Congress (2021−2022)"，https://www.congress.gov/bill/117th-congress/senate-bill/3600，访问时间：2023年4月6日。

3　"NSA Releases Network Infrastructure Security Guidance"，https://www.cisa.gov/news-events/alerts/2022/03/03/nsa-releases-network-infrastructure-security-guidance；"Network Infrastructure Security Guide"，https://media.defense.gov/2022/Jun/15/2003018261/-1/-1/0/CTR_NSA_NETWORK_INFRASTRUCTURE_SECURITY_GUIDE_20220615.PDF，访问时间：2023年4月6日。

4. 中国印发《2022年提升全民数字素养与技能工作要点》

3月2日，中国中央网信办、教育部、工业和信息化部、人力资源和社会保障部联合印发《2022年提升全民数字素养与技能工作要点》。工作要点明确了工作目标：到2022年年底，提升全民数字素养与技能工作取得积极进展，系统推进工作格局基本建立。工作要点的主要内容包括：数字资源供给更加丰富，全民终身数字学习体系初步构建，劳动者数字工作能力加快提升，人民群众数字生活水平不断提高，数字创新活力竞相迸发，数字安全防护屏障更加坚固，数字社会法治道德水平持续提高，全民数字素养与技能发展环境不断优化。工作要点部署了八个方面任务：加大优质数字资源供给、打造高品质数字生活、提升劳动者数字工作能力、促进全民终身数字学习、提高数字创新创业创造能力、筑牢数字安全保护屏障、加强数字社会文明建设、加强组织领导和整体推进。[1]

5. 360公司揭秘美国国家安全局对全球发起十余年的网络攻击

3月2日，360政企安全集团发布独家报告，公开披露美国国家安全局以收集情报为目的对全球发起大规模网络攻击，中国是其重点攻击目标之一。360公司通过对美国国家安全局专属的Validator后门配置字段的统计分析，推测美国国家安全局针对中国的潜在攻击量非常巨大，仅Validator一项的感染量最保守估计是几万的数量级，甚至可能达到数十万甚至百万。针对中国境内的攻击目标包括政府、金融、科研、教育、军工、航空航天、医疗等，重要敏感单位及组织机构成为主要目标，占比重较大的是高科技领域。[2]

6. 危地马拉将针对未成年人的网络犯罪行为纳入刑法

3月3日，危地马拉总统亚历杭德罗·贾马太（Alejandro Giammattei）批准国会第17-73号法案，该法案进一步明确《刑法》中针对儿童和青少年的网络犯罪行为。第17-73号法案将以下几类通过网络实施的性犯罪行为纳入危地马

---

1 "中央网信办等四部门印发《2022年提升全民数字素养与技能工作要点》"，http://www.cac.gov.cn/2022-03/02/c_1647826931080748.htm，访问时间：2023年5月1日。

2 "独家揭秘美国国安局全球网络攻击手法：全球数亿公民隐私和敏感信息犹如'裸奔'"，http://tech.cnr.cn/techph/20220302/t20220302_525754980.shtml，访问时间：2023年4月6日。

拉《刑法》：通过网络与未成年人接触时，向其索要或接收色情内容，包括文字、照片和视频等；自身或协助他人与未成年人发生性关系及未遂；以其他任何形式对未成年人造成性侵害的犯罪行为。另外，更新后的法律还将"通过网络对未成年人实施敲诈勒索"定义为犯罪行为。[1]

7. ICANN召开第73届会议

3月7至10日，受新冠疫情影响，ICANN第73届会议以线上方式举行，其间共举办79场活动，来自146个国家和地区的1578人注册参会。[2] 除了高管问答会、公共论坛和公共董事会会议之外，还举行了三场全体会议。第一场重点在于审查《全球公共利益框架》，讨论ICANN社群在向董事会提出建议时，是否以及如何能够最好地利用这个框架。第二场讨论域名系统滥用问题，并探讨DNS滥用中与恶意注册和受损域名有关的影响和限制。第三场讨论可能影响ICANN工作的地缘政治立法和监管发展。[3]

8. 欧盟成员国呼吁设立网络安全应急响应基金

3月8日，据路透社消息，欧盟一份文件显示，欧盟27个成员国的电信部部长呼吁欧盟委员会设立网络安全应急基金，应对潜在的大规模网络攻击。文件称，鉴于当前地缘政治格局以及网络空间形势，欧盟需要制订全面的计划应对网络攻击，而网络安全应急基金的设立将有助于这一目标的实现。此外，部长们还希望制定更多法规，保护数字基础设施、技术和产品，并吸引企业提供专业知识。[4]

---

1 "危地马拉将针对未成年人网络犯罪行为纳入刑法"，http://www.br-cn.com/static/content/news/nm_news/2022-03-04/949375820525613056.html，访问时间：2023年3月23日。

2 "By the numbers report"，https://meetings.icann.org/en/remote73/icann73-technical-report-17mar22-en.pdf，访问时间：2023年4月12日。

3 "Welcome to ICANN73"，https://www.icann.org/en/blogs/details/welcome-to-icann73-06-03-2022-en，访问时间：2023年4月12日。

4 "EU countries call for cybersecurity emergency response fund -document"，https://www.reuters.com/world/europe/eu-countries-call-cybersecurity-emergency-response-fund-document-2022-03-08/，访问时间：2023年4月6日。

9. 美国情报界评估2022年度网络威胁来源

3月8日，美国国家情报总监办公室发布2022年《美国情报界年度威胁评估》报告（Annual Threat Assessment of the U.S. Intelligence Community）。该报告重点关注未来一年美国面临的最直接、最严重威胁，对中国、俄罗斯、伊朗和朝鲜等国家，就区域和全球目标活动，从军力、大规模杀伤武器、外太空争夺、网络技术，以及对美国的不利影响等角度进行综合评估。其中，美国认为，俄罗斯将网络干扰视为影响其他国家决策的外交政策杠杆，来自俄方的威慑和军事工具，是美国首要网络威胁；伊朗则是美国及盟国网络和数据安全的主要威胁，美国的关键基础设施所有者容易成为伊朗的目标；朝鲜则是通过复杂而灵活的间谍活动、网络犯罪和网络攻击对美国造成威胁。该年度评估报告代表了美国17个情报机构对美国面临主要威胁的共识，是美国议员和政策制定者做出关键决定、推进立法和制定预算的基准。[1]

10. 智慧非洲联盟与非洲数据保护机构签署谅解备忘录

3月10日，智慧非洲联盟（Smart Africa Alliance，SA）与非洲数据保护机构网络（Network of African Data Protection Authorities，NADPA）签署谅解备忘录，以提供制度支持并增强非洲国家机构的执法能力。具体而言，智能非洲联盟和非洲数据保护机构网络将共同合作：支持国家数据战略和数据保护法规的执行，以便为非洲的数据保护政策和法规建一个统一的框架；支持非洲国家制定或更新关于保护隐私和个人数据的立法，以及建立数据保护机构；通过智能非洲数字学院（Smart Africa Digital Academy，SADA）为非洲数据保护当局开发和实施联合能力建设模块；制定加强非洲数据保护当局之间法律合作的适当举措，以支持非洲大陆的数字化。[2]

1　"2022 ANNUAL THREAT ASSESSMENT OF THE U.S. INTELLIGENCE COMMUNITY"，https://www.dni. gov/index.php/newsroom/reports-publications/reports-publications-2022/3597-2022-annual-threat-assessment-of-the-u-s-intelligence-community，访问时间：2023年5月1日。

2　"Smart Africa, NADPA sign MoU to harmonise data protection laws"，https://www.ghanaiantimes.com.gh/smart-africa-nadpa-sign-mouto-harmonisedata-protection-laws/，访问时间：2023年3月23日。

11. 新加坡与法国签署《数字和绿色合作伙伴协定》

3月14日，新加坡与法国签署《数字和绿色合作伙伴协定》（France-Singapore Digital and Green Partnership，DGP），旨在加强双方面向未来的经济伙伴关系，利用数字和绿色技术提高经济竞争力。根据该协定，新加坡和法国将制订一项工作计划，包括在智能交通、智能城市、网络、金融创新、农业食品技术、医疗技术和教育技术等各个领域推进项目合作。双方还将成立一个由法国和新加坡官员组成的联合工作组，以监督协定的实施。[1]

12. 亚太互联网组织和国际互联网协会签署联合谅解备忘录

3月14日，亚太互联网组织（Asia-Pacific Internet Organizations）和国际互联网协会宣布签署联合谅解备忘录，以加强和支持亚太地区互联网交换点（Internet Exchange Points，IXPs）的发展。亚太地区互联网交换点将私人、公共和教育部门的多个网络聚集在一起以连接和交换互联网流量，提供更快、更便宜、更可靠的互联网体验，通过改善一国对互联网访问，以最少的投资打开一个充满可能性的世界，从而帮助各国进入全球互联网经济。签署备忘录的亚太互联网组织包括亚太互联网交换协会（Asia Pacific Internet Exchange Association，APIX）、亚太互联网络信息中心（Asia Pacific Network Information Centre，APNIC）、亚太互联网信息中心基金会等。[2]

13. 美国正式通过《2022年关键基础设施网络事件报告法案》

3月15日，美国总统拜登签署《2022年关键基础设施网络事件报告法案》，旨在加强联邦政府与关键基础设施运营实体以及联邦政府机构之间的网络事件信息共享。法案明确关键基础设施实体报告网络事件的流程及基本要求，

1　"Singapore and France sign partnership on Digital and Green Economy Cooperation"，https://www.mti.gov.sg/Newsroom/Press-Releases/2022/03/Singapore-and-France-sign-partnership-on-Digital-and-Green-Economy-Cooperation，访问时间：2023年4月6日。

2　"Leading Internet Organizations Partner to Transform Internet Access in Asia-Pacific Region"，https://www.internetsociety.org/news/press-releases/2022/leading-internet-organizations-partner-to-transform-internet-access-in-asia-pacific-region/，访问时间：2023年4月18日。

要求政府部门对网络事件报告进行审查并及时共享。该法案突出强调对勒索软件攻击的应对，要求建立勒索软件漏洞预警试点程序并协商成立勒索软件防护工作组。[1]

14. 美国政府问责局最新战略计划重点强调网络安全

3月15日，美国政府问责局（Government Accountability Office，GAO）公布"2022—2027年战略计划"，重点关注如何将网络安全及相关技术融入美国更广泛的目标中。该计划将"确保国家网络安全"列入"帮助国会应对不断变化的安全威胁和挑战"这一关键目标中，并设置三个预计目标，即保护美国联邦网络系统、国家关键基础设施免受网络威胁并及时响应，保护隐私和敏感数据。[2]

15. 智利参议院提出网络安全和关键信息基础设施框架法案

3月15日，智利参议院提交关于建立网络安全和关键信息基础设施框架法案的第14.847-06号公告。根据该法案智利将建立必要的机构，以加强网络安全、扩大和加强预防网络犯罪工作，创建数字安全公共文化，规范公共和私营部门之间的关系与合作，并维护网络空间中的个人安全。该法案还包括建立网络安全监管框架、确定公共和私人机构的责任及相关职责等内容。[3]

16. 巴西政府修订数字战略

3月16日，时任巴西总统雅伊尔·梅西亚斯·博索纳罗（Jair Messias Bolsonaro）签署法令对巴西数字战略进行修订，明确提出计划打造一个全新框架，整合领导数字化转型的公务员和政府科技创新生态系统，将专注于把为公

---

1 "Cyber Incident Reporting for Critical Infrastructure Act of 2022 (CIRCIA)"，https://www.cisa.gov/topics/cyber-threats-and-advisories/information-sharing/cyber-incident-reporting-critical-infrastructure-act-2022-circia，访问时间：2023年4月6日。

2 "GAO Strategic Plan 2022-2027: Key Efforts Emphasize Cybersecurity"，https://www.meritalk.com/articles/gao-strategic-plan-2022-2027-key-efforts-emphasize-cybersecurity/，访问时间：2023年4月6日。

3 "Chile: Bill for cybersecurity and critical information infrastructure introduced in Senate"，https://www.dataguidance.com/news/chile-bill-cybersecurity-and-critical-information，访问时间：2023年4月3日。

共部门服务的技术型初创公司（GovTechs）所开发的技术、工作流程和灵活的解决方案整合到现阶段巴西的数字化转型努力中。巴西政府认为，将为公共部门服务的技术型初创公司纳入该战略有助于政府本身的行动，政府可以依靠这些专注于技术和快速解决方案的公司来克服其在健康、教育、农业、环境和基础设施等各个领域的挑战。[1]

17. 首次非洲网络专家社区会议开幕

3月16日，由全球网络专家论坛（Global Forum on Cyber Expertise，GFCE）、非洲联盟（African Union，AU）、非洲联盟发展局（African Union Development Agency，AUDA-NEPAD）和网络安全管理局（Cyber Security Authority，CSA）等组织的促进非洲网络安全能力建设的论坛在加纳首都阿克拉举办，此次会议被称为非洲网络专家（Africa Cyber Experts，ACE）社区启动会议，主题是"为非洲的网络安全状况奠定基础"。来自32个国家的65名代表参加会议。[2]

18. 乌拉圭公布豁免蓝牙和Wi-Fi设备进口的议案

3月17日，为了促进乌拉圭消费者购买蓝牙和Wi-Fi设备，乌拉圭无线电信管理局（Unidad Reguladora de Servicios de Comunicaciones，URSEC）发布第275/021号决议[3]，明确指出符合下列技术条件的无线电通信设备可通过一般进口方式（国际邮政邮包）进入该国，而无须事先取得URSEC的批准。技术条件包括：仅在2.4-2.4835GHz和/或5.725-5.850GHz频段运行；使用802.11标准（或称Wi-Fi4、Wi-Fi5和Wi-Fi6）和/或802.15标准（或称蓝牙）。此外，根据第297/021号决议，上述设备仅限于国家免费使用的频谱内，并内置天线且最大射频输出功率限制在10米以内。

---

1 "Brazilian government amends digital strategy to include govtechs"，https://www.zdnet.com/article/brazilian-government-amends-digital-strategy-to-include-govtechs/，访问时间：2023年2月15日。

2 "African countries build capacity on cybersecurity"，https://www.ghanaiantimes.com.gh/african-countries-build-capacity-on-cybersecurity/，访问时间：2023年3月23日。

3 "Uruguay URSEC Publishes Resolución No. 275/021"，https://approve-it.net/uruguay-ursec-publishes-resolucion-no-275-021/，访问时间：2023年2月20日。

19. 美政府部门敦促卫星通信服务提供商加强网络安全防御

3月17日，美国网络安全与基础设施安全局和联邦调查局发布联合网络安全咨询，鼓励关键基础设施运营者和其他卫星通信网络提供商或客户审查和实施缓解措施，加强卫星通信网络安全。建议的缓解措施包括：使用安全的方法进行身份验证；执行最小特权原则；审查信任关系；实施加密；确保可靠的补丁和系统配置审核；监控日志中的可疑活动；确保事件响应、恢复能力和运营计划的连续性到位。[1]

20. 美国政府呼吁私营企业采取行动防止潜在网络攻击

3月21日，美国白宫发布情况说明书称，俄罗斯可能会对美国进行恶意网络活动，作为对俄制裁的回应。美国政府将继续努力为私营部门提供资源和工具，全力保卫国家并应对网络攻击。美国政府敦促私营公司紧急执行以下步骤：强制在系统上使用多因素身份验证；在计算机和设备上部署现代安全工具，持续查找和缓解威胁；确保系统已打补丁并针对所有已知漏洞提供保护，并更改整个网络的密码；备份数据并确保拥有恶意行为者无法触及的离线备份；演习和演练应急计划，准备好快速响应以最大限度地减少任何攻击的影响；加密数据；教育员工了解攻击者的常用策略，并报告计算机或手机是否出现异常行为；主动与联邦调查局或网络安全与基础设施安全局建立关系。同时，政府鼓励技术和软件公司：将安全性构建到产品中；仅在高度安全且仅供实际从事特定项目的人员访问的系统上开发软件；使用现代工具检查已知和潜在的漏洞；软件开发人员对其产品中使用的所有代码负责，包括开源代码；实施总统行政命令中规定的安全措施。[2]

21. 日本设立网络防御司令部

3月22日，日本防卫省重组陆上、海上和航空自卫队相关部队，成立一个

---

1 "Strengthening Cybersecurity of SATCOM Network Providers and Customers"，https://www.cisa.gov/news-events/cybersecurity-advisories/aa22-076a，访问时间：2023年4月6日。

2 "FACT SHEET: Act Now to Protect Against Potential Cyberattacks"，https://www.whitehouse.gov/briefing-room/statements-releases/2022/03/21/fact-sheet-act-now-to-protect-against-potential-cyberattacks/，访问时间：2023年4月6日。

新的网络防御司令部，旨在加强应对迅速增长的网络威胁的能力。防卫大臣岸信夫在该部队成立仪式上的讲话中强调，这一军事司令部是加强网络安全领域能力的重要支柱。报道称，这支由540人组成的部队任务是保护控制所有自卫队作战的信息和通信网络，其中有450人将负责防御网络攻击，比此前部门增加了160人。[1]

22. 巴西司法和公共安全部启动打击网络犯罪的战术计划

3月22日，巴西司法和公共安全部（Ministério da Justiça e Segurança Pública，MJPS）启动了第一个打击网络犯罪的战术计划，目的是预防和打击网络犯罪。战术计划的要点之一是巴西联邦警察和巴西银行联合会合作，促进信息共享，采取预防和教育措施，识别和惩罚犯罪组织。战术计划将建立一个可供司法警察查阅的事件数据库，以便在全国有效地开展调查和解决犯罪问题；创建一个防止电子银行欺诈、数字诈骗的程序，并对安全人员进行培训；建立一个联邦和各州安全部队、国内和国际公共与私人实体以及该领域专家参与的综合结构，以管理从事数字犯罪的犯罪组织。此外，打击网络犯罪的战术计划包含预防和减轻网络威胁的主题，即网络犯罪引起的风险和事件的管理；改善关键基础设施以打击网络犯罪；法律和监管支持；国家伙伴关系和国际合作；标准化和信息化集成；研究、开发、创新和教育以打击网络犯罪。[2]

23. 欧委会提出《网络安全条例》与《信息安全条例》议案

3月22日，欧盟委员会提出《网络安全条例》（Cybersecurity Regulation）与《信息安全条例》（Information Security Regulation）议案，以在欧盟各机构、机关、办事处之间建立共同的网络安全和信息安全措施，增强欧盟对网络威胁和事件的复原力和响应能力，并确保在全球恶意网络活动不断上升的情况下，

---

1 "美媒：日本设立网络防御司令部"，https://news.sina.cn/2022-03-24/detail-imcwipii0267256.d.html，访问时间：2023年3月7日。

2 "Ministerio da justice e seguranca publica lanca plano tatico de combate a crimes ciberneticos"，https://www.gov.br/mj/pt-br/assuntos/noticias/ministerio-da-justica-e-seguranca-publica-lanca-plano-tatico-de-combate-a-crimes-ciberneticos，访问时间：2023年4月3日。

建立一个有韧性、安全的欧盟。《网络安全条例》正文共25条，旨在建立一个网络安全领域的治理、风险管理和控制框架。《网络安全条例》规定将建立一个新的跨机构网络安全委员会，还将延长计算机应急响应小组对CERT-EU的任务授权期间。《信息安全条例》正文共62条，旨在为所有欧盟各机构、机关、办事处制定一套最低限度的信息安全规则和标准，以在信息威胁不断演变的情况下为它们提供有力且一致的保护。《信息安全条例》将为欧盟机构、机构、办公室和机构之间以及与成员国之间基于标准化做法和保护信息流措施的信息安全交换提供基础。[1]

24. ICANN发布域名系统滥用趋势报告

3月22日，ICANN发布《回顾过去四年：DNS滥用趋势简要回顾》报告（The Last Four Years in Retrospect: A Brief Review of DNS Abuse Trends）。DNS滥用是ICANN社群最为重要的议题，为促进社群开展相关讨论并为这些讨论提供有用信息，ICANN通过域名滥用活动报告项目，根据信誉拦截列表中列出的安全威胁域，发布与DNS安全威胁集中度相关的趋势报告。[2] 该报告展示了自2017年10月至2022年1月期间，全球通用顶级域相关域名系统安全威胁集中度的总体态势。报告总结指出，虽然DNS安全威胁在绝对值和正常化率方面都有下降趋势，但并不意味着该项工作重要性的下降。ICANN鼓励社群继续进行讨论，并探讨可以和应该采用哪些措施来进一步打击DNS滥用。[3]

25. 非洲国家讨论提高非洲的网络韧性

3月23日，来自非洲31个国家的65名专家在加纳的阿拉克参加了网络安全领域的讨论，讨论制定有关提高非洲大陆网络安全抵御能力的创新方法。这次为期两天的会议的主题是"为非洲网络安全现状奠定基础"。非洲联盟一

---

1 "欧盟拟推《网络安全条例》和《信息安全条例》"，https://www.secrss.com/articles/40758，访问时间：2023年4月6日。

2 "ICANN Publishcs DNS Abuse Trends"，https://www.icann.org/en/blogs/details/icann-publishes-dns-abuse-trends-22-03-2022-en，访问时间：2023年4月18日。

3 "The Last Four years in Retrospect: A Brief Review of DNS Abuse Trends"，https://www.icann.org/en/system/files/files/last-four-years-retrospect-brief-review-dns-abuse-trends-22mar22-en.pdf，访问时间：2023年4月18日。

非洲网络专家全球网络专家论坛的首次集体会面目的是建立非洲网络专家工作组，以支持非洲大陆的网络安全能力建设。2014年，非洲联盟通过了《网络安全和个人数据保护公约》（Convention on Cyber Security and Personal Data Protection），即《马拉博公约》（Malabo Convention）。它旨在为网络安全、个人数据保护和电子交易安全制定法律框架。[1]

26. 美参议院通过《下一代电信法案》

3月23日，美国参议院商业、科学和交通委员会（Senate Commerce, Science, and Transportation Committee）投票通过了《下一代电信法案》（Next Generation Telecommunications Act）。该法案旨在创建一个新的委员会，负责监督美国对下一代通信技术（包括6G）的投资和政策制定。该委员会拟定职责包括制定国家电信战略，重点关注美国在全球电信领域的领导地位、确保美电信网络韧性和安全，以及扩大美电信部门的劳动力规模等。[2]

27. 埃及举行国家级网络安全演习

3月28至29日，埃及政府信息与决策支持中心（Egyptian Government's Information and Decision Support Center，IDSC）与埃及计算机应急响应小组（Egyptian Computer Emergency Readiness Team）联合举办为期两天的国家级网络安全演习。此次演习参与方大部分是埃及政府部门和行政机构，目的是通过模拟可能发生的网络攻击场景，测试相关部门应对网络威胁的准备程度及响应能力，并提升彼此间的沟通与协调水平。[3]

28. 南非举办提升儿童数字素养研讨会

3月29日，南非政府通信和信息系统（Government Communication and Infor-

---

1 "Gambia joins counterparts to discuss improving cyber resilience for Africa", https://thepoint.gm/africa/gambia/headlines/gambia-joins-counterparts-to-discuss-improving-cyber-resilience-for-africa，访问时间：2023年5月22日。

2 "Senate Commerce Clears '6G' Next-Gen Telecom Bill", https://www.meritalk.com/articles/senate-commerce-clears-6g-next-gen-telecom-bill/，访问时间：2023年4月6日。

3 "Egypt ramps up cyber, data security capabilities", https://www.al-monitor.com/originals/2022/03/egypt-ramps-cyber-data-security-capabilities，访问时间：2023年3月4日。

mation System，GCIS）与Digify Africa合作举办关于为儿童创造更安全的互联网空间的网络研讨会。研讨会旨在强调网络安全的重要性，提出保护儿童网络安全的建议，并敦促培养负责任的数字公民。为使南非儿童充分行使他们的数字权利以及使他们成为活跃的数字公民，南非政府计划将数字和媒介素养融入学校课程，让儿童开始有意义地使用互联网，通过提升其数字技能推动他们的未来职业发展。[1]

29. 孟加拉国启动首个基于物联网的交付解决方案

3月29日，孟加拉国信息通信技术部长为首个"孟加拉国制造"的物联网智能交付解决方案Digibox揭幕。[2] 该项目旨在提供"最后一英里"交付、存储和取货服务。使用Digibox解决方案的设备每天可以为300名客户提供服务。在它的帮助下，相关公司能大幅改善运营状况并降低劳动力成本和资产损失。对于电子商务物流，它为用户提供了最快的发货检索周期。该项目的软硬件均为孟加拉国本土制造。

30. 日本设立"网络警察局"和"网络特别调查队"

3月29日，日本依据新修改的《警察法》，在警察厅设立"网络警察局"和"网络特别调查队"。"网络警察局"整合了日本警察厅内多个网络犯罪相关部门，重点从事调查指挥和情报分析工作。"网络特别调查队"隶属于关东管区警察局，人数约200人，负责对重大网络犯罪实施调查。日本政府表示，期待通过直接与海外调查机关交换情报、参与国际共同行动，推动网络调查取得突破性进展。[3]

---

1 "Children urged to take full advantage of their digital rights"，https://www.sanews.gov.za/south-africa/children-urged-take-full-advantage-their-digital-rights，访问时间：2023年3月23日。

2 "Bangladesh's first IoT-based delivery solution DigiBox starts officially"，https://www.tbsnews.net/economy/corporates/bangladeshs-first-iot-based-delivery-solution-digibox-starts-officially-512098，访问时间：2023年2月8日。

3 "Japan gears up unit for international cybercrime investigations"，https://asianews.network/japan-gears-up-unit-for-international-cybercrime-investigations/，访问时间：2023年3月17日。

4月

1. 微软投资2亿美元在尼日利亚建设非洲发展中心

4月1日，尼日利亚总统穆罕马杜·布哈里（Muhammadu Buhari）在首都阿布贾会见了微软总裁。布哈里总统对微软在尼日利亚建设价值2亿美元的非洲发展中心（African Development Centre）表示赞赏。他说，作为非洲最大的经济体和人口最多的国家，尼日利亚将在全球技术生态系统中发挥战略作用，并寻求正确的合作伙伴关系来发挥潜力，其中一个关键的伙伴关系是能力建设领域。他期待与微软建立进一步的伙伴关系，以支持新兴技术领域的数字基础设施和创新生态系统发展。[1]

2. 美国国务院宣布成立网络空间与数字政策局

4月4日，美国国务院宣布成立新机构网络空间与数字政策局，并将信息技术领域预算增加50%。该机构将负责牵头落实美国的网络外交政策，统筹美国针对其盟友及伙伴的"网络能力援助"，聚焦国家网络安全、信息经济发展和数字技术三大领域，强化美国在全球网络及新兴技术规范标准领域的话语权，用于打造更完善的数据环境。该机构包括三个政策部门：国际网络空间安全处、国际信息与通信政策处和数字自由处。美国国务卿安东尼·布林肯表示，网络空间与数字政策局通过将新兴技术纳入政策决策，为美国外交和国内安全带来新的关注点。[2]

3. 美国太空探索技术公司和美国国际开发署为乌克兰提供5000台"星链"终端

4月5日，美国太空探索技术公司和美国国际开发署（United States Agency for International Development，USAID）向乌克兰交付5000台"星链"终端，用

1　"微软在尼日利亚建设首个非洲发展中心，投资2亿美元"，http://www.oneafrica.cn/?p=16987，访问时间：2023年2月10日。

2　"Establishment of the Bureau of Cyberspace and Digital Policy"，https://www.state.gov/establishment-of-the-bureau-of-cyberspace-and-digital-policy/，访问时间：2023年2月10日。

于帮助其应对与俄罗斯的冲突。其中，美国太空探索技术公司提供了3667台终端和网络服务，美国国际开发署采购提供1333台终端。据悉，乌克兰正在使用的"星链"终端超过1万台，为政府和公众保持通信能力提供重要保障，并计划在此次冲突后为"星链"系统建造地面站。[1]

4. 非洲电子贸易平台将在22个国家落地

4月11日，肯尼亚贸易网络机构（Kenya Trade Network Agency，KenTrade）推出可处理商业单据交换的非洲电子贸易平台。随着非洲大陆自由贸易协定的形成，该平台将降低经商成本，并帮助贸易商交换贸易信息。根据WTO便利化协议，该平台将使非洲国家能够交换原产地证书和植物检疫证书等商业文件，大幅提高贸易文件处理的速度及可靠性。平台已在肯尼亚、摩洛哥、突尼斯、喀麦隆和塞内加尔进行了约18个月的测试，现在将落地22个非洲电子商务联盟成员国。[2]

5. 阿联酋推出《数字经济战略》

4月12日，阿联酋政府正式批准《数字经济战略》，其目标是在10年内将数字经济对阿联酋国内生产总值的贡献从2022年4月的9.7%增加一倍至19.4%，同时它还寻求加强阿联酋作为该地区和全球数字经济中心的地位。为了实现上述目标，战略提出针对六个部门和五个新增长领域的30多项举措和计划，并使用统一的机制来定期衡量其增长和指标。[3]

6. 欧盟网络安全局发布《欧盟协调漏洞披露政策》

4月13日，欧盟网络安全局（European Union Agency for Cybersecurity，ENISA）

---

1 "SpaceX and USAID deliver 5,000 Starlink internet terminals to Ukraine"，https://www.space.com/spacex-usaid-starlink-terminals-ukraine，访问时间：2023年2月14日。

2 "Africa e-trade platform to connect 22 countries"，https://www.zawya.com/en/world/africa/africa-e-trade-platform-to-connect-22-countries-ejwr0wxj，访问时间：2023年2月10日。

3 "the 'UAE Digital Economy Strategy'"，https://u.ae/en/about-the-uae/strategies-initiatives-and-awards/strategies-plans-and-visions/finance-and-economy/digital-economy-strategy，访问时间：2023年2月9日。

发布《欧盟协调漏洞披露政策》(Coordinated Vulnerability Disclosure Policies in the EU，CVD) 报告，全面概述欧盟成员国和美国、日本、中国在协调漏洞披露方面的现状和主要措施，概述欧盟在实施漏洞披露政策时面临的各种挑战并提出了具体建议，主要包括：修订刑法的《网络犯罪指令》，为参与漏洞发现的安全研究人员提供法律保护；在为安全研究人员建立任何法律保护之前，明确区分"道德黑客"和"黑帽"活动的具体标准；通过国家或欧洲漏洞赏金计划，或通过促进和开展网络安全培训，为安全研究人员积极参与漏洞披露制定激励措施。[1]

7. 加纳启动"信息通信年轻女性"计划

4月14日，加纳通信和数字化部启动了一项计划，对来自五个地区的5000名女性进行信息通信和技术培训，该培训是确保加纳实现可持续发展目标和加纳关于弥合性别差距政策的一部分。通信和数字化部在声明中表示，编码培训将使女孩们有机会通过创建网站、电脑游戏、互动艺术、移动应用程序探索技术世界和动画故事，使用各种编程语言。[2]

8. 中国发布《关于加强打击治理电信网络诈骗违法犯罪工作的意见》

4月18日，中国中央办公厅、国务院办公厅联合印发《关于加强打击治理电信网络诈骗违法犯罪工作的意见》，对加强打击治理电信网络诈骗违法犯罪工作做出安排部署。意见明确提出，政法机关要依法严厉打击幕后组织者、出资人、策划者，为实施电信网络诈骗违法犯罪提供转账洗钱、技术平台、引流推广、人员招募、偷越国（边）境等服务的组织和人员，以及买卖银行卡、电话卡、公民个人信息、企业营业执照信息等关联违法犯罪。[3]

---

1 "Coordinated Vulnerability Disclosure Policies in the EU"，https://www.enisa.europa.eu/publications/coordinated-vulnerability-disclosure-policies-in-the-eu，访问时间：2023年2月10日。

2 "Communications Ministry kick starts training of 5000 girls in ICT programme"，https://ghanatoday.gov.gh/tech/communications-ministry-kick-starts-training-of-5000-girls-in-ict-programme/，访问时间：2023年4月3日。

3 "中共中央办公厅 国务院办公厅印发《关于加强打击治理电信网络诈骗违法犯罪工作的意见》"，http://www.gov.cn/xinwen/2022-04/18/content_5685895.htm，上网时间：2023年2月10日。

9.北约合作网络防御卓越中心举行2022年度"锁盾"网络演习

4月19至22日，北约合作网络防御卓越中心组织开展2022年度"锁盾"网络演习，来自32个国家和地区的2000多名参与者在大规模网络攻击的压力下练习保护国家IT系统和关键基础设施。演习场景虚构岛国"贝里利亚"正在经历不断恶化的安全局势，针对该国军事和民用IT系统的协同网络攻击不断。演习采取红蓝对抗方式：蓝队作为国家网络团队运作，被部署来报告网络攻击事件并实时处理事件影响，以保护虚构国家军用和民用IT系统、关键基础设施等；北约网络中心、盟国和行业专家等组成红队，针对相关目标多次开展网络攻击。除了保护众多网络物理系统外，参与团队还必须在危机情况下进行战术和战略决策、合作和指挥链，还必须解决法律问题，并应对信息运营挑战。[1]

延伸阅读

北约合作网络防御卓越中心简介

2008年5月14日，北约北大西洋理事会正式批准成立北约合作网络防御卓越中心，总部设在爱沙尼亚首都塔林，最初由爱沙尼亚提议成立。北约合作网络防御卓越中心是国际军事组织，旨在通过培训、研发、演习等方式，加强北约及其成员国、伙伴国之间在网络攻防能力、合作和情报共享，并提供能力建设、国际法研究等方面的支持。

自2010年以来，北约合作网络防御卓越中心每年开展世界上规模最大、最复杂的国际实弹网络攻防演习"锁盾"。多年来，该演习已经得到了相当大的扩展，模拟了大规模复杂网络事件，包括实战化网络攻防演习、入侵特定国家关键信息基础设施等。

2013年和2017年，北约合作网络防御卓越中心分别组织国际法专家，编写出版《塔林手册——适用于网络战的国际法》《网络行动的国

1　"The NATO Cooperative Cyber Defence Centre of Excellence holds the 2022 Lock Shield cyber exercise"，https://ccdcoe.org/exercises/locked-shields/，访问时间：2023年2月14日。

际法塔林手册2.0版》，分析网络空间国际法适用问题，试图构建网络空间国际法律法规体系。目前，北约合作网络防御卓越中心正在资助开展《塔林手册3.0》撰写项目，并计划于2026年正式出版。

该中心现有38个成员国，其中30个为北约成员国，8个非北约成员国，包括：韩国、日本、奥地利、爱尔兰、瑞典、瑞士、乌克兰、奥地利。

10. 欧洲数据保护专员公署发布《2021年年度报告》

4月20日，欧洲数据保护专员公署发布《2021年年度报告》(Annual Report 2021)，概述欧洲数据保护专员公署有助于塑造欧洲数字未来的欧洲数据保护专员公署监管活动，尤其是欧洲数据保护专员公署在个人数据国际传输；新冠疫情下的数据保护；对自由、安全和司法领域的持续监督；欧洲新数字治理体系的搭建；立法咨询和技术监测等方面的工作情况。[1]

11. 中国跨境电商物流公司进军非洲市场

4月20日，中国跨境电商物流公司递四方宣布，将与非洲领先的电商平台Jumia合作，正式进军非洲市场，实现非洲商品的"最后一公里"配送。递四方目前在全球16个国家有近40个海外仓，海外仓总面积近100万平方米，日均处理单量50万单。Jumia是非洲重要的跨境电商平台之一，在非洲11个国家拥有超过3000个提货站点。截至4月，Jumia平台已入驻超过12000个活跃中国商家，在非洲各国销售产品超过2500万件。据数据公司Statista的统计，2021年，中国商品在非洲电商的市场占有率达到27.9%，自2019年以来增长了3.9%，预计2025年有望达到40%。[2]

1　"Annual Report 2021", https://edps.europa.eu/data-protection/our-work/publications/annual-reports/2022-04-20-annual-report-2021_en，访问时间：2023年2月10日。

2　"4PX Express partners with Jumia to expand its logistics reach in Africa", https://group.jumia.com/news/4px-express-partners-with-jumia-to-expand-its-logistics-reach-in-africa，访问时间：2023年6月8日。

12. 美国能源部将资助六个能源系统领域的网络安全项目

4月21日，美国能源部（Department of Energy）宣布为六个研究、开发和示范网络安全技术的相关项目提供1200万美元资助，为能源传输系统的设计、安装、运行和维护提供支持，使其能够承受网络攻击并迅速恢复。美国能源部表示，保护美国电网的安全和韧性对于实现美国更清洁、更经济的电力目标至关重要。为此，美国能源部网络安全、能源安全和应急响应办公室（Office of Cybersecurity, Energy Security, and Emergency Response，CESER）将资助六所大学的研发团队进行网络安全研发和示范，以推进异常检测、人工智能、机器学习等技术的应用，以及基于物理的分析。[1]

13. 冈比亚、塞拉利昂和莫桑比克希望加强与加纳的网络安全合作

4月21日，冈比亚、塞拉利昂和莫桑比克三个非洲国家网络安全机构的主要官员在非洲联盟全球网络专家论坛非洲网络专家会议上，呼吁加纳网络安全局为网络安全的发展提供合作和支持，以及改善各自国家与加纳的双边关系。[2]

14. 埃及举行国家级网络安全演习

4月22日，埃及政府信息与决策支持中心和计算机应急响应小组联合举办国家级网络安全演习。该中心在对演习进行总结时强调，维护网络安全需要埃及全社会的配合。此次演习参与方多达28个，大部分是埃及政府部门和行政机构。演习目的是通过模拟可能发生的网络攻击场景，测试相关部门应对网络威胁的准备程度及响应能力，并提升彼此间的沟通与协调水平。埃及政府表示，举办国家级网络安全演习，最重要的目的是让埃及政府部门及社会各阶层了解国家面临的严峻网络安全形势。[3]

1　"DOE Announces \$12 Million to Enhance Cybersecurity of America's Energy Systems"，https://www.energy.gov/articles/doe-announces-12-million-enhance-cybersecurity-americas-energy-systems，访问时间：2023年2月10日。

2　"African countries move to promote cyber-security"，https://www.ghanaiantimes.com.gh/3-african-countries-move-to-promote-cyber-security/，访问时间：2023年3月23日。

3　"埃及举行国家级网络安全演习"，http://www.81.cn/gfbmap/content/2022-04/22/content_314150.htm，访问时间：2023年3月20日。

15. 中国印发《深入推进IPv6规模部署和应用2022年工作安排》

4月25日，中国中央网信办、国家发展改革委、工信部联合印发《深入推进IPv6规模部署和应用2022年工作安排》，部署了10个方面重点任务，包括强化网络承载能力、提升终端支持能力、优化应用设施性能、拓展行业融合应用、加快政务应用改造等。同时，还要求加快IPv6安全关键技术研发和应用、提升IPv6网络安全防护和监测预警能力、加强IPv6网络安全管理和监督检查。[1]

16. 欧盟与印度计划成立贸易和技术委员会

4月25日，欧盟委员会主席冯德莱恩和印度总理纳伦德拉·莫迪同意启动欧盟—印度贸易和技术委员会，使双方能够应对贸易、可信技术和安全关系方面的挑战，深化欧盟和印度在上述领域的合作。双方一致认为，地缘政治环境的快速变化凸显了共同深入战略接触的必要性。贸易和技术委员会将提供政治指导和必要的结构，以实施政治决策，协调技术工作，并向政治层面报告，以确保在对欧洲和印度经济可持续发展至关重要的领域实施和跟进。[2]

17. ICANN发布《替代性名称系统的挑战》报告

4月27日，互联网名称与数字地址分配机构ICANN首席技术官办公室发布了《替代性名称系统的挑战》报告。报告指出，域名系统是ICANN帮助协调的唯一标识符系统的组成部分，是互联网的主要命名系统，但并非唯一。一些命名系统在DNS之前就存在，还有一些是最近才被提出，例如Handle系统、Onion系统、ENS、Handshake等。替代性名称系统在整个互联网上的部署面临巨大挑战，不能指望替代性命名系统能够完美无缺地工作。将DNS和替代性命名系统进行桥接，可能会导致不可预测的后果，最终降低互联网的安全性和

---

1 "中央网信办等三部门印发《深入推进IPv6规模部署和应用2022年工作安排》"，http://www.gov.cn/xinwen/2022-04/25/content_5687124.htm，访问时间：2023年2月10日。

2 "EU-India: new Trade and Technology Council to lead on digital transformation, green technologies and trade"，https://ec.europa.eu/commission/presscorner/detail/en/IP_22_2643，访问时间：2023年2月10日。

稳定性，甚至是构建出完全独立的生态系统，进一步加剧互联网的分裂。[1]

18. 中国企业签约孟加拉国国家数字联通项目

4月27日，中国中铁国际集团有限公司与孟加拉国主管部门签署孟加拉国国家数字联通项目合同。根据预定计划，项目建成后将改善孟加拉国政府机构办公效率、培养信息通信技术人才、提升公众数字素养，推动信息通信技术与民生深度结合，让广大普通民众受益，带动孟加拉国社会经济发展，并有效实现"数字孟加拉2021"（Digital Bangladesh 2021）与"数字丝绸之路"的对接。[2]

延伸阅读 ————————————————————

孟加拉国数字化之路

2008年，时任执政党孟加拉人民联盟（Bangladesh Awami League）在竞选时提出"数字孟加拉"的竞选口号并在胜选后正式推出"数字孟加拉2021"战略，旨在利用信息通信技术的杠杆作用，将孟加拉国丰富的人力资源从传统的纺织业、农业等转向高科技行业，以促进国家抢占发展先机。该战略的最终目标，是确保在2021年（即孟加拉国建国50周年）之前，使孟加拉国的高科技行业能达到中等收入国家的水平。具体来看，孟加拉政府围绕数字化政府、在各行业应用信息技术、民众全连接、人力资源开发四大战略目标，制定了包括社会公平、促进产能、廉政在内的10个信息通信技术战略目标和共计56个战略主题。虽然该计划在一定程度上推动了孟加拉国的经济发展，但作为最不发达国家之一的孟加拉国，仍面临着严峻的考验。

截至2022年4月，孟加拉国拥有1.8亿移动用户，实现4G信号全覆

1　"Challenges with Alternative Name Systems"，https://www.icann.org/en/system/files/files/octo-034-27apr22-en.pdf，访问时间：2023年7月2日。

2　"中企签约孟加拉国国家数字联通项目"，http://www.scio.gov.cn/31773/35507/35513/35521/Document/1724021/1724021.htm，访问时间：2023年2月8日。

盖，5G服务也在逐步落地生根。[1]但在互联网使用方面，网络媒体分析Kepios数据显示，2022年年初，孟加拉国有5258万互联网用户，比2021年同期增长550万，互联网普及率为31.5%，仍有1.145亿人没有使用互联网。[2]与此同时，伴随着该国从2022年6月29日起禁止移动运营商Grameenphone的SIM卡销售，孟加拉国电信监管委员会统计发现，其国内移动和互联网用户数量仍处于持续下降状态中。[3]

为推动孟加拉数字化发展，中国企业积极参与"数字孟加拉"战略。2022年11月23日，由中国进出口银行提供优惠贷款、中铁国际集团承建，华为公司主要分包的孟加拉国政府基础网络三期项目正式于孟加拉国首都达卡竣工。该项目是孟加拉国政府"数字孟加拉"战略的重要组成部分。在原有一期和二期项目的基础上将网络进一步延伸至最基层的2600余个行政单元并覆盖全国62%的地区和人口，将"信息高速公路"从首都铺至各地，惠及约1亿民众。[4]

19. 印度引入网络安全事件报备机制

4月28日，印度政府批准了印度计算机应急响应小组为服务提供商、中介机构、法人团体、数据中心和政府机构制定的全新网络安全框架，并将这一框架正式纳入2000年《信息技术法案》第70B条。新框架要求任何互联网服务提供商、中介、数据中心或政府组织，都应在注意到有针对性地扫描/探测关键网络/系统，危及关键系统/信息，未经授权访问IT系统/数据，攻击数据库、邮件和DNS等服务器以及路由器等网络设备网络安全漏洞或网络安全攻击后

---

1 "Connecting Bangladesh"，https://www.huawei.com/en/media-center/our-value/connecting-bangladesh，访问时间：2023年2月8日。

2 "DIGITAL 2022: BANGLADESH"，https://datareportal.com/reports/digital-2022-bangladesh，访问时间：2023年5月22日。

3 "孟加拉国移动和互联网用户数量持续下降"，http://bd.mofcom.gov.cn/article/jmxw/202301/20230103378016.shtml，访问时间：2023年5月22日。

4 "中企承建的孟加拉国政府基础网络三期项目竣工"，http://www.scio.gov.cn/31773/35507/35513/35521/Document/1733604/1733604.htm，访问时间：2023年2月25日。

的六个小时内将这些事件报告给印度计算机应急响应小组。[1]

20. 利比里亚启动"信息通信技术为她"倡议

4月28日，正值国际女童信息传播日，利比里亚电信管理局（Liberia Telecommunications Authority，LTA）与利比里亚信息技术学生会合作，正式启动了一项名为"信息通信技术为她"（ICT for Her）的指导计划。该计划旨在消除信息通信领域的性别刻板印象，鼓励年轻女性接受科学、技术、工程和数学教育，激励其从事相关职业并在信息通信技术领域不断发展。目前信通领域仍然存在巨大性别差异，该计划有助于改善在该领域男女比例失衡的情况，确保年轻妇女能平等参与利比里亚技术部门的工作。[2]

5月

1. 危地马拉成立打击网络犯罪专门部门

5月2日，危地马拉国家民事警察局（Policía Nacional Civil，PNC）[3]成立了专门致力于调查网络犯罪和信息学取证的部门DICIF，该部门由PNC刑事调查专项部门（División Especializada en Investigación Criminal，Deic）负责。新冠疫情发生后，危地马拉的网络犯罪案件直线上升，儿童、青少年和老人是主要受骗对象。Deic称，DICIF正在按照现行法规开展工作，儿童色情制品和性犯罪是其重点打击领域。截至2022年4月15日，DICIF共调查网络犯罪案件211起，已成为检察官办公室的重要合作伙伴。[4]

1　"Internet Impact Brief: India CERT-In Cybersecurity Directions 2022"，https://www.internetsociety.org/resources/doc/2022/internet-impact-brief-india-cert-in-cybersecurity-directions-2022/，访问时间：2023年3月5日。

2　"LTA, LITSU launch 'ICT For Her' initiative"，https://thenewdawnliberia.com/lta-litsu-launch-ict-for-her-initiative/，访问时间：2023年4月3日。

3　"Los ciberdelitos van en aumento y la PNC cambia estrategia para investigarlos"，https://www.prensalibre.com/guatemala/justicia/los-ciberdelitos-van-en-aumento-y-la-pnc-cambia-estrategia-para-investigarlos/，访问时间：2023年5月22日。

4　"疫情催生大量网络犯罪　危地马拉成立专项部门出手打击"，http://www.br-cn.com/static/content/news/nm_news/2022-05-03/971069228671176704.html，访问时间：2023年3月23日。

2. 美国在非洲举办初创企业数字大赛

5月3日，美国商会（U.S. Chamber of Commerce）的美非商业中心与非洲的美国商会联合举办一年一度的非洲初创企业数字创新大赛（Digital Innovation Competition for African Startups）。该竞赛的目标是促进非洲优化数字化解决方案，助力数字中小企业和数字创新创业公司发展。比赛包括以下三个方面：一是金融科技和网络解决方案，包括数据流解决方案、跨境数字平台解决方案、移动技术、知识产权管理、网络安全和数字内容（电影、音乐、艺术）。二是可持续发展与供应链解决方案，包括智能制造、电子商务、共享经济、数字供应链、电子商务企业物流解决方案和农业技术。三是人类发展与社会服务解决方案，包括数字健康解决方案、电子学习平台。[1]

3. 韩国"元宇宙首尔市政厅"向公众开放

5月5日，首尔市政府线上参加"未来计算2022"（Future Compute 2022），介绍了"元宇宙首尔"计划。"未来计算"是每年在麻省理工学院举行的数字技术交流活动，由麻省理工学院媒体实验室主办。据悉，"元宇宙首尔"是唯一在"未来计算"活动上介绍的地方政府政策。首尔市政府介绍说，"元宇宙首尔市政厅"作为一种试验性服务，为市民提供提前体验基于尖端技术的自主平台"元宇宙首尔"的机会。首尔市政府计划，提供"元宇宙首尔市政厅"服务，征集市民自由提出的意见，找出平台运营的不足之处，将其内容积极反映在今年正式推进的"元宇宙首尔"平台项目上。[2]

4. 韩国加入北约合作网络防御卓越中心

5月5日，韩国作为正式会员加入北约合作网络防御卓越中心，成为首个加入该机构的亚洲国家。北约合作网络防御卓越中心成立于2008年5月，韩国国

1　"2022 Africa Digital Innovation Competition"，https://www.uschamber.com/awards-competition/the-2022-africa-digital-innovation-competition，访问时间：2023年4月6日。

2　"'元宇宙首尔市政厅'向公众开放"，http://www.chinanews.com.cn/gj/2022/05-12/9752510.shtml，访问时间：2023年3月17日。

情院2019年提交加入意向书，并从2020年起连续两年出席合作网络防御卓越中心主办的全球最大规模网络演习——"锁盾"演习。韩国加入该机构后，韩国国情院将代表韩国同北约各国情报机构参与机构演习和研究。[1]

5. 美国更新《系统和组织网络安全供应链风险管理实践指南》

5月6日，美国国家标准与技术研究院发布了更新的网络安全指南，用于管理供应链中的风险。新指南概述了实体在识别、评估和应对供应链不同阶段的风险时，应采用的主要安全控制的措施和做法。此次更新依据美国总统于2021年5月发布的"改善国家网络安全（14028）"行政令，该行政令要求政府机构采取措施"提高软件供应链的安全性和完整性，优先解决关键软件问题"。[2]

延伸阅读 ————————

美国新版《系统和组织网络安全供应链风险管理实践指南》简述

美国国家标准与技术研究院更新了其指导文件，以帮助企业识别、评估和应对整个供应链中的网络安全风险。该指南帮助企业将网络安全供应链风险考虑因素和要求纳入其采购流程，并强调监控风险的重要性。由于网络风险可能出现在产品生命周期中的任何节点或供应链中的任何环节，因此该指南同时考虑了现阶段潜在的漏洞，例如产品中的代码来源或该产品的承租方。

修订后的指南主要针对产品、软件和服务的收购方和最终用户，并为不同的受众提供建议，包括负责企业风险管理、收购和采购、信息安全/网络安全/隐私、系统开发/工程/实施的领导和人员等。

指南中描述了一些威胁场景，包括有关威胁源、可能结果、影响、

1 "South Korea becomes first Asian member of NATO cyber research centre"，https://www.zdnet.com/article/south-korea-becomes-first-asian-member-of-nato-cyber-research-centre/，访问时间：2023年4月6日。

2 "NIST Updates Cybersecurity Guidance for Supply Chain Risk Management"，https://www.nist.gov/news-events/news/2022/05/nist-updates-cybersecurity-guidance-supply-chain-risk-management，访问时间：2023年4月6日。

风险暴露、潜在缓解策略和网络供应链风险管理控制等信息，包含的示例场景涵盖以下事件：（1）影响个人电脑生产组件供应的动态地缘政治条件；（2）假冒电信元素被引入供应链；（3）拥有大量资源寻求窃取知识产权的国家；（4）集成商的恶意代码插入；（5）内部员工的疏忽；（6）利用易受攻击的软件组件的网络犯罪组织。

6. Meta在中国台湾设立亚洲首座元宇宙XR基地

5月6日，Meta宣布在中国台湾启用全亚洲第一座元宇宙扩展现实（Extended Reality，XR）基地，以促进XR政策讨论与产业交流。未来，该基地将聚焦文化艺术、经济商业和社会公益三大领域。XR是虚拟现实（Virtual Reality，VR）、增强现实（Augmented Reality，AR）、混合现实（Mixed Reality，MR）的总称，包含了以上设备所有的特点，随着这三种技术的发展，各自的技术特征都可能发生衍生和交集。Meta表示，将从人才培育、作品开发、导入技术拓展市场三方面着手，打造XR产业生态系。[1]

7. 中国发布《关于规范网络直播打赏，加强未成年人保护的意见》

5月7日，中国中央文明办、文化和旅游部、国家广播电视总局、国家互联网信息办公室联合发布《关于规范网络直播打赏，加强未成年人保护的意见》。意见提出七项工作举措，包括禁止未成年人参与直播打赏、严控未成年人从事主播工作、优化升级"青少年模式"、规范重点功能应用等。意见要求，网站平台应当坚持最有利于未成年人的原则，健全完善未成年人保护机制，严格落实实名制要求；加强新技术新应用上线的安全评估，不得上线运行以打赏金额作为唯一评判标准的各类功能应用；压实各方责任、开展督促检查；指导网站平台健全账号注册、资质审核、日常管理、违规处置等。[2]

1　"Meta在中国台湾设立亚洲首座元宇宙XR基地 聚焦3大领域"，https://www.president.gov.tw/News/26712，访问时间：2023年4月6日。

2　"关于规范网络直播打赏 加强未成年人保护的意见"，http://www.cac.gov.cn/2022-05/07/c_16535376 26423773.htm，访问时间：2023年4月6日。

8.英国国防部发布《国防网络韧性战略》

5月9日，英国防部发布《国防网络韧性战略》（Cyber Resilience Strategy for Defence），明确指出到2026年、2030年的阶段性核心目标，并确立安全设计，治理、风险及合规，快速监测和响应，人员网络安全意识及网络安全文化，行业合作，安全基础，实验、研究和创新七大优先事项的战略重点及其具体实现的途径和指导原则，旨在巩固英国国防网络韧性。

延伸阅读

英国《国防网络韧性战略》简述

英国国防部《国防网络韧性战略》围绕七个战略重点展开：

1. 安全设计：国防部门应当确保新功能将采用设计安全（Secure by Design）策略和原则；将资源安全技能引入计划和项目团队以正确识别安全需求；建立相关机制以评估安全风险；增强网络韧性。

2. 治理、风险和合规：国防部门应当协调网络风险治理，确定负责降低网络风险的人员；制定合规评估和降低风险的措施。

3. 快速检测和响应：国防部门作为网络防御组织，为网络防御提供资源，定期举行演习和事件分析，提高对网络事件的侦测和响应能力。

4. 人员网络安全意识及网络安全文化：国防部门应当提升人员的网络安全意识、专业知识和技能，培养网络安全文化，改进网络安全实践和设计。

5. 行业合作：国防部门应加强与相关行业的合作，加强工业中的国防数据保护；积极支持网络韧性审计并推动补救行动；强化国防信息保护，生命周期中采用"设计安全"策略；制订"业务连续性和灾难恢复计划"（Business Continuity and Disaster Recovery Plans），提升网络韧性。

6. 安全基础：国防部门应当采用标准技术、集中实施网络韧性解决方案。

7. 实验、研究和创新：国防部门积极从事网络防御实验、研究和创新，实现成果共享。[1]

9. 世界银行助加纳实现数字转型

5月9日，世界银行已批准2亿美元的资金，帮助加纳增加宽带接入，提高数字公共服务的效率和质量，加强数字创新生态系统，创造更好的就业和经济机会。其中，世界银行支持的e-Transform加纳项目，正在支持创造一个有利于数字包容和创新的环境。该计划预计将通过鼓励私营部门投资于服务不足的农村地区，增加600万人使用移动互联网和固定宽带服务的机会。[2]

10. 中国—阿根廷创新和技术政策研究中心正式启动

5月9日，中国和阿根廷政府共同启动了中阿创新和技术政策研究中心。该中心在生物技术、社会科学和空间科学、海洋研究和能源转型等两国共同感兴趣的领域开展合作。此外，该中心还将建立一个支持平台，为两国的学院、科研机构和企业提供支持。同时，双方还计划建立一套技术转让进程部署的融资机制，研究技术发展方面的全球趋势和项目，并加强两国科技园区交流合作，推动科技成果转化。[3]

11. 巴西众议院批准法案允许以调查为目的访问指纹数据库

5月11日，巴西众议院公共安全委员会宣布批准了第1392/21号法案，允许执法机构可在无司法机构授权的情况下访问巴西国家生物和指纹银行

---

1 "Cyber Resilience Strategy for Defence"，https://www.gov.uk/government/publications/cyber-resilience-strategy-for-defence，访问时间：2023年4月6日。

2 "World Bank to provide $200 million for Ghana Digital Acceleration Project"，https://www.abiq.io/world-bank-to-provide-200-million-for-ghana-digital-acceleration-project，访问时间：2023年4月6日。

3 "中阿（根廷）创新与技术政策研究中心正式启动"，https://www.most.gov.cn/kjbgz/202205/t20220512_180640.html，访问时间：2023年5月1日。

（National Multibiometric and Fingerprint Bank），以方便执法部门识别犯罪公民。该法案仍需由宪法、司法和公民委员会进行审议。[1]

12. 越南颁布《至2030年科技与创新发展战略》

5月11日，越南政府签发关于颁布《至2030年科技与创新发展战略》的决定。战略总目标是，至2030年将越南发展成为现代化工业国家，包括高科技工业产品价值占加工制造业的比率至少达45%、全要素生产率对经济增长的贡献率达到50%以上、全球创新指数排名全球前40等九个子目标。该战略要求以加工制造业为重点，朝着现代化方向调整经济结构，积极有效地利用贸易优势和第四次工业革命的机遇，提出要在10个前沿领域同时发力，提升国家科技创新治理能力，着力构建国家创新体系、创新生态系统，吸引和充分利用一切科技创新融资渠道，建设高素质科技人才队伍，积极推进科技创新国际合作与融合，逐步达到发达国家水平。[2]

13. 美国推动开源软件保护计划

5月16日，Linux基金会和开源安全基金会在华盛顿举行的开源软件安全峰会上，宣布将在两年内提供1.5亿美元资金解决安全教育、风险评估、数据清单、改进软件供应链等10个主要的开源安全问题。此次开源软件峰会参会者包括美国国家安全委员会、网络安全与基础设施安全局、国家标准与技术研究院等机构的高级官员，以及开源开发者和商业生态系统各领域的公司代表。其中，亚马逊、爱立信、谷歌、英特尔、微软等科技巨头承诺提供3000万美元，亚马逊网络服务承诺追加1000万美元。[3]

---

1 "Brazil: Chamber of Deputies approves bill to facilitate access to fingerprint database for investigation purpose", https://www.dataguidance.com/news/brazil-chamber-deputies-approves-bill-facilitate-access，访问时间：2023年4月3日。

2 "至2030年科技与创新发展战略"，https://chinhphu.vn/?pageid=27160&docid=205759&tagid=6&type=1，访问时间：2023年2月3日。

3 "Tech giants pledge $30M to boost open source software security", https://techcrunch.com/2022/05/16/white-house-open-source-security/，访问时间：2023年4月6日。

14. 国际互联网协会宣布加入国际电信联盟数字联盟

5月17日，国际互联网协会宣布加入国际电信联盟数字联盟（Partner2Connect，P2C）。该联盟由国际电信联盟牵头，旨在促进互联网接入困难的社区实现网络连接和数字化转型，促进政府、企业、民间社会和国际组织调动所需的资源来创造一个更加公平的数字世界。加入联盟后，国际互联网协会承诺在2025年之前，支持100种互补解决方案以促进互联网接入，并培训10000人建设和维护互联网基础设施。[1]

15. 莱索托国民议会批准打击网络犯罪法案

5月17日，莱索托国民议会通过了一项旨在打击网络犯罪的新法律《2022年计算机犯罪和网络安全法案》（The Computer Crimes and Cyber Security Bill, 2022），将赋予国家监控网络空间、界定网络犯罪、规定罚款和长期监禁等惩罚措施的权力。该法案定义的犯罪包括数据间谍、网络恐怖主义、网络勒索、传播儿童色情、与计算机有关的伪造和欺诈、种族主义、发布虚假信息、截取电子信息或转账、修改及干扰讯息内容等。[2]

16. 美国国土安全部虚假信息治理委员会在成立三周后停摆

5月18日，美国国土安全部虚假信息治理委员会正式停摆。该委员会成立于4月27日，旨在帮助拜登政府对抗虚假信息并保护言论自由、公民权利、公民自由和隐私，负责研究对抗病毒式谎言的方法，但没有控制内容的权力。反对者将该委员会视为审查工具，并对委员会主席进行人身攻击和威胁，导致该委员会主席辞职。[3]

---

1 "Internet Society Joins Partner2Connect Coalition to Expand Internet Access Globally", https://www.internetsociety.org/news/press-releases/2022/internet-society-joins-partner2connect-coalition/，访问时间：2023年8月1日。

2 "National Assembly approves cyber-crime bill", https://lestimes.com/national-assembly-approves-cyber-crime-bill/，访问时间：2023年3月23日。

3 "How the Biden administration let right-wing attacks derail its disinformation efforts", https://www.washingtonpost.com/technology/2022/05/18/disinformation-board-dhs-nina-jankowicz//，访问时间：2023年4月6日。

17. 世界上最长的海底电缆落地东非吉布提

5月18日，一条长达45000公里的海底电缆，在东非吉布提完工。该电缆环绕非洲大陆，是世界上最长的光纤电缆，将连接非洲、亚洲和欧洲的33个国家和地区，分布在46个着陆点，将于2023或2024年上线。海底电缆的铺设，有助于提高吉布提与其他国家之间进行网络通信。据报道，2010年，只有7%的吉布提人使用互联网；而到了2020年，吉布提人使用互联网的人数占比已达59%。[1]

18. "巴西无线网"计划已提供超14000个宽带连接

5月18日，巴西政府称，巴西政府始终致力于实现信息获取民主化，促进所有人的互联互通。即使在偏远的亚马逊地区，也在建设八条长达12000公里的光纤网络，旨在惠及1000万人。巴西政府通过"巴西无线网"计划（Wi-Fi Brazil Program），提供了超14000个宽带连接，其中10000个在学校，700个在医疗机构，460个在原住民社区。此外，政府还为国家公园和生态保护区制订了连通计划，促进生态旅游，以提高环境意识。到目前为止，该计划已覆盖18个国家公园和5个保护单位。[2]

19. 哥斯达黎加因勒索软件攻击宣布进入紧急状态

5月18日，哥斯达黎加总统罗德里戈·查韦斯（Rodrigo Chaves）称，该国正与Conti勒索软件组织展开斗争。自4月以来，该犯罪团伙的勒索软件攻击使哥斯达黎加政府各机构陷入瘫痪。此前，哥斯达黎加总统已宣布由于网络安全事件，国家进入紧急状态。Conti称，此次针对哥斯达黎加政府的袭击只是一个"演示版"，动机是谋求经济利益，未来也将袭击更多国家政府。[3]

1　"World's longest subsea cable lands in Djibouti, East Africa"，http://direct.datacenterdynamics.com/en/news/worlds-longest-subsea-cable-lands-in-djibouti-east-africa/，访问时间：2023年4月6日。

2　"Wi-Fi Brazil Program has already provided 14,000 broadband connections"，https://www.gov.br/en/government-of-brazil/latest-news/2022/wi-fi-brazil-program-has-already-provided-14-000-broadband-connections，访问时间：2023年2月15日。

3　"Costa Rican president says country is 'at war' with Conti ransomware group"，https://www.theverge.com/2022/5/18/23125958/costa-rica-president-says-country-at-war-conti-ransomware-cybercrime，访问时间：2023年4月6日。

20. 美国司法部修订《计算机欺诈和滥用法》

5月19日，美国司法部修订了《计算机欺诈和滥用法》（Computer Fraud and Abuse Act，CFAA），指出不应指控"善意的安全研究"。所谓"善意的安全研究"是指，仅为"善意"测试、调查和/或纠正安全漏洞而访问计算机，执行此类活动旨在避免对个人或公众造成任何伤害，其获得的信息主要用于提高被访问计算机所属的设备、机器或在线服务或使用此类设备、机器或在线服务的人的安全性。司法部认为，计算机安全研究是改善网络安全的关键驱动力之一，要求联邦检察官遵守新规，在提出任何指控之前咨询司法部刑事部门的计算机犯罪和知识产权部门。[1] 有评论认为该法是对"白帽黑客"的豁免。

21. 俄通过《保护关键信息基础设施国家政策基本原则》草案

5月20日，俄罗斯联邦安全委员会会议通过《保护关键信息基础设施国家政策基本原则》草案，并决定额外制定旨在改善俄罗斯信息安全体系的若干战略规划文件。该草案定义了在信息技术部门实施国家政策的目的和机制，计划通过使用国产信息技术提高关键信息基础设施安全水平。草案决定运用国家力量组织研发人工智能、量子计算技术，创建富有竞争力的电子元件基地和高科技生产区，并开发用于检测、预防和消除网络攻击后果的国家信息系统。此外，草案还特别关注信息安全领域的专家及技能培训。[2]

22. 加纳通信和数字化部成立国家数字学院

5月20日，加纳通信和数字化部成立国家数字学院，呼吁年轻人抓住数字机会培养自身技能。国家数字学院是由世界银行资助的智能非洲数字学院的一部分，主要用于培训青年数字技能，并提升高级政府官员和政策制定者建立有

1　"Department of Justice Announces New Policy for Charging Cases under the Computer Fraud and Abuse Act"，https://www.justice.gov/opa/pr/department-justice-announces-new-policy-charging-cases-under-computer-fraud-and-abuse-act，访问时间：2023年4月6日。

2　"Президент России, Заседание Совета Безопасности"，http://kremlin.ru/events/president/news/68451，访问时间：2023年3月26日。

效决策的数字能力。[1]

23. 中国印发《关于推进实施国家文化数字化战略的意见》

5月22日，中国中共中央办公厅、国务院办公厅印发了《关于推进实施国家文化数字化战略的意见》。意见明确，到"十四五"末，基本建成文化数字化基础设施和服务平台，形成线上线下融合互动、立体覆盖的文化服务供给体系。意见要求，制定文化数据安全标准，强化中华文化数据库数据入库标准，构建完善的文化数据安全监管体系，完善文化资源数据和文化数字内容的产权保护措施；加快标准研究制定，健全文化资源数据分享动力机制，研究制定产业政策，落实和完善财政支持政策，在文化数字化建设领域布局国家科技创新基地。[2]

24. 德国无人机公司将在非洲部署12000架货运无人机

5月23日，德国送货无人机公司Wingcopter与一家非洲无人机服务公司建立了合作关系，致力于构建覆盖非洲大陆49个国家的医疗航空物流网络。该合作将寻求无人机与电子商务的深度融合，希望能够像智能手机在过去十年那样，激发数百万非洲消费者的购买活力。电话购物的出现使非洲消费者能够跨越个人电脑和固定电话来订购商品，此过程推动了非洲的电子商务活动成为主要的经济驱动力。Wingcopter与Continental公司的投资者，希望那些目前交通设施欠发达地区的消费者购买的商品能够快速配送。[3]

25. 美日印澳在日本举行"四方安全对话"峰会

5月24日，美日印澳"四方安全对话"首脑会谈在日本东京首相官邸举行。

---

1 "Communications Minister launches National Digital Academy", https://www.ghanaiantimes.com.gh/communications-minister-launches-national-digital-academy/，访问时间：2023年3月23日。

2 "中共中央办公厅 国务院办公厅印发《关于推进实施国家文化数字化战略的意见》"，http://www.gov.cn/xinwen/2022-05/22/content_5691759.htm，访问时间：2023年4月6日。

3 "Wingcopter to deploy 12,000 delivery drones across sub-Saharan Africa", https://www.freightwaves.com/news/wingcopter-to-deploy-12000-delivery-drones-across-sub-saharan-africa，访问时间：2023年4月6日。

美国总统拜登、日本首相岸田文雄、印度总理纳伦德拉·莫迪、澳大利亚总理安东尼·阿尔巴尼斯（Anthony Albanese）现场参加会谈。会后四方发表联合声明，称将在网络安全、关键和新兴技术、太空等领域加强合作。网络安全方面，将通过交换威胁信息、识别和评估对数字化产品及服务的供应链潜在风险等措施加强对国家关键基础设施保护，并设立"四方网络安全日"（Quad Cybersecurity Day）；关键和新兴技术方面，促进5G等前沿领域合作，并梳理全球半导体供应链的产能及脆弱性，加强优势互补，建设多样化且有竞争力的半导体市场；太空方面，将提供收集各国卫星数据资源链接的"四方卫星数据门户"，促进以太空为基础的地球观测数据共享等。[1]

26. 中国最高人民法院发布《关于加强区块链司法应用的意见》

5月25日，中国最高人民法院发布《关于加强区块链司法应用的意见》。意见明确人民法院区块链平台建设要求，要求充分运用区块链数据防篡改技术，进一步提升司法公信力；充分发挥区块链优化业务流程的重要作用，不断提高司法效率；充分挖掘区块链互通联动的巨大潜力，增强司法协同能力；充分利用区块链联盟互认可信的价值属性，服务经济社会治理。安全方面，意见要求以安全可信为前提，着力提升上链数据和智能合约的准确可控水平，推动形成区块链在司法领域稳中求进、有序发展、安全可靠的应用生态。[2]

27. 意大利发布国家网络安全战略及相关实施计划

5月25日，意大利发布《意大利国家网络安全战略（2022—2026）》（Italian National Cybersecurity Strategy 2022-2026）及相关实施计划。该战略指出意大利网络领域面临以下威胁：网络犯罪分子发动的网络攻击；技术供应链风险；通过网络领域虚假信息、深度伪造等操纵和分化公众舆论等。该战略还提出五大支柱应对上述威胁：确保公共部门和行业数字化转型的网络韧性；预测网络

---

[1] "FACT SHEET: Quad Leaders' Tokyo Summit 2022"，https://www.whitehouse.gov/briefing-room/statements-releases/2022/05/23/fact-sheet-quad-leaders-tokyo-summit-2022/，访问时间：2023年4月6日。

[2] "最高人民法院发布《最高人民法院关于加强区块链司法应用的意见》"，https://www.court.gov.cn/zixun-xiangqing-360281.html，访问时间：2023年5月2日。

威胁的演变；在更广泛的混合威胁背景下防止在线虚假信息；实现国家和欧洲数字领域战略自主；建立有效的网络危机管理机制。该战略确定四大手段以实现战略目标：通过系统性方法保护国家战略资产，包括监管框架和措施、工具和控制，以实现有韧性的国家数字化转型；通过制定战略和举措，以验证和评估信息通信技术基础设施的安全性；通过增强国家能力及启动国家网络安全生态系统流程应对国家网络威胁、事件和危机；发展能够满足市场需求的数字技术、研究和产业竞争力。[1]

28. ICANN发布第5版根区标签生成规则

5月26日，ICANN发布第5版根区标签生成规则（RZ-LGR-5）。根区标签生成规则定义了一组参数，用于确定域名系统根区的有效国际化域名标签及其变体标签。ICANN语言文字社群通过生成专家组的工作为不同的文字或书写系统制定了根区标签生成规则提案。这些提案涵盖26个脚本，经过公共评议期后，整合专家组将这些提案集成到第5版根区标签生成规则中。第5版规则整合了以下文字：阿拉伯文、亚美尼亚语、孟加拉文、中文（汉字）、西里尔文、梵文、埃塞俄比亚语、格鲁吉亚文、希腊文、古吉拉特文、果鲁穆奇文、希伯来文、日语、埃纳德文、高棉语、韩文、老挝语、拉丁文、马来亚拉姆文、缅甸文、奥里雅语、僧伽罗文、泰米尔文、泰卢固文和泰国语。[2] 3月24日，ICANN曾就该版本规则征询公众意见。[3]

29. 美国国防部开发首个基于无人机的移动量子网络

5月30日，美国国防部委托美国佛罗里达大西洋大学、Qubitekk和L3哈里

1　"National Cybersecurity Strategy 2022–2026", https://www.acn.gov.it/en/strategia/strategia-nazionale-cybersicurezza，访问时间：2023年5月2日。

2　"ICANN Publishes Root Zone Label Generation Rules Version 5 (RZ-LGR-5)", https://www.icann.org/en/announcements/details/icann-publishes-root-zone-label-generation-rules-version-5-rz-lgr-5-26-05-2022-en，访问时间：2023年8月3日。

3　"ICANN Public Comment Proceeding: Root Zone Label Generation Rules Version 5", https://www.icann.org/en/announcements/details/icann-public-comment-proceeding-root-zone-label-generation-rules-version-5-24-03-2022-en，访问时间：2023年8月3日。

斯技术公司，研发首个基于无人机的移动量子网络。该网络包括地面站、无人机、激光器和光纤。研究通过将激光聚焦在特殊的非线性晶体上，以产生纠缠单光子源；光学对准系统使用倾斜的镜子将光子直接引导到需要的地方；单个光子从源无人机依次传播到另一架无人机，从而实现安全通信。在战场上，这些无人机将提供一次性加密秘钥来交换对手无法拦截的关键信息。该技术不仅适用于无人机或机器人，最终还将开辟一条自由太空光链路，以在建筑物和卫星上进行安全通信。[1]

30. 巴西上线全新政府区块链网络

5月30日，巴西联邦会计法院和巴西开发银行合作开发的巴西政府区块链网络（Government Blockchain Network）正式上线，旨在改善向公民提供的服务，以便追溯公共支出，提高政府行政工作的透明度，预防政府腐败、贪污或非法活动。[2]

31. 印度向联合国提出打击网络犯罪和网络恐怖主义的建议

5月30日至6月10日，《联合国打击网络犯罪公约》特设政府间委员会在维也纳举行会议。会议期间，印度向特委会提出了一份旨在打击使用虚拟专用互联网、端到端加密消息服务和加密货币等的建议，其中还包括打击基于区块链技术所开展的网络经济犯罪活动以及利用新兴技术资助网络恐怖活动的建议。[3]

32. 危地马拉加入美洲最大电商倡议"中小微企业数字化计划"

5月31日，危地马拉宣布加入"中小微企业数字化计划"，以帮助中小微

1　"New Insights into First Drone-Based Movable Quantum Network"，https://www.azorobotics.com/News.aspx?newsID=12985，访问时间：2023年4月6日。

2　"Brazil launches government blockchain network"，https://thepaypers.com/cryptocurrencies/brazil-launches-government-blockchain-network--1256704，访问时间：2023年2月15日。

3　"Cybercrime: Counter use of know-how for cybercrime, India tells UN Advert Hoc group"，https://techiesquare.com/cybercrime-counter-use-of-know-how-for-cybercrime-india-tells-un-advert-hoc-group/，访问时间：2023年4月3日。

企业进入电子商务领域。计划启动仪式上，危地马拉经济部称，"中小微企业数字化计划"是美洲最大的电子商务倡议，迄今为止已经有100多万家企业注册参与，得到了12个国家16个部门的支持。该计划致力于为各企业的电子商务化提供便利，也为危地马拉产品出口提供了更多可能性。根据官方数据，危地马拉有50多万家中小微企业，这些企业为危地马拉创造了80%的就业机会，贡献了40%的国内生产总值。[1]

33. 阿尔及利亚举办"数字非洲峰会"

5月31日，阿尔及利亚政府在首都阿尔及尔国际会议中心举办阿尔及利亚2.0—数字非洲峰会（Algeria 2.0-Digital African Summit），旨在为来自非洲国家的行动者搭建平台，促进非洲大陆的新型经济发展。来自20多个非洲国家和世界其他地区的1200多名业界人士及100多家参展商与会。本届数字峰会主题是"让阿尔及尔成为非洲创新创业之都"。会议期间，主办方举办60多场研讨会、B2B会议等，与会者就非洲数字经济发展及数字生态展开讨论。

6月

1. 印度推出首个"银行元宇宙"

6月2日，印度金融科技公司Kiya.ai发布公告称[2]，正式对外推出印度首个"银行元宇宙"——Kiyaverse平台。该平台将允许顾客以"虚拟身份"（Virtural Humanoid）进行金融活动，而银行也可通过相应技术为客户、合作伙伴和员工提供服务。此外，该平台还支持使用NFT代币与印度央行数字货币进行交易，并且对外开放相关API接口，实现虚拟与现实的对接。平台将逐步支持视觉、听觉、味觉、嗅觉、触觉等穿戴式设备，用户能通过更为真实可信的交互方式获得更好的、个性化的金融服务体验。

---

1 "危地马拉加入美洲最大电商倡议'中小微企业数字化计划'"，http://www.br-cn.com/static/content/news/nm_news/2022-06-01/981612670455525376.html，访问时间：2023年3月23日。

2 "Kiya.ai launches India's first-ever Banking Metaverse—Kiyaverse"，https://www.kiya.ai/kiya-ai-launches-indias-first-ever-banking-metaverse-kiyaverse/，访问时间：2023年1月31日。

2. 美国商务部发布网络安全领域出口新规

6月4日，美国商务部工业和安全局发布了针对网络安全领域的最新出口管制规定。该规定通过将全球国家分为A、B、D、E四组进行管控（C组为预留项）。其中，A组为特定的国际多边机制成员，多为美国盟友；B组为受限制较少的国家或地区；D组为受许可例外较多限制的国家和地区；E组为"全面禁运国家"，如伊朗、古巴和朝鲜等所谓"支持恐怖主义"国家和地区。根据新规，各实体在与D类国家和地区的政府相关部门或个人进行合作时，必须要提前申请，获得许可后才能跨境发送潜在网络漏洞信息。此前，微软曾向BIS就该新规发表异议，称如果参与网络安全活动的个人和实体因与政府有关联而受限，将大大压制全球网络安全市场目前部署的常规网络安全活动的能力。BIS否决了微软的异议。[1]

3. 美国国民警卫队进行年度"网络护盾"演习

6月5至17日，美国国民警卫队进行年度非机密网络防护演习"网络护盾22"（Cyber Shield 22）。美国海军和海岸警卫队的800多名成员与国民警卫队共同在阿肯色州北小石城参加数字训练演习。本次演习重点涉及社交媒体、大规模黑客事件以及整体供应链网络安全事件响应。"网络护盾"演习整合了各级政府、科技行业、执法部门和其他合作伙伴，试图加强军事部门与非军事单位的协调。[2]

4. 世界电信发展大会首次在非洲举办

6月6至16日，第八届世界电信发展大会（World Telecommunications Development Conference-2022，WTDC-22）在卢旺达首都举行，这是该国际会议首次在非

1　"Information Security Controls: Cybersecurity Items"，https://public-inspection.federalregister.gov/2022-11282.pdf?utm_source=federalregister.gov&utm_medium=email&utm_campaign=pi+subscription+mailing+list，访问时间：2023年5月2日。

2　"U.S. National Guard's Cyber Training Emphasizes Social Media, Supply Chain Protection"，https://www.nextgov.com/cybersecurity/2022/06/us-national-guards-cyber-training-emphasizes-social-media-supply-chain-protection/367872/，访问时间：2023年4月6日。

洲大陆举办，来自100多个国家和地区的千余名代表围绕大会主题"将未连接者连接起来，实现可持续发展"展开多层级探讨。会议通过了《基加利宣言》和《基加利行动计划》，呼吁各方加速弥合数字鸿沟，助力可持续发展。会议期间还举行了"伙伴关系促进互联互通"数字发展圆桌会议，重点讨论了政府、私营机构和民间组织为促进全球连通而做出的投资承诺。卢旺达总统保罗·卡加梅（Paul Kagame）表示，新冠疫情加速了数字技术发展，但挑战依然存在，有些国家虽然接入了高速互联网，但仍未能跟上一些行业快节奏的数字化转型；要塑造数字经济并确保不让任何人掉队，需要共同努力，并为弱势群体提供数字技能培训。[1]

5. 国际互联网工程任务组发布HTTP/3标准

6月6日，国际互联网工程任务组正式发布了HTTP/3的RFC（一系列以编号排定的文件）文档（RFC 9114）。[2] 作为超文本传输协议的第三个大版本，其主要描述了如何在QUIC（一种基于UDP的低时延的互联网传输层协议）上映射HTTP语义。通过从TCP向UDP连接转型，QUIC传输协议还具有HTTP传输所需的多项特性，例如流式多路复用、分路流控，以及更低的连接建立延迟等。[3] QUIC最初由谷歌开发，该传输协议能用于传输其他数据，不限于HTTP或类HTTP协议。

延伸阅读

RFC简述

RFC（Request For Comments）意即"请求评论"，包含了关于Internet的几乎所有重要的文字资料。

---

1 "世界电信发展大会首次在非洲地区举办"，https://www.itu.int/zh/ITU-D/Conferences/WTDC/WTDC21/Pages/default.aspx，访问时间：2023年4月6日。

2 "RFC 9114"，https://datatracker.ietf.org/doc/rfc9114/，访问时间：2023年1月1日。

3 "IETF正式颁布HTTP/3 RFC技术标准文档"，https://view.inews.qq.com/a/20220613A046DD00，访问时间：2023年11月1日。

RFC由一系列草案组成，起始于1969年（第一个RFC文档发布于1969年4月7日，参见"RFC30年""RFC2555"），RFC文档是一系列关于Internet（早期为ARPANET）的技术资料汇编。这些文档详细讨论了计算机网络的方方面面，重点在网络协议、进程、程序、概念以及一些会议纪要、意见、各种观点等。"RFC编辑者"是RFC文档的出版者，它负责RFC最终文档的编辑审订。"RFC编辑者"也保留有RFC的主文件，称为RFC索引，用户可以在线检索。在RFC近30年的历史中，"RFC编辑者"由一个工作小组来担任，这个小组受到"互联网协会"（Internet Society）的支持和帮助。RFC编辑者负责RFC以及RFC的整体结构文档，并维护RFC的索引。Internet协议族的文档部分（由Internet工程委员会互联网工程师任务组及其下属的互联网工程师指导小组定义）承担，也作为RFC文档出版。因此，RFC在Internet相关标准中有着重要的地位。

综上，RFC是一系列以编号排定的文件。文件收集了有关互联网相关信息，以及UNIX和互联网社区的软件文件。RFC文件是由国际互联网协会赞助发行。基本的互联网通信协议都在RFC文件内有详细说明。RFC文件还额外加入许多在标准内的论题，例如对于互联网新开发的协议及发展中所有的记录。因此几乎所有的互联网标准都收录在RFC文件之中。

6. 日本政府计划开始全面改善Web3环境

6月7日，日本政府批准《2022年经济财政运营和改革的基本方针》。该政策指出，要通过推进更加去中心化和可信任的互联网、扩大及普及区块链上的数字资产，让用户管理及使用自己的数据等方式，来创造新的价值，日本将努力为实现这样的去中心化数字社会来进行必要的环境改善。该政策还提及日本将推进国际标准化，以实现不依赖特定服务的个人和企业增强数据控制的可信网络，并改善NFT和去中心化自治组织（Decentralized Autonomous Organization，DAO）等Web3的推广环境。此外，该方针内容还包括将在2023

年国会例会上推出相关法案以扩大包括元宇宙的内容应用，并将实施证券通证的筹资相关制度、放宽保护Crypto用户的审查标准，以及制定作为支付手段的经济机能的相关解释指南。[1]

7. 智利信息安全事件响应小组发布网络攻击响应最佳措施指南

6月7日，智利信息安全事件响应小组（Chilean Information Security Incident Response Team，CSIRT）发布了针对网络攻击和最佳应对措施的组织指南。该指南详细介绍了面临网络攻击的组织的最佳应对措施，包括：迅速行动，并在整个组织中明确分工；了解情况，并向组织其他部门提供有关事件的信息；以有效和协调的方式采取行动；具备处理大量数据以更好地了解事件的能力；为司法程序保存证据。[2]

8. 肯尼亚启动网络安全战略

6月8日，肯尼亚高级安全主管和数字专家齐聚奈瓦沙，参与国家计算机和网络犯罪协调委员会研讨会，研讨出台新网络空间安全战略。肯尼亚政府表示，战略对于整合以情报为基础的保护措施至关重要，以防止国家信通技术系统和基础设施受到威胁和破坏。同时，全球网络犯罪不断发生变化，新战略将有助于应对新出现的全球网络犯罪，也将为政府和私营部门提供一个应对共同威胁的平台。[3]

9. 美国陆军拟到2030年将现役网络兵团规模扩大一倍

6月13日，美国陆军发言人称，美国陆军计划扩大其网络分支机构规模，并将现役网络部队的规模扩大一倍。具体来说，陆军计划到2030年将所有组成

---

1 "Approach to Improving Web3.0 Business Environment"，https://www.meti.go.jp/policy/economy/keiei_innovation/sangyokinyu/Web3/web3.pdf，访问时间：2023年3月16日。

2 "Chile: CSIRT releases best practice guidance on cyberattack responses"，https://www.dataguidance.com/news/chile-csirt-releases-best-practice-guidance-cyberattack，访问时间：2023年4月3日。

3 "Matiangi Launches Drive For Cyber Security Strategy"，https://www.capitalfm.co.ke/news/2022/06/matiangi-launches-drive-for-cyber-security-strategy/，访问时间：2023年3月23日。

部分（现役、警卫和预备役）的网络分支规模从约5000人增加至约7000人；将网络任务部队、电子战连和排的规模从约3000人增至约6000人；将小幅加强国民警卫队网络力量。美国陆军在美国网络司令部中占比较大，致力于保卫美国国家网络安全。[1]

10. ICANN第74届会议在荷兰举办

6月13至16日，ICANN第74届会议在荷兰海牙举行。本次会议以线上线下结合形式召开。会议共举办92场活动，包括3场全体会议，议题分别为："新通用顶级域后续程序——共同努力"，介绍新通用顶级域后续程序运营设计阶段团队的工作进展并征求意见；"谁设定ICANN的优先事项"，侧重于ICANN董事会、组织和社群工作优先级排序；"地缘政治、立法和监管发展的最新动态"，讨论可能影响ICANN技术使命、政策和流程的互联网相关公共政策问题。[2]

11. 智慧非洲联盟与数字合作组织签署谅解备忘录

6月14日，智慧非洲联盟和数字合作组织（Digital Cooperation Organization，DCO）在第八届世界电信发展大会上签署了一项合作谅解备忘录。根据备忘录，两机构将通过加强跨境数据流动，关注妇女、青年和企业家的数字赋权，支持为创新驱动型企业的成长以及创造有利的商业环境等创新合作方式，共同加速非洲大陆的数字化发展和转型。智慧非洲联盟是由非洲各国首脑及政府发起的一项大胆的创新提议，其创立目标在于加快非洲社会经济的可持续发展，通过普及宽带网络及ICT技术，发展非洲知识经济。[3]

1　"Army to Double Active-Duty Cyber Corps by 2030"，https://www.meritalk.com/articles/army-to-double-active-duty-cyber-corps-by-2030/，访问时间：2023年4月6日。

2　"Welcome to ICANN74!"，https://www.icann.org/en/blogs/details/welcome-to-icann74-12-06-2022-en，访问时间：2023年7月3日。

3　"智慧非洲联盟和数字合作组织签署谅解备忘录 共同促进非洲数字经济的合作与发展"，http://rw.mofcom.gov.cn/article/jmxw/202206/20220603317533.shtml，访问时间：2023年4月6日。

12. 加纳推出移动货币服务

6月15日，加纳推出移动支付服务 GhanaPay。GhanaPay 是由通用银行、农村银行以及储蓄和贷款公司，向个人和企业提供的首个银行范围内的移动货币服务，它可以用于兑换和购买通话时间以及支付商品和服务。GhanaPay 服务的运作方式与现有的移动支付服务类似，但增加了额外的银行服务。用户无论是否开通传统银行账户，都可以使用 GhanaPay 服务。[1]

13. 非洲数据中心宣布在南非开普敦建立20兆瓦的数据中心

6月15日，非洲数据中心（Africa Data Centres，ADC）宣布正在开普敦建立第二个数据中心，扩大其在南非的业务。开普敦的新设施是该地区非洲数据中心扩展活动的关键部分，该设施将覆盖八个数据大厅的15000平方米。[2]

14. 美国能源部发布网络安全战略

6月15日，美国能源部发布国家网络信息工程战略（National Cyber-Informed Engineering Strategy）。该战略旨在建立具有抵御网络威胁韧性的清洁能源系统，并为能源部门后续加强网络培训和实践提供指导框架。该战略还将推动未来美国能源工程系统设计时全生命周期网络安全的考虑，并强调在设计初期采用网络防护技术，以减少后续网络安全风险和防护漏洞，抵御外国网络威胁。此外，该战略强调将提高美国能源系统中关键工控节点的稳定性，保障电网等能源系统的安全与稳定。[3]

15. 美国国防部发布《微电子愿景》

6月15日，美国国防部发布由国防微电子跨职能小组（Defense Microelec-

1 "Ghana: Vice President Bawumia Launches Ghanapay Mobile Money Service", https://allafrica.com/stories/202206170091.html，访问时间：2023年3月23日。

2 "Africa Data Centres announces 20MW data center in Cape Town, South Africa", http://direct.datacenterdynamics.com/en/news/africa-data-centres-announces-20mw-data-center-in-cape-town-south-africa/，访问时间：2023年4月6日。

3 "DOE Releases Strategy for Building Cyber-Resilient Energy Systems", https://www.energy.gov/articles/doe-releases-strategy-building-cyber-resilient-energy-systems，访问时间：2023年4月6日。

tronics Cross Functional Team，DMCFT）制定的《微电子愿景》（Microelectronics Vision）。该愿景核心是：国防部将获得并维持有保障、长期、可衡量的安全微电子技术，以实现超强匹配性，提高作战能力及人员战备状态。为实现该愿景，DMCFT建议国防部采取以下措施：确保及时获得安全、低成本的微电子技术；确保项目拥有资源并具备相关知识，以利用相关的微电子技术、流程和标准；利用工具、政策等措施来减少或消除维护保障问题；成立专门管理微电子知识和最佳实践的部门；加强微电子技术创新，加速向国防部系统转移；积极参与跨部门合作，为以国家安全为重点的国内微电子能力发展进行战略投资；培养一支具有熟练技能的员工队伍。[1]

16. 国际互联网协会宣布新董事会成员

6月20日，国际互联网协会宣布了新的董事会成员及任期一年的替补辞职成员席位。国际互联网协会董事会成员由各分会、机构会员、互联网工程任务组和董事会选举或任命产生，新成员任期为三年。[2]

17. 美国通过《州和地方政府网络安全法案》

6月21日，美国总统拜登正式签署《州和地方政府网络安全法案》（State and Local Government Cybersecurity Act）。该法案旨在敦促国土安全部改善与州和地方政府的信息共享与协调。该法案要求联邦网络安全官员与各州和地方共享网络安全威胁、漏洞和违规数据，并在攻击发生时提供一些恢复资源；要求网络安全与基础设施安全局为州和地方政府提供更好的网络安全工具和政策，并呼吁在这些级别的政府中开展联合网络安全演习；要求网络安全与基础设施安全局必须制定一项战略，为州和地方网络工作设定基线目标；要求国土安全部进一步建立5亿美元的专项计划，以增加州和地方政府的网络资金。[3]

---

1 "U.S. DEPARTMENT OF DEFENSE Micro electronics Vision"，https://media.defense.gov/2022/Jun/15/2003018021/-1/-1/0/DEPARTMENT-OF-DEFENSE-MICROELECTRONICS-VISION.PDF，访问时间：2023年4月6日。

2 "Internet Society Announces New Members of Board of Trustees"，https://www.internetsociety.org/news/press-releases/2022/announcing-new-members-of-board-of-trustees/，访问时间：2023年7月2日。

3 "State and Local Government Cybersecurity Act of 2021"，https://www.congress.gov/bill/117th-congress/senate-bill/2520/all-info，访问时间：2023年4月6日。

18. TikTok承诺满足欧盟有关广告和消费者保护规则的要求

6月21日，欧盟委员会发布公告称，TikTok承诺将调整用户权利，以满足欧盟有关广告和消费者保护规则的要求。2021年2月，欧洲消费者组织对TikTok未能保护儿童免受隐藏广告和不当内容侵害的做法提出警告。经过后续对话协商，TikTok承诺将允许用户举报涉嫌诱导、欺骗儿童购买商品或服务的广告和优惠，并禁止诸如酒精、香烟、快速致富计划等不适当的产品和服务的推广，以满足可能涉及的合规审查。下一步，欧盟消费者保护委员会将在2022年及以后积极监督以上承诺的落实情况。[1]

19. 加纳宣布在阿克拉开设二级数据中心

6月24日，加纳宣布在阿克拉开设了一个12兆瓦的二级数据中心。该设施建设者声称，它是南非唯一一家总部位于非洲的运营商中立的同地办公数据中心。该设施可容纳170个机架，可以使机架总数增加到680，并使其成为该国最大的数据中心。[2]

20. 中国发布《关于加强数字政府建设的指导意见》

6月23日，中国国务院正式发布《关于加强数字政府建设的指导意见》。意见从发展现状和总体要求、构建协同高效的政府数字化履职能力体系、构建数字政府全方位安全保障体系、构建科学规范的数字政府建设制度规则体系、构建开放共享的数据资源体系、构建智能集约的平台支撑体系、以数字政府建设全面引领驱动数字化发展、加强党对数字政府建设工作的领导八个方面对加强数字政府建设提出指导意见。

21. 英国宣布新增投资20亿英镑支持国防科技发展

6月27日，英国国防部和国防科学技术实验室（Defence Science and Technology

---

1 "EU Consumer protection: TikTok commits to align with EU rules to better protect consumers"，https://ec.europa.eu/commission/presscorner/detail/en/ip_22_3823，访问时间：2023年4月6日。

2 "Ghana's vice president opens Onix Tier IV data center"，http://direct.datacenterdynamics.com/en/news/ghanas-vice-president-opens-onix-tier-iv-data-center/，访问时间：2023年4月6日。

Laboratory）宣布，将推出新的科学技术研发计划，新增超过20亿英镑投资以支持本国国防科技事业发展。根据新计划，从2022至2026年，该项研发资金将用于包括新的太空卫星发射计划、高超音速技术和武器的研究等，并支持人工智能、网络、电磁活动、新型传感器、先进材料、太空等领域的研究，还将用于制订支持下一代军事能力发展相关计划。主要方向包括：计划开发能够以高超音速运行的新型武器；扩大对人工智能技术的研究；投资建立太空防御能力，提高情报、通信和监视能力等。据悉，此次计划的20亿英镑是2021年国防指挥文件中国防预算增加240亿英镑之后，新增研发投资的一部分。[1]

22. 美国国务院情报与研究局发布《网络安全战略》

6月27日，美国国务院情报与研究局（Intelligence and Research，INR）发布《网络安全战略》（Cybersecurity Strategy），旨在解决INR局长提出的"技术债务"，并在漏洞发现与修复方面营造更为积极的安全文化。该战略侧重于INR正在采取加强该部门最高机密计算环境的安全性的措施，并改善管理网络风险的方式；强调需要优先考虑和利用新技术，并建立现代IT基础设施、软件、硬件和系统；还关注部署"基于威胁的实时安全功能"的需求。该战略重点是强化INR员工管理网络风险方面的能力，维持并扩大具有强大网络安全技能的员工队伍，并深化与国土安全部等大型机构的合作。[2]

23. 北约将网络安全更紧密地纳入联盟战略

6月29日，北大西洋公约组织于马德里峰会后发布《北约2022年战略概念》，将网络安全更紧密地纳入联盟战略。文件称，恶意行为者试图破坏关键基础设施、干扰政府服务、窃取情报和知识产权并阻碍军事活动。北约提出，将加快数字化转型，根据信息时代的要求调整北约指挥结构，加强网络防御、网络和基础设施。促进创新，加大对新兴和颠覆性技术的投资力度，以保持互

1　"Science & Technology drive to deliver UK space launch"，https://www.gov.uk/government/news/science-technology-drive-to-deliver-uk-space-launch，访问时间：2023年4月6日。

2　"Announcing the Release of the Administration's National Cybersecurity Strategy"，https://www.state.gov/announcing-the-release-of-the-administrations-national-cybersecurity-strategy/，访问时间：2023年4月6日。

操作能力和军事优势；努力采用并整合新技术，与私营部门开展合作，保护创新生态系统，制定标准。[1] 文件认为，维护对太空和网络空间的安全使用与不受限制进入是有效威慑和防御的关键。北约将加强在太空和网络空间有效行动的能力，运用各种可用工具，预防、探测、打击和应对各种威胁。

24. 美国和以色列将在网络安全领域展开合作

6月30日，美国国土安全部科技局（U.S. Department of Homeland Security ［DHS］Science and Technology Directorate ［S&T］）与以色列国家网络局（Israel National Cyber Directorate，INCD）宣布将开展合作，启动以色列—美国双边工业研究与发展网络计划（Israel-U.S. Binational Industrial Research and Development ［BIRD］Cyber Program），该计划由BIRD基金会管理运营，旨在增强美国和以色列关键基础设施的网络韧性。据悉，该基金会的第一个征集方案是寻求美国和以色列实体之间的合作项目，以开发先进的网络安全应用程序，满足关键任务的网络安全需求。BIRD基金会还将为每个项目提供150万美元的赠款，从而资助高达50%的研发预算。[2]

25. 国际互联网工程任务组发布第三版RFC[3]编辑者模型

6月30日，国际互联网工程任务组正式发布第三版RFC编辑者模型（RFC 9280）。新的RFC编辑者模型旨在提供更大的透明度，改进对社群需求的响应，并提高有关团体和个人角色与责任的清晰度。过去的十年一直是在第二版编辑者模型（RFC 6635）下运行，新模型的主要变化是定义了与RFC系列相关管理政策，管理政策将在一个开放的论坛中进行定义。[4]

1　"NATO Toughens Cyber Stance, Sets Defense Innovation Accelerator"，https://www.meritalk.com/articles/nato-toughens-cyber-stance-sets-defense-innovation-accelerator/，访问时间：2023年4月6日。

2　"News Release: DHS and Israeli Partners Announce Collaboration on Cybersecurity"，https://www.dhs.gov/science-and-technology/news/2022/06/30/dhs-and-israeli-partners-announce-collaboration-cybersecurity，访问时间：2023年4月6日。

3　详情请见"RFC简述"第280页。

4　"A New Model for the RFC Editor Function"，https://www.ietf.org/blog/new-rfc-editor-model/，访问时间：2023年7月3日。

26. 甲骨文公司在克雷塔罗开设墨西哥云区

6月30日，甲骨文公司在墨西哥推出了首个云区域。作为首个墨西哥云区的美国提供商，甲骨文公司表示："墨西哥云区域将为公共和私人组织以及合作伙伴和开发人员提供利用甲骨文云基础设施（OCI）发展业务的机会，甲骨文云克雷塔罗地区为组织提供广泛的服务，包括获得新兴技术，以帮助改善客户体验并积极影响该国的创新生态系统。"新的克雷塔罗地区是甲骨文的第39个全球云地区，将为客户提供OCI和甲骨文融合云应用程序服务。[1]

7月

1. 美国司法部计划加大打击网络攻击力度

7月1日，美国司法部发布《2022—2026年战略计划》（FYs 2022-2026 Strategic Plan），将提升网络安全和打击勒索软件作为"保护美国国家安全"的战略目标。在提升网络安全方面，美国司法部承诺：将打击所有类型网络攻击团体，包括单独行动者、跨国犯罪集团、恐怖分子支持的团体等；破坏并拆除网络攻击者使用的网络基础设施；没收网络攻击所得财产等。在打击勒索软件攻击方面，美国司法部将提高案件处理效率并提升在72小时内对勒索攻击做出反应的能力；并将其采取扣押或没收手段的勒索攻击结案数量增加10%。[2]

2. 非洲大陆自贸区数字贸易走廊正式启动

7月8日，非洲博马节（Boma）以线上方式顺利举行。会上宣布启动非洲大陆自贸区数字贸易走廊，以促进非洲中小企业发展并创造就业机会。此外，非洲大陆自贸区秘书长等介绍了非洲大陆转型和一体化取得的突破性成就，包括设立非洲大陆自贸区调整基金、推出泛非支付和结算系统（Pan-African

---

1 "Oracle opens Mexico cloud region in Querétaro", http://direct.datacenterdynamics.com/en/news/oracle-opens-mexico-cloud-region-in-querétaro/，访问时间：2023年4月6日。

2 "U.S. Department of Justice Releases Strategic Plan", https://www.justice.gov/doj/doj-strategic-plan-2022-2026，访问时间：2023年4月2日。

Payment and Settlement System，PAPSS）、建立为货物贸易提供技术支持的咨询体系等。[1] 博马节根据2019年非洲联盟国家元首的决定设立，在每年7月初举行系列会议，通过以非盟委员会为代表的大陆治理机构和以非盟战略伙伴为代表的非洲私营部门之间开展战略性高级别对话，推进非洲一体化进程。2022年博马节主题为"非洲世纪有多远"，重点探讨全球变化和非洲大陆发展机遇，以实现非洲2063年愿景。

3. 文莱创新实验室正式启动

7月13日，文莱创新实验室正式启动，旨在加速创新发展、培养本地人的科技创业精神。该实验室将专注于人工智能、机器人和自动化、区块链、云计算、数据分析、数字映射、物联网、增材制造和网络安全等10个新兴技术领域，提供专业信息技术技能、产品和服务市场化方案以及资金等方面的指导。该实验室有三大计划："文莱创新"关键技术企业家发展计划；在特定科技领域建立能力推展计划；提高对新技术和科技创业意识的创新展览。[2]

4. 世界互联网大会国际组织在北京成立

7月12日，世界互联网大会国际组织成立大会在中国北京举行。世界互联网大会由全球移动通信系统协会（Global System for Mobile Communications Association，GSMA）、中国国家计算机网络应急技术处理协调中心、中国互联网络信息中心、阿里巴巴（中国）有限公司、深圳市腾讯计算机系统有限公司、浙江之江实验室六家单位共同发起，总部设于中国北京。世界互联网大会国际组织将致力于全球互联网发展治理，与国际各方积极搭建全球互联网高端对话平台。来自六大洲近20个国家的百家互联网领域的机构、组织、企业及个人加入，成为初始会员。世界互联网大会旨在搭建全球互联网共商共建共享平台，推动国际社会顺应信息时代数字化、网络化、智能化趋势，共迎安全挑

---

1 "2022年非洲博马（Boma）节宣布启动非洲大陆自贸区数字贸易走廊"，http://africanunion.mofcom.gov.cn/article/jmxw/202207/20220703332689.shtml，访问时间：2023年6月12日。

2 "文莱创新实验室正式启动 专注10个新兴技术领域"，http://bn.mofcom.gov.cn/article/ztdy/202208/20220803338640.shtml，访问时间：2023年6月12日。

战，共谋发展福祉，携手构建网络空间命运共同体。[1]

5. ICANN公布2023年提名委员会的主席和候任主席人选

7月15日，ICANN宣布董事会已经任命凡达·斯卡特兹尼（Vanda Scartezini）担任2023年提名委员会主席。[2]提名委员会是一个独立机构，负责选举ICANN董事会的八名成员以及《ICANN章程》中规定的ICANN机构内部的其他关键职位。提名委员会的成立初衷便是独立于董事会、支持组织和咨询委员会之外单独运作。委员会成员仅代表全球互联网社群，在《ICANN章程》赋予的ICANN使命和职责范围内工作。[3]

6. 迪拜正式推出元宇宙战略

7月18日，迪拜正式公布《迪拜元宇宙战略》（Dubai Metaverse Strategy）。[4]该战略提出，迪拜政府将在五年内创造4万个全新的元宇宙就业岗位，预计迪拜元宇宙经济产值将突破40亿美元，迪拜正努力发展成为全球十大元宇宙经济体之一。

7. 非洲互联网治理论坛讨论包容和信任

7月19至21日，非洲联盟委员会（African Union Commission，AUC）与马拉维共和国和联合国非洲经济委员会合作，在马拉维利隆圭举办了第十一届非洲互联网治理论坛，主题是非洲的数字包容和信任。[5]论坛设置了四个主题领

---

1 "世界互联网大会：关于我们"，https://cn.wicinternet.org/2022-08/31/content_36179535.htm，访问时间：2023年1月20日。

2 "ICANN Announces 2023 Nominating Committee Chair and Chair-Elect"，https://www.icann.org/en/announcements/details/icann-announces-2023-nominating-committee-chair-and-chair-elect-15-07-2022-en，访问时间：2023年8月7日。

3 "ICANN Nominating Committee | Committee's Charge"，https://www.icann.org/resources/pages/nomcom-charge-2018-02-12-en，访问时间：2023年8月7日。

4 "Dubai Metaverse Strategy"，https://u.ae/en/about-the-uae/strategies-initiatives-and-awards/strategies-plans-and-visions/government-services-and-digital-transformation/dubai-metaverse-strategy，访问时间：2023年2月9日。

5 "African Internet Governance Forum 2022: Africa Strives to Improve Digital Infrastructure, Close the Digital Divide, and Foster Resilience and Security"，https://au.int/en/pressreleases/20220727/african-internet-governance-forum-2022-africa-strives-improve-digital，访问时间：2023年3月4日。

域，包括可负担的网络访问，网络安全、隐私和个人数据保护，数字技能和人类能力发展以及数字基础设施等。与会各方承诺，将积极参与制定非洲的规范、法律、政策、标准和协议，以满足非洲的数据和隐私保护、网络安全和整体互联网治理需求。

8. 纳米比亚电信公司计划在数字基础设施领域加大投资

7月20日，纳米比亚电信公司（Telecom Namibia）计划在未来五年投资超过23亿纳元，用于实现国家网络现代化。[1] 根据世界银行2022年发布的报告，纳米比亚的互联网数据服务成本较高；移动数据使用率为36%，而区域内同类国家移动数据使用率为52%；光纤的推广和使用发展缓慢；私营企业面临电力供应不稳定的挑战。迄今为止，纳米比亚已投资超过1.48亿纳元用于建设光纤网络。

9. 西非国家经济共同体加强网络犯罪应急响应能力

7月25至29日，西非国家经济共同体委员会（Economic Community of West African States Commission）在"有组织犯罪：西非对网络安全和打击网络犯罪的回应"（Organised Crime: West African Response on Cybersecurity and Fight against Cybercrime，OCWAR-C）项目框架内，与欧洲理事会和国际刑警组织（International Criminal Police Organization/INTERPOL，ICPO）合作，在佛得角普拉亚举办了有关电子证据和网络犯罪应急响应的培训项目。OCWAR-C项目由欧盟资助，其目标是提高成员国信息基础设施的韧性和稳定性，并提升成员国相关部门打击网络犯罪的能力。[2]

10. 肯尼亚启动"数字人才计划"

7月28日，肯尼亚启动了"数字人才计划"（Digital Talent Program），旨在通过可持续的方式发展数字技能并创建健康的数字人才渠道。该计划的目标是

---

1 "纳米比亚电信公司未来5年将投资23亿纳元在数字基础设施领域"，http://na.mofcom.gov.cn/article/jmxw/202207/20220703334905.shtml，访问时间：2023年2月24日。

2 "ECOWAS strengthens capacity of Cybercrime First Responders"，https://ecowas.int/ecowas-strengthens-capacity-of-cybercrime-first-responders/，访问时间：2023年3月5日。

在第一年提升1000名参与者在以下领域的数字技能：UI/UX设计、人工智能和机器学习、物联网、大数据和分析、网络安全、云计算、金融科技、机器人流程自动化和软件工程。"数字人才计划"目前共有超过30个合作方加入，其中包括6所大学、14个培训机构、5个技术中心和社区组织、7个政府机构和14个企业。[1]

11. 迪拜成立未来技术和数字经济高级委员会

7月29日，迪拜成立未来技术和数字经济高级委员会，该机构的目标是"促进迪拜在全球数字经济中的优势地位"。[2] 委员会将监督迪拜数字经济和未来技术相关战略的实施，分析数字经济和未来技术的趋势并制定政策，包括元宇宙、人工智能、区块链、Web3、虚拟现实、增强现实、物联网、数据中心和云计算。

8月

1. 俄罗斯数字发展部启动全俄网络卫生计划

8月1日，俄罗斯数字发展部宣布推出全俄网络卫生计划，旨在提高公职人员的信息安全水平，向儿童和青少年普及数字卫生知识，并对公民网络安全基础原则的认知水平实施全俄监测。计划预期执行三年，预计成本为6亿卢布。[3]

2. 阿联酋政府成立政府数字化转型高级委员会

8月1日，阿联酋政府宣布成立新的联邦委员会—政府数字化转型高级委员会（Higher Committee for Government Digital Transformation）并进行全面的数

---

1 "Technology Sector Partners To Launch Digital Talent Program"，https://www.capitalfm.co.ke/business/2022/07/technology-sector-partners-launch-digital-talent-program/，访问时间：2023年2月23日。

2 "迪拜成立未来技术和数字经济高级委员会"，http://dubai.mofcom.gov.cn/article/jmxw/202207/20220703336954.shtml，访问时间：2023年6月12日。

3 "Минцифры РФ запустило всероссийскую программу кибергигиены"，https://www.interfax.ru/digital/854767，访问时间：2023年2月22日。

字化转型。该委员会主要负责为阿联酋政府制定全面数字化转型政策（Policies for Comprehensive Digital Transformation）并帮助阿联酋提高基础设施和数字资产的使用效率，同时监督和指导阿联酋政府"数字生态系统"的发展。为进一步提高效率，委员会将负责发布与政府服务、商业和运营等数字化相关的战略项目的指导性内容。[1]

3. 新加坡正式成立网络防御部队

8月2日，新加坡国会通过两项法案，正式设立国防数字防卫与情报军部队（Digital and Intelligence Service）。[2] 新加坡于2022年3月首次提出数字防卫与情报军部队拟建计划，作为新加坡武装部队第四个部门负责抵御网络攻击。

4. 巴西众议院提出建立国家数字教育政策法案

8月4日，巴西众议院批准建立国家数字教育政策的法案，涵盖数字包容、数字学校教育、数字培训和专业化，以及信息和通信技术的研发相关内容。该法案修订了《国民教育指南和基础法》（Law of Directives and Bases of National Education），将数字教育纳入巴西（从小学开始）各个教育阶段的基础课程当中。[3]

5. 越南批准国家网络安全战略及2030年愿景

8月10日，越南批准《至2025年及展望2030年国家网络安全及主动应对网络空间挑战战略》。战略特别指出，要在重要领域的信息系统中分级部署信息安全保障计划和四层保护模式，优先使用"越南制造"网络信息安全产品和解

1　"UAE Cabinet approves formation of higher committee for new digital ecosystem"，https://gulfnews.com/uae/uae-cabinet-approves-formation-of-higher-committee-for-new-digital-ecosystem-1.89648870，访问时间：2023年2月9日。

2　"国会新设国防数码防卫与情报军部队 负责军队数码防御能力"，https://www.zaobao.com/realtime/singapore/story20220802-1299100，访问时间：2023年2月25日。

3　"Brazil's House of Representatives approves bill on Digital Education"，https://agenciabrasil.ebc.com.br/en/educacao/noticia/2022-08/brazils-house-representatives-approves-bill-digital-education，访问时间：2023年2月22日。

决方案，并推动建立国家密码基础设施等。战略还对越南公安部、国防部、信息传媒部等提出了多项具体要求。[1]

6. 墨西哥计划投资300亿比索促进农村地区的互联网连接

8月10日，墨西哥总统安德烈斯·曼努埃尔·洛佩斯·奥夫拉多尔（Andres Manuel Lopez Obrador）表示，墨西哥计划投资约300亿比索（约合人民币101.2亿元）以促进互联网连接。根据墨西哥电信监管机构联邦电信研究院（Instituto Federal de Telecomunicaciones，IFT）的数据，墨西哥约有66%的家庭接入互联网，但五分之一的原住民（约200万人，大多生活在偏远地区）仍然无法获得任何移动互联网服务。墨西哥总统还承诺政府将派发津贴，以便帮助民众能够负担得起互联网接入费用。[2]

7. 美墨网络问题工作组发表联合声明

8月10日，美墨网络问题工作组（U.S.-Mexico Working Group on Cyber Issues）举行了首次双边网络对话并发布联合声明，重申国际法在网络空间的适用性，并将继续推动遵守和实施联合国大会通过的负责任国家行为框架。美国和墨西哥承诺：将加强网络和数字经济双边合作倡议协调；强化技术协调机制，共同关注和应对影响国家关键信息基础设施的网络事件、交换网络威胁情报信息、开展网络安全培训；加强美国国土安全部与墨西哥有关部门在勒索软件、执法和调查等问题上的合作。同时，双方还将继续在国际组织和论坛加强网络安全议题合作。[3]

---

1 "Phê duyệt chiến lược An toàn, An ninh mạng quốc gia, chủ động ứng phó với các thách thức từ không gian mạng đến năm 2025, tầm nhìn 2030", https://antoanthongtin.gov.vn/chinh-sach---chien-luoc/phe-duyet-chien-luoc-an-toan-an-ninh-mang-quoc-gia-chu-dong-ung-pho-voi-cac-thach-thuc-tu-khong-gian-108298，访问时间：2023年2月3日。

2 "AMLO announces 30 billion pesos investment to boost internet connectivity in rural areas across Mexico", https://mexicodailypost.com/2022/08/11/amlo-announces-30-billion-pesos-to-boost-internet-connectivity-in-rural-areas-across-mexico/?amp，访问时间：2023年2月22日。

3 "Joint Statement on U.S.-Mexico Working Group on Cyber Issues", https://www.state.gov/joint-statement-on-u-s-mexico-working-group-on-cyber-issues/，访问时间：2023年2月25日。

8. 美国资助非洲建设海底光缆

8月14日，美国国务卿安东尼·布林肯表示，美国正在资助非洲铺设大型海底光缆系统。该海底电缆线路全长17000公里，从东南亚到中东，并延伸到非洲之角和欧洲，将为各大洲的十几个国家提供高速互联网连接。[1]

9. 俄罗斯成立人工智能技术发展管理局

8月17日，俄罗斯举办"军队–2022"国际军事技术论坛。俄罗斯副总理德米特里·切尔内申科宣布，将于9月初启动在联邦政府领导下的国家人工智能发展中心。该中心将为国家机构、科研单位和企业选择高效的人工智能解决方案，并将推动国际合作，促进落实重要的人工智能国家战略和一系列人工智能领域的关键项目。此外，俄罗斯国防部成立了人工智能技术发展管理局，旨在促进在武器装备研发领域使用人工智能技术。[2]

10. 阿根廷政府出台"国家科技创新计划2030"

8月18日，阿根廷总统阿尔韦托·费尔南德斯（Alberto Fernández）主持召开阿根廷经社理事会会议[3]，阿根廷科技创新部部长在会上提出"国家科技创新计划2030"（National Plan 2030 for Science, Technology and Innovation）。该计划旨在通过科技创新来更好地解决贫困、粮食主权、民主、公民权利、教育、健康卫生等一系列经济社会领域面临的挑战；同时，进一步促进阿根廷航空航天、电信、海洋资源可持续利用、信息技术产业、能源转型等领域发展。

---

1 "US takes China rivalry over African influence underwater, with high-speed internet cable spanning continents", https://www.scmp.com/news/china/diplomacy/article/3188832/us-takes-china-rivalry-over-african-influence-underwater-high，访问时间：2023年2月25日。

2 "俄政府将于9月初启动国家人工智能发展中心"，https://www.chinanews.com.cn/gj/2022/08-18/9830161.shtml，访问时间：2023年3月1日。

3 "A Plan For The Coming Argentina", https://nationworldnews.com/a-plan-for-the-coming-argentina，访问时间：2023年3月4日。

11. 非洲首个元宇宙平台上线

8月18日，非洲上线首个元宇宙平台Africarare，并提出3D虚拟现实体验的商业化计划，旨在激发非洲的创造力，提振经济并创造就业。该平台以Ubuntuland为背景，构建了一个虚拟世界，对虚拟世界的土地进行了分级定位和定价，并且可以通过私人销售或公共NFT市场进行购买和开发。土地所有者将能够定制他们的三维土地空间，比如托管商店、生产资源、租用虚拟服务、开发游戏或其他应用程序。[1]

12. 美国陆军网络司令部计划布局全球防御网络

8月19日，美国陆军网络司令部计划根据网络空间竞争特点布局全球防御网络。ARCYBER计划将其位于美国的一个区域网络中心升级为协调全球数字网络的中心。[2] 目前，美国陆军共有五个区域网络中心，两个中心设在美国亚利桑那州和夏威夷州；三个中心分散在境外，分别位于德国、科威特和韩国。

13. 南非加大打击网络犯罪力度

8月22日，南非科学与工业研究委员会（Council for Scientific and Industrial Research，CSIR）和特别调查组（Special Investigating Unit，SIU）签署了一份谅解备忘录[3]，双方将在数据分析和共享、数字取证、信息和网络安全、人工智能、区块链以及网络基础设施等领域开展合作，建立并提升在数字调查工具开发、数字取证调查和分析、云计算和高性能计算等方面的能力，以打击网络犯罪。[4]

1　"Plans announced for commercialization of Africarare, Africa's first metaverse, African Metaverse set to boost economy and create employment"，https://www.globenewswire.com/en/news-release/2022/08/18/2501135/0/en/African-Metaverse-Opens-Up-to-the-World.html，访问时间：2023年2月26日。

2　"US Army to synchronize defenses as cyber fight goes global"，https://www.defensenews.com/cyber/2022/08/18/us-army-to-synchronize-defenses-as-cyber-fight-goes-global/，访问时间：2023年2月25日。

3　"CSIR and SIU join forces in deployment of advanced technologies to curb corruption"，https://www.siu.org.za/csir-and-siu-join-forces-in-deployment-of-advanced-technologies-to-curb-corruption/，访问时间：2023年2月23日。

4　"CSIR AND SIU JOIN FORCES TO COMBAT CYBERCRIME"，https://ewn.co.za/2022/08/23/csir-and-siu-join-forces-to-combat-cybercrime，访问时间：2023年2月23日。

14. ICANN就通用顶级域注册数据共识政策征询公众意见

8月24日，ICANN就《通用顶级域注册数据共识性政策》草案启动了公共评议流程，评议期截至2022年10月31日。ICANN主要就两个事项征集意见：一是《通用顶级域注册数据共识性政策》草案，其中规定了有关通用顶级域注册数据的收集、转让和发布的共识性政策要求；二是根据通用顶级域注册数据临时规范快速政策制定流程第1阶段最终报告中的建议27，对受《注册数据共识性政策》影响的政策和程序进行更新。这套共识性政策预计将于2023年第一季度发布，生效日期为2024年第四季度。[1]

15. 毛里求斯成立国家网络安全委员会

8月26日，毛里求斯通讯部部长主持了第一届国家网络安全委员会，并任命了首届委员会主席。国家网络安全委员会根据2021年毛里求斯《网络安全和犯罪法案》成立，其目标是对政府在网络安全和犯罪问题上提供建议，并建立网络安全最佳实践和标准关键信息基础设施。[2]

16. 加纳发起数字平台——非洲大陆自由贸易区中心

8月29日，加纳通信和数字化部与贸易和工业部倡议启动数字平台——非洲大陆自由贸易区中心（AfCFTA Hub），呼吁中小企业和初创企业利用它促进自由贸易，推动非洲经济转型。该中心得到了非洲大陆自由贸易区秘书处、非洲联盟和泛非洲非营利组织AfroChampions的支持，旨在加强区域数字合作，以提高非洲大陆的市场准入。AfCFTA Hub平台将与电子商务、现代零售和物流的私营部门进行系统互联，创建一个强大的中枢系统，为中小企业和初创企业提供便利，支持技术创业公司的出口业务，并扩大其市场规模。[3]

---

1 "Registration Data Consensus Policy for gTLDs", https://www.icann.org/en/announcements/details/registration-data-consensus-policy-for-gtlds-24-08-2022-en，访问时间：2023年8月30日。

2 "毛成立国家网络安全委员会"，http://mu.mofcom.gov.cn/article/jmxw/202208/20220803344343.shtml，访问时间：2023年3月20日。

3 "Ghana spearheads digital trade, launches AfCFTA hub", https://gna.org.gh/2022/08/ghana-spearheads-digital-trade-launches-afcfta-hub/，访问时间：2023年2月23日。

延伸阅读

非洲大陆自由贸易区发展历程

非洲大陆自由贸易区（African Continental Free Trade Area，AfCFTA，以下简称"非洲大陆自贸区"）由非洲联盟的55个成员国和8个区域经济共同体组成，是世界上最大的自由贸易区。它的首要目标是建立一个总GDP约为3.4万亿美元、人口超过13亿的单一大陆市场。

非盟于2015年第24届非盟首脑会议上通过了《2063年议程》（Agenda 2063: The Africa We Want），作为非洲未来50年发展的远景规划，并将建立非洲大陆自贸区作为《2063年议程》的旗舰项目。2015年6月15日，第25届非盟首脑峰会正式启动了《非洲大陆自贸区协定》（《自贸区协定》，African Continental Free Trade Area Agreement）的谈判。2018年3月21日，在卢旺达首都基加利举行的非盟非洲大陆自贸区特别峰会通过了《自贸区协定》，44个非洲国家签署了该协定。5月30日，非盟宣布《自贸区协定》正式生效。2019年7月7日，在尼日尔首都尼亚美召开的第12届非盟特别峰会正式宣布非洲大陆自贸区成立，除厄立特里亚外的所有其他54个非盟成员都签署了《自贸区协定》，目前已有30个国家批准了该协定。非盟原计划于2020年7月1日实施该协定，但因新冠疫情而最终推迟到2021年1月1日才得以正式启动。

根据成员国之间的正式协议文件，非洲大陆自贸区的主要目标是创建一个商品和服务的单一市场，促进人员流动，以深化非洲大陆的经济一体化，以及《2063年议程》中所载的"一体化、繁荣与和平的非洲"的泛非愿景。

非洲自贸区设想消除关税和进口配额等贸易壁垒，允许商品和服务在非盟成员国间自由流动，促进非洲的商业、增长和就业；将市场整合与工业和基础设施发展相结合，以解决非洲的生产能力问题；其旨在通过加强人员、资本、货物和服务的自由流动，促进农业发展、粮食安全、工业化和结构性经济转型，从而深化非洲经济一体化。[1]

1　"About The AfCFTA"，https://au-afcfta.org/about/，访问时间：2023年2月23日。

17. 中国发布第50次《中国互联网络发展状况统计报告》

8月31日，中国互联网络信息中心发布了第50次《中国互联网络发展状况统计报告》。报告显示，截至2022年6月，中国网民规模为10.51亿，互联网普及率达74.4%，互联网基础建设全面覆盖，同时，中国5G网络规模持续扩大，累计建成开通5G基站185.4万个。[1]

18. ICANN 2022提名委员会发布《摘要报告》

8月31日，ICANN 2022提名委员会发布《摘要报告》，介绍自ICANN第72届会议结束以来的工作进度。报告概述了提名委员会在寻找潜在候选人时的标准，回顾了委员会的外展活动和预选流程。2023提名委员会将在ICANN第75届会议结束时组建，并负责挑选以下职务：两名ICANN董事会成员；一名公共技术标识符（PTI）董事会成员；三名一般会员咨询委员会（ALAC）地区代表——分别代表非洲地区，亚洲、澳大利亚和太平洋岛屿地区，拉丁美洲和加勒比海地区；两名通用名称支持组织理事会成员——一名代表签约方机构，另一名代表非签约方机构；一名国家和地区名称支持组织（ccNSO）理事会成员。[2]

9月

1. 中国通过反电信网络诈骗法

9月2日，中国正式通过《中华人民共和国反电信网络诈骗法》[3]，该法律是中国第一部专门、系统、完备规范反电信网络诈骗工作的法律。《中华人民共和国反电信网络诈骗法》共七章50条，包括总则、电信治理、金融治理、互联

---

1 "CNNIC发布第50次《中国互联网络发展状况统计报告》"，https://www.cnnic.cn/n4/2022/0916/c38-10594.html，访问时间：2023年2月21日。

2 "ICANN's 2022 Nominating Committee Publishes Summary Report"，https://www.icann.org/en/announcements/details/icanns-2022-nominating-committee-publishes-summary-report-31-08-2022-en，访问时间：2023年9月5日。

3 "中华人民共和国反电信网络诈骗法"，http://www.gov.cn/xinwen/2022-09/02/content_5708119.htm，访问时间：2023年2月21日。

网治理、综合措施、法律责任、附则，规定了反电信网络诈骗工作的基本原则，明确各部门职责、企业职责和地方政府职责，建立协同联动工作机制，规定各方法律责任，强化违法犯罪惩处力度，立足各环节、全链条防范治理电信网络诈骗，加强对电话卡、银行卡、互联网账号管理，从人员链、信息链、技术链、资金链等进行全链条治理，从源头上防范电信网络诈骗。

2. 阿尔巴尼亚因伊朗发动网络攻击与其断交

9月6日，阿尔巴尼亚总理埃迪·拉马（Edi Rama）宣布，因遭到伊朗的网络攻击，阿方决定与伊朗断绝外交关系[1]，伊朗驻阿使馆外交官和其他工作人员必须在24小时内离境。拉马在讲话中披露，伊朗从7月15日起便试图对阿尔巴尼亚多个国家级服务器发动多轮网络攻击。阿尔巴尼亚政府同专业机构共同认定这些网络袭击是由伊朗政府所资助的四个不同的黑客组织所发起的。阿尔巴尼亚是已知的第一个因网络攻击而与他国断绝外交关系的国家。

3. 法国将制定网络风险保险以帮助企业应对网络威胁

9月8日，法国政府宣布将制定网络风险保险以帮助企业应对网络威胁，增强企业遭遇网络攻击后恢复能力。该网络风险保险计划将围绕四个部分构建：明确网络风险保险的法律框架；促进更好地衡量网络风险；改善投保人、保险公司和再保险公司之间的风险分担；推动公司努力提高网络风险意识。[2]

4. "中国—阿根廷社会科学虚拟中心"启动首批合作研究

9月9日，中国社会科学院和阿根廷科技创新部联合举办"中国—阿根廷社会科学虚拟中心"合作研究项目推介会。双方创立中阿社会科学虚拟中心并启动三项联合科研，涉及投资与增长、全球经济治理、减贫等重要议题。该虚拟

1　"Albania cuts diplomatic ties with Iran after July cyberattack", https://iranprimer.usip.org/blog/2022/sep/09/albania-cuts-ties-iran-over-cyberattack，访问时间：2023年3月7日。

2　"Des pistes pour assurer le risque cyber et protéger les entreprises", https://www.gouvernement.fr/actualite/des-pistes-pour-assurer-le-risque-cyber-et-proteger-les-entreprises，访问时间：2023年4月2日。

中心根据2018年中阿两国签署的《关于设立中国—阿根廷社会科学虚拟中心的协议》建立，旨在为中阿两国学者搭建一个数字化的线上对话交流平台，共同促进双边务实合作进入宽领域、高质量、可持续发展新阶段。[1]

5. 俄罗斯国家人工智能发展中心已开始运作

9月9日，为落实俄罗斯国家人工智能战略，俄罗斯国家人工智能发展中心已在俄罗斯政府的领导下开始运作，将为商业、科学和国家机构选择有效的人工智能解决方案，并监测行业发展关键指标。该中心的主要工作旨在推广人工智能提供专家支持、促进落实重要基础设施任务、推动国际合作，以及推进一系列人工智能领域关键项目。[2]

6. 法国发布"国家云战略"实施方案

9月13日，法国政府发布"国家云战略"（National Strategy for Cloud Technology），并公布相应实施措施。国家云战略在法国提出的"2030发展战略"框架下设立，旨在进一步推动法国企业及政府数字化转型。战略明确指出，云服务是法国政治和数字主权以及战略自治的主要支柱。法国经济、财政、工业和数字主权以及数字转型和电信等多部门联合提出以下五项措施：支持企业获得法国国家信息系统安全局安全认证；加强政府数字化转型；开展与欧盟层面匹配的数字监管与技术研究；推动欧洲共同利益重要项目（IPCEI）云项目；成立"可信数字"部门战略委员会。[3]

7. 富士康将在印度投资建设半导体与显示器制造厂

9月13日，富士康与印度矿业巨头韦丹塔（Vedanta）和印度古吉拉特邦政

---

1 "为深化中阿关系注入更多动能——中国—阿根廷社会科学虚拟中心启动首批合作研究项目"，http://cass.org.cn/keyandongtai/xueshuhuiyi/202209/t20220923_5540200.shtml，访问时间：2023年2月17日。

2 "俄副总理：俄国家人工智能发展中心已开始工作"，https://sputniknews.cn/20220909/1043825456.html，访问时间：2023年3月7日。

3 "De nouveaux dispositifs en faveur de la stratégie nationale pour le cloud"，https://www.gouvernement.fr/actualite/de-nouveaux-dispositifs-en-faveur-de-la-strategie-nationale-pour-le-cloud，访问时间：2023年4月2日。

府共同签署谅解备忘录，将在古吉拉特邦的最大城市艾哈迈达巴德设立半导体与显示器制造厂。古吉拉特邦政府称，该项目预计投资约200亿美元，并计划创造超10万就业岗位。该项目是印度自1947年独立以来最大的一笔公司投资。瓦丹塔公司计划在新成立的合资公司中占股60%。[1]

8. ICANN发布WHOIS披露系统设计文件

9月13日，ICANN发布了WHOIS披露系统设计文件。此系统旨在为ICANN董事会和通用名称支持组织理事会之间开展关于非公开通用顶级域注册数据标准化访问/披露系统的讨论提供相关信息。[2]根据文件的设计方案，该系统将简化请求者和ICANN认证注册服务机构提交与接收针对非公开通用顶级域注册数据的请求流程。文件还列举了假设和风险、系统模型、预估实施时间表及相关成本。

9. 欧盟计划大力发展"元宇宙"

9月14日，欧盟委员会主席冯德莱恩在盟情咨文意向书中提出，欧盟委员会将在2023年提出一项关于虚拟世界如"元宇宙"的倡议。[3]欧盟内部市场委员布雷顿表示，元宇宙是"我们面临的紧迫数字挑战之一"，元宇宙应该以欧洲的价值观和规则为中心。欧盟应当从人才、技术、基础设施几方面着手推进政策实施，继续强化技术主权，通过光子学、半导体或新材料的路线图和投资，增强尖端技术开发和建立可持续生态系统方面的实力。欧盟方面认为，元宇宙发展将增加基础设施建设需求压力，市场获利者应当在提供公共产品、服务和基础设施方面做出贡献。

---

1 "Foxconn strikes $19.4 bn deal to make chips in India", https://www.rfi.fr/en/business-and-tech/20220914-foxconn-strikes-19-4-bn-deal-to-make-chips-in-india，访问时间：2023年2月17日。

2 "ICANN Org Publishes WHOIS Disclosure System Design Paper", https://www.icann.org/en/blogs/details/icann-org-publishes-whois-disclosure-system-design-paper-13-09-2022-en，访问时间：2023年9月30日。

3 "European Commission turns its gaze towards the metaverse", https://www.euractiv.com/section/digital/news/european-commission-turns-its-gaze-towards-the-metaverse/，访问时间：2023年2月25日。

10. 欧盟提出《网络韧性法案》以保障数字安全

9月15日，欧盟委员会提交了新的《网络韧性法案》（Cyber Resilience Act）提案，以保护消费者和企业免受存在安全隐患产品的影响。该法案以2020年欧盟网络安全战略和欧盟安全联盟战略为基础，旨在保障欧盟范围内消费者的数字产品安全，内容包括增加数字产品制造商的责任范围，要求制造商提供安全支持和软件更新来解决已识别的漏洞，让消费者充分了解他们购买和使用产品的网络安全信息等。[1] 这是欧盟范围内首次通过该类法案，为所有具备数字属性的产品在其生命周期内引入了强制性的网络安全要求。

11. 拜登发布首个国外投资事项行政令

9月15日，美国总统拜登发布一项行政命令[2]，要求美国财政部外国投资委员会对外国在美投资和企业并购做出更严格和明确的审查，指示关注潜在的网络安全威胁，重点检查涉及美国公民敏感个人数据的交易风险，这些风险源于网络和数据安全措施以及科技创新技术领先等问题。同时，该指令也是自1975年外国投资委员会成立以来，事关其外国投资事项的首个总统指令。[3]

12. 美国信息技术产业协会发布《实现人工智能系统透明度的政策原则》

9月15日，美国信息技术产业协会（Information Technology Association of

1　"State of the Union: New EU cybersecurity rules ensure more secure hardware and software products"，https://ec.europa.eu/commission/presscorner/detail/en/IP_22_5374，访问时间：2023年2月25日。

2　"FACT SHEET: President Biden Signs Executive Order to Ensure Robust Reviews of Evolving National Security Risks by the Committee on Foreign Investment in the United States"，https://www.whitehouse.gov/briefing-room/statements-releases/2022/09/15/fact-sheet-president-biden-signs-executive-order-to-ensure-robust-reviews-of-evolving-national-security-risks-by-the-committee-on-foreign-investment-in-the-united-states/，访问时间：2023年3月7日。

3　"This Executive Order (E.O. or the Order) is the first E.O. since CFIUS was established in 1975 to provide formal Presidential direction on the risks that the Committee should consider when reviewing a covered transaction"，https://www.whitehouse.gov/briefing-room/statements-releases/2022/09/15/fact-sheet-president-biden-signs-executive-order-to-ensure-robust-reviews-of-evolving-national-security-risks-by-the-committee-on-foreign-investment-in-the-united-states/，访问时间：2023年3月7日。

America，ITAA）在华盛顿发布了《实现人工智能系统透明度的政策原则》。[1] ITAA在该原则中强调：透明度是指明确人工智能系统的构建、运行及功能；是可靠的人工智能系统开发、避免意外和其他不良结果的关键因素；能够在数据输出分析提供帮助，并落实人工智能领域各相关方的责任。

13. 世界银行将向喀麦隆电力部门投资

9月16日，世界银行中西非基础设施项目主任宣布[2]，为帮助喀麦隆更好地解决电力问题，将投资1950亿中非法郎（约3.25亿美元），在喀麦隆电力部门设立一个结果导向型项目。该项目旨在提高喀麦隆电力部门的财务可行性和透明度，保证电力部门的成本和资源之间达到理想的财务平衡，以便减少喀麦隆政府对电价的补贴支出。

14. ICANN第75届会议在马来西亚举行

9月17至22日，ICANN第75届会议在马来西亚吉隆坡举行。会议期间共举办168场活动，吸引了来自112个国家和地区的1957人参会。[3] ICANN董事会在会议期间通过了六项决议：一是推迟启动第三届注册目录服务审查工作；二是采纳根服务器系统咨询委员会第二次组织审查建议的实施情况报告；三是采纳国家和地区名称支持组织关于国家和地区代码顶级域停用政策相关建议；四是批准《多语种域名实施指南（4.1版）》以替代现行3.0版内容；五是指示就《安全和稳定咨询委员会关于私有顶级域的建议》的实施方案启动公共评议程序；六是任命新一届ICANN董事会成员。[4]

1　"ITI Publishes Global Policy Principles for Enabling Transparency of AI Systems"，https://www.itic.org/news-events/news-releases/iti-publishes-global-policy-principles-for-enabling-transparency-of-ai-systems，访问时间：2023年2月25日。

2　"世界银行将向喀麦隆电力部门投资1950亿中非法郎"，http://cm.mofcom.gov.cn/article/jmxw/202209/20220903351288.shtml，访问时间：2023年3月5日。

3　"ICANN75 Participation Metrics Preview"，https://www.icann.org/en/blogs/details/icann75-participation-metrics-preview-26-09-2022-en，访问时间：2023年10月2日。

4　"Approved Resolutions | Regular Meeting of the ICANN Board | 22 September 2022"，https://www.icann.org/en/board-activities-and-meetings/materials/approved-resolutions-regular-meeting-of-the-icann-board-22-09-2022-en，访问时间：2023年10月2日。

15. 泛非数字金融系统玛拉（Mara）推出免费在线教育平台

9月20日，泛非数字金融系统Mara[1]推出了一个免费的教育在线平台，旨在创造一个学习者社区，为非洲输送未来人才。Mara计划通过课程激发学习者的潜力和创新能力，这些课程将嵌入一种独特的交付模式，为非传统学习者配备高技能、跨学科的技术人员，使所有学习者能够平等地提升技能、接受教育、获得机会。该平台重点关注非洲用户，旨在增加数字金融和区块链技术在非洲的运用。

延伸阅读

非洲加密交易平台Mara简介

Mara是一个非洲加密交易平台，旨在帮助年轻人适应新兴技术，通过提供跨越部落、阶级、文化的解决方案，促进更公平的资本分配，并为撒哈拉以南非洲地区建立数字金融系统，继而推动该地区大规模采用加密货币。Mara利用区块链技术赋能非洲数字经济，为10亿非洲人提供学习平台，提高学习者金融素养，让他们能最大限度地抓住数字经济中的机会。[2]

2022年6月1日，Mara宣布完成2300万美元融资。Mara还和中非共和国建立了新的合作伙伴关系，该国最近宣布BTC为法定货币并计划创建一个加密货币中心Sango。

7月2日，Mara宣布推出玛拉钱包（Mara Wallet）。该钱包是一种快速且安全的多币种加密钱包，使用户能够轻松地实时购买、出售、发送、提取、存储和保护各种法定和加密资产（如加密货币和NFT），而无须提前了解加密知识。Mara的联合创始人兼首席执行官奇纳迪（Chi

---

1 "Mara Launches Free Online Academy To Advance Digital Financial Literacy", https://www.capitalfm.co.ke/business/2022/09/mara-launches-free-online-academy-to-advance-digital-financial-literacy/，访问时间：2023年2月23日。

2 "Mara: Empowering Africans' Dreams", https://www.mara.xyz/，访问时间：2023年2月24日。

Nnadi）在发布前的讲话中表示，推出玛拉钱包是其实现加密教育、金融知识和确保更公平的资本分配的第一步。[1]

16. 俄罗斯启动局部动员令，信息技术等领域人士免于征召

9月21日，俄罗斯总统普京发表全国讲话，宣布在俄启动部分动员令，这是俄罗斯在"二战"后首次进行动员。9月23日，俄罗斯国防部发布消息表示，为保障俄罗斯个别高科技领域、金融系统的正常运转，决定局部动员期间不征召相应专业的高学历专家服役。俄罗斯国防部称："信息技术领域以及参与开发、应用、维护和运营高科技项目和信息基础设施保障工作的高学历专家将不会被征召。"此外，俄国防部指出，免征人员主要是保障俄罗斯通信设施、数据处理中心以及通信线路运行稳定、安全和完整性的电信运营商中拥有高学历的工作人员，主流媒体、国家支付系统和金融市场基础设施运营、管理银行流动性、现金周转等领域的工作人员也免于被征召。[2]

17. 欧盟深入探讨网络安全技能框架

9月21日，欧盟网络安全局召开会议，重点聚焦欧洲网络安全技能框架（The European Cybersecurity Skills Framework）[3]，建设一支有力的网络安全队伍。会议强调欧盟网络安全局采取的行动，就该领域所需角色、专家、人才等方面达成共识，并介绍了欧洲网络安全技能框架的特点。该框架共确定12个与网络安全相关的角色，探讨了每个角色的责任、技能、协同作用和相互依赖性，同时支持设计与网络安全有关的培训方案。

---

1 "非洲加密交易平台Mara简介"，https://www.trzrb.com/baike/8736.html，访问时间：2023年2月24日。

2 "俄国防部：局部动员不会征召IT、媒体等领域专业人士"，https://sputniknews.cn/20220924/1044219949.html，访问时间：2023年2月22日。

3 "Developing a Strong Cybersecurity Workforce: Introducing the European Cybersecurity Skills Framework"，https://www.enisa.europa.eu/news/developing-a-strong-cybersecurity-workforce-introducing-the-european-cybersecurity-skills-framework，访问时间：2023年2月25日。

18. 联合国贸易和发展会议发布《西非国家经济共同体成员国电子贸易就绪评估》

9月21日，联合国贸易和发展会议[1]发布了《西非国家经济共同体成员国电子贸易就绪评估》（Member States of the Economic Community of West African States: eTrade Readiness Assessment）。该评估是西非国家经济共同体（西非经共体，Economic Community of West African States Commission）[2]区域电子商务战略发展项目（Regional E-commerce Strategy Development Project）的一部分，记录了西非经共体成员国在准备发展电子商务和数字经济方面所具备的优势、弱点和面临的挑战，此为制定区域战略的第一步。

延伸阅读 ————

《西非国家经济共同体成员国电子贸易就绪评估》简述

在荷兰政府的资助下，西非国家经济共同体委员会和联合国贸易和发展会议于2021年10月启动了区域电子商务战略发展项目，利用技术加速发展和结构性变革，促进区域一体化，为电子商务发展指引方向。《西非国家经济共同体成员国电子贸易就绪评估》是区域电子商务战略发展项目的先导部分。

该报告在七个政策领域评估了各国或地区的电子商务准备状况：1.电子商务准备和战略制定；2.信息通信技术基础设施和服务；3.物流和贸易便利化；4.法律和监管框架；5.支付解决方案；6.电子商务技能发展；7.融资渠道。

评估发现，所有西非经共体成员国都致力于数字化进程，为此制

---

1 "西非国家经济共同体成员国电子贸易就绪评估"，https://unctad.org/system/files/official-document/dtlecdc2022d1_en.pdf，访问时间：2023年3月6日。

2 "Member States of the Economic Community of West African States: eTrade readiness assessment"，https://www.africa-press.net/gambia/all-news/member-states-of-the-economic-community-of-west-african-states-etrade-readiness-assessment，访问时间：2023年3月5日。

定并实施战略和政策，但是国家之间以及国家内部存在双重数字鸿沟。在西非经共体国家之间，一些国家已经开始建设5G，而部分国家仍未实现全面宽带接入；在国家内部也存在数字服务和数字接入方面的不平等，甚至部分农村地区面临电力供应不足问题。该评估指出，为拓展电子商务和数字经济以及加强西非经共体贸易一体化，需要通过教育帮助数字脆弱的人群弥合信息通信技术相关的知识和机会鸿沟。与此同时，西非国家电力短缺和识字率不高也制约着电子商务发展。

报告为有关部门和个人提供了交流咨询的框架，提出为提升电子贸易发展，需要做好以下工作：所有国家对目前电子商务发展情况，面临的挑战和困难达成共识；各国部门和机构、技术和金融领域合作者需要意识到电子商务对国家经济的重要性，需要支持电子商务的发展；加强利益相关方之间增加联系，展开协作，以便在西非经共体所有成员国内展开有关促进数字和电子商务生态系统的建设性对话；加快部署西非经共体成员国贸易部门在电子商务发展方面的工作，增强成员国内部和成员国之间对电子商务生态系统的信任；加强对电子商贸市场的监管，促进共融。[1]

西非国家经济共同体是非洲最大的发展中国家区域性经济合作组织，成立于1975年5月28日。截至2022年年底，共有15个成员国，包括贝宁、布基纳法索、多哥、佛得角、冈比亚、几内亚、几内亚比绍、加纳、科特迪瓦、利比里亚、马里、尼日尔、尼日利亚、塞拉利昂、塞内加尔。

---

19. 美国与韩国将建立新的供应链和商业对话工作小组

9月21日，美国商务部部长与韩国贸易、工业和能源部部长举行双边会晤，重申双边经济关系的重要性。双方同意延续2022年5月在首尔举行的会议交流，在年底前启动新的美韩供应链和商业对话工作组，研究先进制造业供应链韧性

---

[1] "Member States of the Economic Community of West African States: eTrade Readiness Assessment", https://unctad.org/system/files/official-document/dtlecdc2022d1_en.pdf，访问时间：2023年3月5日。

和两用出口管制。[1] 此外，雷蒙多与李长阳也交换了在美国对韩国即将通过的对外国内容提供商征收网络使用费的立法以及《通胀削减法案》中电动汽车税收等问题的意见。

20. 南非BCX公司和阿里云达成协议，将云技术引入南非

9月21日，南非系统集成商Business Connexion（BCX）宣布与阿里云建立战略合作伙伴关系，签署独家经销合同，授予BCX在南非经销阿里云产品和服务的独家权利和权限，以推动本地数字化。[2] 双方在联合声明中称，BCX系统集成商将根据客户在技术领域和垂直行业中的使用情况为客户提供开发解决方案；阿里云将为所有ICT应用提供广泛的云计算产品和服务，包括数据库、网络系统、数据安全、数据分析、大数据、应用服务等。

21. 印度出台新版电信法案草案

9月22日，印度政府正式公布新版电信法案草案。印度政府指出，根据已有《印度电报法》（Indian Telegraph Act）的解释，OTT服务已经受到监管，草案进一步把已有内容进行了完善。根据草案规定，任何人在接听电话时均有权知悉来电方，而印度政府也被赋予了在紧急情况下拦截通过互联网通信服务传输的信息的权力；同时印度政府也享有针对相关诉讼的豁免权。该草案并未提及强制解密加密信息的相关内容。

22. 巴拿马与国际粮农组织就农业数字化创新项目达成协议

9月22日，巴拿马农业发展部（Panamanian Ministry of Agricultural Development）同联合国粮食及农业组织（Food and Agriculture Organization of the United Nations，

---

1 "Readout of Secretary Raimondo's Meeting with South Korea's Minister of Trade, Industry and Energy Lee Chang-yang", https://www.commerce.gov/news/press-relcases/2022/09/readout-secretary-raimondos-meeting-south-koreas-minister-trade，访问时间：2023年3月7日。

2 "BCX and Alibaba Cloud pens deal to bring cloud technologies to South Africa", https://theexchange.africa/tech-business/bcx-and-alibaba-cloud-pens-deal-to-bring-cloud-technologies-to-south-africa/，访问时间：2023年2月23日。

FAO）签署协议[1]，双方将在17个月内共同执行巴拿马农业数字化创新项目。该项目旨在推动巴农业发展部电子系统的现代化和数字化，也是为了落实2022年4月国际粮农组织同巴拿马总统科尔蒂索探讨的在巴拿马共建粮食转运中心的计划。

23. 美国防创新部门开展新兴技术快速审查计划

9月22日，美国国防部创新部门（Defense Innovation Unit，DIU）与空军特种作战司令部（Air Force Special Operations Command，AFSOC）开展新兴技术快速审查计划（以下简称"试验场"计划）。[2]"试验场"计划通过提供一个快速的、商业化的审查技术过程，对新兴技术进行及时全面的评估，以便满足政府要求。DIU和AFSOC联合开展了严格的项目遴选，首批选择出的企业应向政府提供SaaS解决方案、网络安全评估、DevSecOps实施、供应链风险分析等报告。[3]

24. 美国两党合作提出法案加强开源软件保护

9月22日，美国两党合作提出法案加强开源软件保护。[4]美国民主党与共和党提出一项两党立法，旨在加强保护开源软件，以应对2021年12月出现的Log4j漏洞产生的安全问题。该立法要求网络安全与基础设施安全局确保联邦政府、关键基础设施和其他机构安全可靠地使用开源软件。该法案主要举措包括：要求网络安全与基础设施安全局开发风险评估框架，以评估联邦政府以及关键基础设施所有者和运营商如何使用开源代码；在网络安全与基础设施安全局网络

---

1 "巴拿马与粮农组织就农业数字化创新项目达成协议"，http://panama.mofcom.gov.cn/article/jmxw/202211/20221103363786.shtml，访问时间：2023年3月5日。

2 "Providing rapid technology assessment and evaluation capability"，www.diu.mil/latest/providing-rapid-technology-assessment-and-evaluation-capability&sa=U&ved=2ahUKEwil8uzBz4r-AhWqO0QIHS1KB6sQFrnoECAoQAg&usg=AOvVaw3DDsuuwDd6-r-DJJDPDAkJ，访问时间：2023年4月2日。

3 "美国防创新部门开展新兴技术快速审查计划"，https://page.om.qq.com/page/OS7WibrAmiJQPHA5C97bXAyQ0?source=cp_1009，访问时间：2023年3月7日。

4 "Peters and Portman Introduce Bipartisan Legislation to Help Secure Open Source Software"，https://www.hsgac.senate.gov/media/majority-media/peters-and-portman-introduce-bipartisan-legislation-to-help-secure-open-source-software_/，访问时间：2023年4月2日。

安全咨询委员会上设立软件安全小组委员会；要求行政管理和预算局向联邦机构发布有关安全使用开源软件的指南。

25. 美、日、印、澳四国发布关于勒索软件的联合声明

9月23日，美国、日本、印度、澳大利亚四国发布关于勒索软件的联合声明，旨在加强区域网络安全，提高印太地区国家抵御勒索软件的能力。会晤在美国举行，四国外长就印太地区经济发展、网络安全等方面展开讨论。会议同意加强印太地区国家网络能力，重点确保区域网络基础设施的安全性和韧性，并承诺解决勒索软件的威胁。[1]

26. 美国将通过硅谷创新计划加强网络基础设施安全建设

9月26日，美国国土安全部科学和技术局计划通过硅谷创新计划（Silicon Valley Innovation Program，SVIP）加强网络基础设施安全建设。美国国土安全部科学和技术局将通过SVIP寻找新技术，促进政府、企业和行业联动，开发新的技术解决方案，以加强网络空间安全的技术能力，提高软件供应链的透明度并确保关键基础设施的安全性。SVIP涉及全国和全球的创新社区，以利用商业研发生态系统进行技术研究与应用，并通过投资加速技术向市场的过渡。目前已从三类独立的网络安全主题中确定了16种技术，三类独立的网络安全主题分别是：金融服务网络安全主动防御；非个人实体的身份反欺骗；物联网安全。[2]

27. 英国政府拟投资50亿英镑建设互联网宽带

9月26日，英国政府称将投资50亿英镑，以便在全国铺设高效可靠的互联网宽带。[3] 该项目名为"构建数字英国"（Building Digital UK，BDUK），将由英国科学、创新和技术部（Department for Science, Innovation and Technology）

1　"Quad Foreign Ministers' Statement on Ransomware"，https://www.state.gov/quad-foreign-ministers-statement-on-ransomware/，访问时间：2023年3月7日。

2　"New Funding Opportunities Aim to Strengthen Cyber Infrastructure"，https://www.dhs.gov/science-and-technology/news/2022/09/26/new-funding-opportunities-aim-strengthen-cyber-infrastructure，访问时间：2023年3月7日。

3　"Project Gigabit contracts"，https://www.gov.uk/government/collections/project-gigabit-contracts，访问时间：2023年2月21日。

携手数字、文化、传媒和体育部（Department for Digital, Culture, Media and Sport）负责，旨在建设千兆位的宽带网络。2022年该项目已与英国四家不同地区的供应商达成合作协议，2023年合作供应商将继续增加。

28. 美国参议院投票决定推进《改进数字身份法案》

9月28日，美国参议院国土安全和政府事务委员会（Senate Committee on Homeland Security and Governmental Affairs）投票决定推进《改进数字身份法案》（The Improving Digital Identity Act）。本次投票决议将在立法程序上进一步推动美国开发数字身份系统，后续将由参议院全面审议。该法案要求成立政府层面的改进数字身份工作组，为联邦机构选取安全方法，保护个人隐私和安全，并支持可互操作的数字身份验证。法案要求美国土安全部牵头向地区政府提供拨款，以升级驾驶执照或其他类型的身份凭证系统，支持开发安全度高、可交互操作的系统，从而实现数字身份验证。[1]

29. 英国将加强与美国在网络安全人才培养方面的合作

9月28日，英国国防部发布消息称，英国拟出资5000万英镑建设网络培训学院，加强与美国在网络安全人才培养方面的合作。英国国防部部长本·华莱士（Ben Wallace）称，此举将支持英国及盟友培训出世界级的网络专家，加强高素质国防人员培养，使英美处于网络技术、战略和作战准备的最前沿。[2]

30. 世界知识产权组织发布《2022年全球创新指数报告》

9月29日，世界知识产权组织（World Intellectual Property Organization，WIPO）正式发布《2022年全球创新指数报告》。[3] 报告从创新投入和产出两个方面，设

---

1 "Digital identity bill heads to the Senate floor", https://foster.house.gov/media/in-the-news/digital-identity-bill-heads-to-the-senate-floor，访问时间：2023年4月2日。

2 "New £50 million cyber academy to benefit influential UK-US relationship", https://www.gov.uk/government/news/new-50-million-cyber-academy-to-benefit-influential-uk-us-relationship，访问时间：2023年4月2日。

3 "Global Innovation Index 2022: Switzerland, the U.S., and Sweden lead the Global Innovation Ranking; China Approaches Top 10; India and Türkiye Ramping Up Fast; Impact-Driven Innovation Needed in Turbulent Times", https://www.wipo.int/pressroom/en/articles/2022/article_0011.html，访问时间：2023年3月7日。

置了产业环境、基础设施、知识与技术产出、创意产出等七大类81项细分指标，对全球132个经济体的创新生态系统进行综合评价排名。中国在国内市场规模、本国人专利申请、劳动力产值增长等九项指标上排名全球第一；在国内产业多元化、产业集群发展情况等指标上名列前茅，并且在世界领先的五大科技集群中占得两席。中国在全球创新指数中的排名从去年的12位上升至第11位。前十位分别是瑞士、美国、瑞典、英国、荷兰、韩国、新加坡、德国、芬兰和丹麦。[1]

10月

1. 美国要求改善联邦网络上的资产可见性和漏洞检测

10月3日，美国网络安全与基础设施安全局发布了《改善联邦网络上的资产可见性和漏洞检测》（Improving Asset Visibility and Vulnerability Detection on Federal Networks，BOD 23-01）指令，要求联邦民事机构加大努力，检测其网络中的安全漏洞。BOD 23-01指令具有法律约束力，通过为机构确定用于识别资产和漏洞的基线要求，旨在帮助网络安全与基础设施安全局对联邦机构不同的网络安全态势有更细致的了解。[2]

2. 加纳呼吁深化国际合作打击网络犯罪

10月3日，在加纳国家网络安全宣传月（National Cyber Security Awareness Month，NCSAM）上，加纳副总统呼吁深化国际合作以打击网络犯罪，并指出必须提高儿童、公众、企业和政府对法律与网络安全法规的认识，同时强调必须优先考虑公私部门合作的必要性。企业和个人必须培养所需的网络安全意识，以减少网络犯罪。NCSAM是加纳一年一度的活动，旨在提升加纳的网络

---

1 "《2022年全球创新指数报告》：中国排名连续十年稳步提升"，http://www.news.cn/fortune/2022-09/30/ c_1129043598.htm，访问时间：2023年3月7日。

2 "CISA directive orders federal civilian agencies to regularly report software vulnerabilities"，https://cyberscoop. com/cisa-mandate-federal-agencies-cybersecurity/，访问时间：2023年2月24日。

安全，加强网络韧性。[1]

3. 日本将扩大对NFT和元宇宙的投资计划

10月5日，日本首相办公室表示，首相岸田文雄在国情咨文中宣布，将扩大对NFT和元宇宙进行投资的计划，日本政府将进一步投资数字化转型，并扩大Web3服务的使用。此前，岸田文雄在伦敦市政厅对银行家和专业投资者发表讲话时表示，元宇宙和NFT相关的Web3开发将成为日本未来战略增长的一部分，日本政府将进行"体制改革"，以创造环境促进新服务的创建（包括与Web3相关的基础设施）。[2]

延伸阅读

日本全面拥抱Web3

日本一直在努力将Web3技术纳入其国家议程。全球对元宇宙的兴趣正在提高，世界各国纷纷参与元宇宙研究行列。日本也不例外，并一直致力于将Web3技术纳入其国家议程：其在Web3各个领域包括NFT、DAO、加密货币等在内都有所作为。可以通过观察日本在Web3领域的历史进程，一览规模。

2022年4月，日本一众议院议员率先制定了Web3政策建议。其领导的工作组于4月发布了一份"NFT白皮书"，副标题为"日本在Web3.0时代的NFT战略"，概述了推进Web3国家战略的计划。

5月26日，首相岸田文雄在众议院预算委员会发表声明称Web3时代的到来可能会引领（日本）经济增长，相信整合元宇宙和NFT等新的数字服务将为日本带来经济增长。在后来10月的议会上，岸田文雄再次表示日本将投资包括NFT和元宇宙在内的数字化转型服务。

1　"Deepen international cooperation to counter cybercrime-Veep"，https://www.ghanaiantimes.com.gh/deepen-international-cooperation-to-counter-cybercrime-veep/，访问时间：2023年3月23日。

2　"Japan to Invest in Metaverse and NFT Expansion"，https://markets.businessinsider.com/news/currencies/japan-to-invest-in-metaverse-and-nft-expansion-1031782863，访问时间：2023年3月15日。

6月3日，日本颁布世界首个稳定币法案《资金决算法案修订案》，法案将稳定币归为加密货币，并允许持牌银行、注册过户机构、信托公司作为稳定币的发行人。

6月7日，日本政府计划开始全面改善Web3环境，并批准了《2022年经济财政运营和改革的基本方针》，计划努力实现这样一个理想的去中心化的数字社会：更加去中心化的可信任的互联网、普及的区块链上数字资产、由用户自己管理的数据并创造新的价值等。

7月15日，日本经济产业省设立跨部委组织"部长官府Web3.0政策推进室"，旨在收集有关海外商业环境和国内商业环境问题的信息，并与相关部委和机构合作改善与Web3.0相关的商业环境。据报道，日本经济产业省还在研究一项向日本加密公司提供免税的提案，以吸引他们继续在该国开展业务，并进一步推动该国不断增长的Web3行业。

11月，日本数字部计划创建一个DAO，以帮助政府机构进入Web3。DAO和NFT被首相看作是支持政府"酷日本"（Cool Japan）战略的一种方式。据悉，政府已经启动了一个研究Web3的DAO。

上述历史进程表明，日本无论从政策发展上，还是技术支持上，都将Web3置于极其重要的位置。对于日本的经济和文化空间而言，Web3无疑是转型的重要支点。

---

4. 荷兰数字基础设施行业寻求与政府密切合作

10月10日，荷兰数据中心协会（Dutch Data Centre Association）、荷兰云社区（Dutch Cloud Community）、荷兰数字基础设施和光纤运营商协会（Digitale Infrastructuur Nederland and the Fiber Carrier Association）共同发表宣言，表达荷兰数字基础设施行业与政府合作促进经济创新发展的期盼。当前，美国科技公司在荷兰市场中占据主导地位，虽然荷兰公司创新能力较强，但规模较小，荷兰数字基础设施行业呼吁政府做出重大政策转变，与企业展开密切合作，加强技术自主。[1]

5. 韩政府提交加入《网络犯罪公约》意向书

10月11日，韩国外交部表示，韩国政府向欧洲理事会提交有关加入《网络犯罪公约》（Cyber-crime Convention）的意向书。欧洲理事会将在对这份意向书进行审议后正式邀请韩国加入。公约于2004年7月生效，目前有美国、日本、澳大利亚等共67个国家。公约规定网络犯罪处罚对象、公约缔结国之间的合作程序等内容。韩国外交部表示，推进加入该公约旨在与国际社会一道打造安全和平的网络空间。[2]

6. 美国发布加强网络安全的情况说明书

10月11日，美国总统拜登发布《加强关键基础设施网络安全的情况说明书》[3]，宣布将重点关注国家关键基础设施防御的改善，建立一种全面的方法来保障美国的数字安全，并提出改善关键基础设施的网络安全、确保新基础设施的智能与安全、提高联邦政府的网络安全要求等10项工作重点。[4]

延伸阅读

美国《加强关键基础设施网络安全的情况说明书》简介

美国《加强关键基础设施网络安全的情况说明书》包含以下10项

---

1 "Dutch infrastructure sector seeks closer collaboration with government", https://www.computerweekly.com/news/252525801/Dutch-infrastructure-sector-seeks-closer-collaboration-with-government，访问时间：2023年2月28日。

2 "韩政府提交加入《网络犯罪公约》意向书", https://cn.yna.co.kr/view/ACK20221011005700881?section=search，访问时间：2023年3月7日。

3 "美发布加强关键基础设施网络安全的情况说明书", http://www.ecas.cas.cn/xxkw/kbcd/201115_129521/ml/xxhzlyzc/202211/t20221117_4939516.html，访问时间：2023年3月2日。

4 "FACT SHEET: Biden-Harris Administration Delivers on Strengthening America's Cybersecurity", https://www.whitehouse.gov/briefing-room/statements-releases/2022/10/11/fact-sheet-biden-harris-administration-delivers-on-strengthening-americas-cybersecurity/，访问时间：2023年2月28日。

具体工作重点：

1. 改善关键基础设施的网络安全。由于美国的许多关键基础设施由私营部门拥有和运营，美国政府与交通、银行、水和医疗保健等各个部门密切合作，以帮助利益相关者了解关键系统的网络威胁并采用最低限度的网络安全标准。其中一些网络安全措施包括运输安全管理局提出的多项基于性能的指令，以提高管道和铁路部门的网络安全韧性，并衡量航空部门的网络要求。发布网络安全绩效考核目标将提供一个基线，以推动对最重要的安全成果的投资，加快网络安全和韧性的快速改进，落实相关措施。

2. 确保新基础设施的智能和安全。实施《两党基础设施法案》（又称《基础设施投资和就业法案》，Infrastructure Investment and Jobs Act），加强网络保护，促进数字安全投资，弥合数字鸿沟。启动了首个专门针对全美各州、地方和地区（State, Local, and Territorial，SLT）政府的网络安全拨款计划。州和地方网络安全拨款计划将在4年内向SLT合作伙伴提供10亿美元的资金，其中1.85亿美元可用于2022财年，以支持SLT解决其信息系统和关键基础设施的网络风险。

3. 加强联邦政府的网络安全要求，利用政府的购买力提高产品的网络安全标准。拜登通过2021年5月颁布的第14028号总统行政命令，要求所有联邦政府系统采取有效的网络安全举措，如多因素身份认证；利用联邦政府的购买力，要求政府购买的所有软件具有安全功能。

4. 打击勒索软件。2021年，美国政府发起了30多个国家和欧盟之间的国际反勒索软件倡议（Counter Ransomware Initiative，CRI），以解决勒索软件带来的破坏，提高集体韧性，让私营部门参与进来，破坏网络犯罪的基础设施。同时制裁勒索软件犯罪分子经常使用的一系列加密货币混合器，收缴和"清理"其非法收入。

5. 加强合作，提供更安全的网络空间。除了CRI之外，还将在北约建立一个新的虚拟快速反应机制，以确保盟国能够高效地相互提供支持，应对网络攻击事件。

6. 对恶意网络行为者做出强有力回应。2021年，应对SolarWinds黑客攻击，制裁了隶属于俄罗斯情报部门的网络攻击者。

7. 实施国际公认的网络规范。建立网络"道路规则"（Rules of the Road），与国际伙伴合作，谴责伊朗对阿尔巴尼亚政府系统进行反规范攻击，并为此向德黑兰施压。

8. 实施产品安全标签，帮助美国消费者了解他们购买的产品是否（网络）安全。展开物联网设备标签的开发，为符合政府标准并经过审查批准的实体测试产品开发通用标签。

9. 大力培养国家网络安全人才并加强网络安全教育。举办全国网络劳动力和教育峰会，推出为期120天的网络安全学徒冲刺计划，以增加网络安全就业机会。培养网络安全人才，改善以技能为基础的高薪网络安全就业路径，教育美国人掌握必要的安全技能，并在网络安全领域提高多样性、公平性、包容性和可及性。

10. 通过国家量子倡议和发布国家安全备忘录10（NSM-10）来开发抗量子密码技术，建立美国技术优势，从而保护从在线商务到国家机密等各方面的未来发展。

---

7. 日本成为首个开通"星链"的亚洲国家

10月11日，美国太空探索技术公司宣布，已在日本推出该公司旗下的"星链"互联网服务，日本将成为亚洲第一个部署该卫星通信系统的国家，"星链"项目将满足日本一些山区和偏远岛屿的互联网服务需求。[1] 根据美国太空探索技术公司发布的"星链"覆盖地图，日本近50%的地区已实现服务覆盖。"星链"在日本的服务费每月为1.23万日元，地面终端售价为7.3万日元。目前，"星链"系统正在为44个国家和地区提供卫星互联网覆盖服务。[2]

---

[1] "日媒：马斯克'星链'项目宣布已在日本提供服务"，https://world.huanqiu.com/article/4A2X6dxCKzy，访问时间：2023年3月15日。

[2] "Elon Musk's Starlink launches satellite internet service in Japan"，https://asia.nikkei.com/Business/Telecommunication/Elon-Musk-s-Starlink-launches-satellite-internet-service-in-Japan，访问时间：2023年3月2日。

8. 阿联酋推出世界首个元宇宙城市

10月11日，阿联酋沙迦商业和旅游发展局（Sharjah Commerce and Tourism Development Authority，SCTDA）和总部位于新加坡的元宇宙设计初创公司 Multiverse Labs共同宣布将正式对外推出元宇宙空间"沙迦宇宙"（Sharjahverse）以促进沙迦和阿联酋的数字旅游经济。[1] 作为世界上第一个公开的、政府支持的、逼真且"物理精确"的元宇宙城市，"沙迦宇宙"覆盖了阿联酋境内2590平方公里区域。同时，在"沙迦宇宙"中还有一个"虚拟交易中心"（Virtual Transaction Centre），用户可以与客服互动以处理政府公共服务的官方文件，并接收有关沙迦城市规划和调查部的信息。

延伸阅读

阿联酋国家工业战略"3000亿迪拉姆行动"概述

2021年3月，由阿联酋工业先进技术部（Ministry of Industry and Advanced Technology）牵头，阿联酋政府正式启动国家工业战略"3000亿迪拉姆行动"（Operation 300bn），该战略包含通过更新《工业法》，为本地和国际投资者创造有吸引力的商业环境，支持本地企业家并吸引外国直接投资；通过启动提高国内价值和增加对阿联酋产品的需求的计划，以促进工业发展并刺激国民经济，提高其对国内生产总值的贡献，增加其出口并为其寻找新市场、鼓励创新，采用先进技术和第四次工业革命解决方案；通过制定先进技术议程来加速创新产品的开发，同时考虑所有确保商业可行性的因素；通过实施旨在确立阿联酋作为领先商业和技术中心地位的举措，为巩固阿联酋作为未来工业的全球领先枢纽的地位打下坚实的基础四大目标。将重点关注的未来行业是：航天技术、医疗用品和药品、清洁和可再生能源（氢生产）、机械和设备、橡胶和塑料、化工、金属、先进技术制造、电子和电器配

---

1 "UAE Launches Sharjahverse in Collaboration With Multiverse Labs"，https://www.coingabbar.com/en/crypto-currency-news/uae-launches-sharjahverse-collaboration-multiverse-labs，访问时间：2023年2月9日。

件以及食品和饮料。具体来看，该战略计划设立1.35万家中小企业和项目并预计到2031年阿联酋国内工业领域的贡献将达到3000亿迪拉姆。2022年，阿联酋工业和先进技术部共颁发了263个工业生产许可证并划拨6.99亿迪拉姆（约合人民币13.84亿元）的专项资金给在阿联酋运营的相关工业企业以促进其科技发展。

9. 俄罗斯将建立开源代码资源库

10月12日，俄罗斯数字发展部出台法令，提出要尝试创建开源代码资源库，通过开源代码资源库制造可用于其他项目的软件，并编写开源代码软件的发布标准。该计划于11月1日启动，2024年4月30日之前完成。另外，法令还规定了开源许可证的形式，同时将在各个国家机关和企业网站上登载具有开源许可证的软件。[1]

10. 美国发布《国家安全战略》布局网络信息技术和网络安全领域

10月12日，美国发布首份完整版《国家安全战略》（National Security Strategy）。该战略强调美国的领导力是克服"全球威胁"的关键，并延续"大国竞争"思路对网络信息技术和网络安全领域等进行战略布局。战略提出，在网络与信息技术方面，美国将实施现代产业战略，加大对半导体和先进计算、下一代通信、微电子制造和研发等投资，吸引和留住优秀人才，建立强大的技术工业和人才基础；通过美欧、印太四方等，加强与盟国合作，开发、利用和推广新技术，特别是微电子、先进计算和量子技术、人工智能、通信等关键技术发展，建立供应链及国际技术生态，促进数据自由流动；强化美国及盟友数据和技术保护，加强和优化出口管制与投资筛选机制。促进供应商多样性和供应链保护，与行业和政府合作制定技术标准等。

在网络安全方面，加强与四方联盟等盟友和伙伴密切合作，为关键基础设

---

1 "В России появится национальный репозиторий открытого кода", https://digital.gov.ru/ru/events/42098/, 访问时间：2023年3月1日。

施制定标准，提高网络韧性和应对网络攻击的速度；创新伙伴关系，扩大网络执法合作；加强网络规范，采取适当手段回应敌对行为；推动遵守负责任国家网络空间行为框架，促进国际法在网络空间应用；继续深化全球合作，治理在线恐怖主义、暴力极端主义、虚假信息等。[1]

11. 俄呼吁禁止为官方目的提供外国信息和视频会议服务

10月13日，俄罗斯工业和贸易部建议工业企业停止将Zoom、Skype和WhatsApp等通信应用软件作为官方的平台使用渠道，以俄罗斯系统取而代之，作为"遵照政府命令并加强信息安全措施的要求"。俄罗斯议会信息政策委员会称，将"全面禁止俄罗斯国家和市政雇员将WhatsApp的使用用于官方目的"。[2]

12. 美国太空探索技术公司要求美国承担"星链"网络在乌运营费

10月14日，美国太空探索技术公司要求美国国防部承担"星链"网络在乌克兰的运营资金。美国太空探索技术公司首席执行官埃隆·马斯克表示，目前该行动已花费8000万美元，到2022年年底花费预计将超过1.2亿美元，2023年将再花费近4亿美元，长此以往"星链"援乌行动可能会停止。美国太空探索技术公司要求美军每月拨款数千万美元，以支持"星链"网络继续为乌克兰政府和军队提供服务。[3]

13. 越南和新加坡构建"数字绿色经济伙伴关系"

10月16至20日，新加坡总统哈莉玛·雅各布（Halimah Yacob）对越南进行国事访问。访问期间，越新两国双方一致同意研究构建越新"数字绿色经济伙伴关系"，将越新合作推向"在数字平台上连接两个经济体"的新高度。此

---

1 "NATIONAL SECURITY STRATEGY"，https://www.whitehouse.gov/wp-content/uploads/2022/10/Biden-Harris-Administrations-National-Security-Strategy-10.2022.pdf，访问时间：2023年3月1日。

2 "East meets West: Russia wants industry to ditch Zoom, Skype, and WhatsApp"，https://cybernews.com/news/russia-wants-industry-ditch-zoom-skype-whatsapp/，访问时间：2023年3月1日。

3 "Exclusive: Musk's SpaceX says it can no longer pay for critical satellite services in Ukraine, asks Pentagon to pick up the tab"，https://edition.cnn.com/2022/10/13/politics/elon-musk-spacex-starlink-ukraine/index.html，访问时间：2023年3月1日。

次访问，两国还签署了关于能源合作，关于《巴黎协议》第六条合作，关于网络安全、打击网络犯罪和保护个人数据合作等领域的谅解备忘录，并批准在芹苴市建设第12个越新工业园区。

14. 欧盟启动"能源系统数字化行动计划"

10月18日，欧盟启动"能源系统数字化行动计划"（Digitalisation of Energy Action Plan，DoEAP）。欧盟将采取行动促进数据共享以及对数字电力基础设施的投资，在确保消费者受益的同时加强网络安全建设。本次行动计划具体包括三个方面：一是通过数字化帮助消费者加强对能源使用和账单的管理，并为一体化的欧洲能源数据空间提供强有力的治理框架；二是控制信息和通信技术行业的能源消耗；三是加强能源网络安全。[1]

15. 国际刑警组织发布报告关注网络犯罪问题

10月19日，国际刑警组织发布第一份《全球犯罪趋势报告》（2022 Interpol Global Crime Trend Summary Report），该报告收集了195个成员国有关当前全球威胁的数据。报告指出，超过60%的受访者将洗钱、勒索软件、网络钓鱼和在线诈骗视为主要威胁；此外，在线诈骗、勒索软件和商业电子邮件泄露已成为未来地区执法部门首要关注的安全威胁。报告还指出，中东国家是网络犯罪最常成为目标的国家之一，网络犯罪分子大多故意选择处理敏感客户数据信息的企业，以便最大化其经济利益。[2]

16. 美国拟于2023年推出物联网标签

10月19日，白宫召集行业代表、政策专家和政府官员，讨论物联网设备的安全和隐私标准。会议聚焦于物联网家庭设备的标签系统，讨论主题包括如何

1　"Commission sets out actions to digitalise the energy sector to improve efficiency and renewables integration"，https://ec.europa.eu/commission/presscorner/detail/en/ip_22_6228，访问时间：2023年3月1日。

2　"Financial and cybercrimes top global police concerns, says new INTERPOL report"，https://www.interpol.int/News-and-Events/News/2022/Financial-and-cybercrimes-top-global-police-concerns-says-new-INTERPOL-report，访问时间：2023年3月1日。

确保标签符合国际标准、如何确保消费者能够及时在线找到有关产品的信息、如何提高消费者对物联网漏洞的认识等。参会企业包括亚马逊公司、美国电话电报公司、谷歌公司、三星集团等，同时还有来自美国国家安全委员会、国家网络总监办公室、白宫科技政策办公室、国家经济委员会、商务部、能源部、国土安全部、联邦通信委员会、联邦贸易委员会、消费品安全委员会、欧盟委员会、大西洋理事会等部门的人员。[1]

17. 新加坡与德国签署网络安全消费物联网标签互认协议

10月20日，新加坡网络安全局（Cyber Security Agency of Singapore，CSA）和德国联邦信息安全办公室（German Federal Office for Information Security，BSI）就两国发布的网络安全标签签署互认协议（Mutual Recognition Arrangement，MRA）。根据协议，CSA将认可满足CLS 2级要求的BSI标签产品；BSI也将认可具有CLS 2级要求以上的CSA标签产品。网络安全标签的识别将适用于智能相机、智能电视、智能扬声器、智能玩具等消费者的物联网设备。德国是继芬兰之后第二个与新加坡签署国家网络安全标签互认协议的国家。[2]

18. 日澳签署新安全协议提升情报和网络安全等领域合作

10月22日，日本和澳大利亚签署新的双边安全协议，包括军事、情报和网络安全及在太空、执法、后勤和保护电信领域的合作。双方更新的安全合作联合声明将极大地提升防卫合作，并让两国在面临潜在安全威胁时相互磋商。协议指出，在今后10年中，澳大利亚和日本将密切合作，加强各级战略评估交流，包括年度领导人会晤、外长和防长会晤、高级官员对话和情报合作；双方将就可能影响各自主权和地区安全利益的突发事件进行磋商，研究应对措施；

1　"Statement by NSC Spokesperson Adrienne Watson on the Biden-Harris Administration's Effort to Secure Household Internet-Enabled Devices", https://www.whitehouse.gov/briefing-room/statements-releases/2022/10/20/statement-by-nsc-spokesperson-adrienne-watson-on-the-biden-harris-administrations-effort-to-secure-household-internet-enabled-devices/，访问时间：2023年3月1日。

2　"Singapore and Germany Sign Mutual Recognition Arrangement on Cybersecurity Labels for Consumer Smart Products", https://www.csa.gov.sg/News-Events/Press-Releases/2022/singapore-and-germany-sign-mutual-recognition-arrangement-on-cybersecurity-labels-for-consumer-smart-products，访问时间：2023年3月1日。

加强与美国的联盟；加强网络防御能力，提高对网络威胁的共同意识；加强在网络空间领域等至关重要的其他战略能力方面的合作。此外，两国还将继续加强在执法和边境安全方面的合作和信息交流，打击跨国和严重有组织犯罪，包括关键供应链风险。[1]

19. 韩国参与美国"网络旗帜"演习

10月24日，韩国军队首次参加了由美国主导的"网络旗帜"（Cyber Flag）多国联合网络攻防演习。该演习在美国弗吉尼亚州举行，韩军网络作战司令部派出18人参加，演习持续至10月28日，除美国和韩国外，还有英国、加拿大、澳大利亚、新西兰等25个国家参加。[2]

20. 首届非洲世界移动通信大会在卢旺达举行

10月25至27日，首届非洲世界移动通信大会（MWC AFRICA 2022）在卢旺达首都基加利举行，来自全球近100个国家的2000多名代表参会，围绕"携手共建数字未来"主题展开讨论。[3]

卢旺达总统卡加梅在会上发表演讲，表示数字技术是非洲发展的催化剂，覆盖广泛的移动互联网则是非洲大陆自贸区落实过程中的跳板，将在刺激非洲大陆经济转型发展上发挥关键作用。卢将致力于建设创新型城市，大力推动数字基础设施建设。本次大会发布《2022年撒哈拉以南非洲地区数字经济报告》，报告预测，到2025年，数字经济对该地区的GDP贡献将增长650亿美元，达到近1550亿美元。

21. 美国发布国防战略报告欲强化网络空间地位

10月27日，美国国防部公开发布《2022年国防战略报告》（2022 National

---

1 "Australia-Japan Joint Declaration on Security Cooperation"，https://www.dfat.gov.au/countries/japan/australia-japan-joint-declaration-security-cooperation，访问时间：2023年5月25日。

2 "S. Korea to participate in US-led cyber exercise for 1st time"，https://www.koreatimes.co.kr/www/nation/2022/10/113_338446.html，访问时间：2023年3月1日。

3 "首届非洲世界移动通信大会在卢举行，拟合数据鸿沟，推动数字经济发展"，http://rw.mofcom.gov.cn/article/jmxw/202210/20221003363313.shtml，访问时间：2023年6月8日。

Defense Strategy）[1]，提出应对大国竞争的"综合威慑""运动""打造持久优势"三大战略举措，每一举措均包含了网络空间、网络力量、网络作战、网络技术等要素，并明确提出了通过在灰色地带、武装冲突门槛下的网络空间军事行动，降维打击对手的恶意网络行为或扫除其预置的网络手段。

延伸阅读

美国《2022年国防战略报告》简述

在网络空间领域，美国《2022年国防战略报告》提出将利用综合手段威慑网络威胁、加强网络安全防御并加强源于网络空间的态势升级管理。重点包括以下三部分：

1. 美国防部将增强其重要网络和关键基础设施面对攻击时的行动能力，鉴于网络和太空领域对美国军队的重要性，美国将优先考虑通过现代加密和零信任架构等方式增强该领域的网络韧性。

2. 美国通过制定相关行为规范，以加强其在网络、太空和其他新兴技术领域的领导地位。同时，美国国防部将采用综合威慑方法，将常规、网络、太空和信息能力有机结合，并配合核武器产生独特的威慑效果。

3. 美军将通过开展网络空间行动降低竞争对手的恶意网络活动能力，并提升在危机或冲突中的网络准备和应急能力；美国国防部将推动先进技术的研发，包括定向能、高超音速、综合传感等，并积极寻求合作以填补网络空间、数据和人工智能等领域特定的技术空白。

22. 美国启动消费者数据权利规则制定

10月27日，美国消费者金融保护局（Consumer Financial Protection Bureau，

---

1 "2022 National Defense Strategy"，https://media.defense.gov/2022/Oct/27/2003103845/-1/-1/1/2022-NATIONAL-DEFENSE-STRATEGY-NPR-MDR.PDF，访问时间：2023年5月25日。

CFPB）发布了有关消费者数据权利的新规。新规要求金融企业将消费者的金融数据转移给第三方，从而提高金融数据的流动性，促进市场竞争，倒逼金融企业通过改进产品和服务来吸引客户，保护消费者的选择权。新规大纲包含五个部分，即数据提供者的覆盖范围、信息接收者、需要提供的信息类型、提供信息的方式以及第三方义务。[1]

23.国际刑警组织称元宇宙开启网络犯罪新世界

10月27日，国际刑警组织表示正在为网络沉浸式环境风险做准备，元宇宙可能导致新的网络犯罪类型出现，并使现有犯罪更大规模地发生。欧盟执法机构欧盟刑警组织曾指出，恐怖组织未来可能利用虚拟世界进行宣传、招募和训练，用户还可能构建"极端主义"虚拟世界。[2]

24.华为助力南非推出5G网络

10月27日，南非电信运营商Telkom利用华为技术推出了5G高速互联网网络。在宽带需求日益增长的情况下，Telkom希望推动其快速增长的移动数据和固定线路宽带业务。利用5G超高速和低延迟的特性，Telkom将为南非消费者提供在线增强现实、虚拟现实游戏和超高清流媒体等新服务，同时也将为企业提供云和人工智能技术。[3]

25.韩国政府将重点培育12项国家战略技术

10月28日，韩国总统尹锡悦（Yoon Suk Yeol）主持召开国家科学技术咨询会议，韩国科学技术信息通信部在会议上发布国家战略技术培育方案，将半导体等技术指定为"十二大国家战略技术"。科技部综合考虑产业全球竞争力、

---

1 "CFPB Kicks Off Personal Financial Data Rights Rulemaking", https://www.consumerfinance.gov/about-us/ newsroom/cfpb-kicks-off-personal-financial-data-rights-rulemaking/，访问时间：2023年3月1日。

2 "Interpol says metaverse opens up new world of cybercrime", https://www.reuters.com/technology/interpol-says-metaverse-opens-up-new-world-cybercrime-2022-10-27/，访问时间：2023年3月1日。

3 "South Africa's Telkom launches 5G network with Huawei", https://www.reuters.com/technology/south-africas-telkom-launches-5g-network-with-huawei-2022-10-27/，访问时间：2023年3月2日。

对新产业的影响力、外交与安全价值、取得成果的可能性等因素选定了12项战略技术。具体包括半导体和显示器、蓄电池、高科技出行、新一代核能、高科技生物、宇宙太空及海洋、氢能源、网络安全、人工智能、新一代通信、高科技机器人和其制造技术、量子技术。此外，方案还提出了将在这些领域着力推进的50项重点技术。[1]

11月

1. 美国牵头召开勒索软件峰会并成立工作组打击勒索软件犯罪

10月31日至11月1日，美国召集36个国家和欧盟召开第二届国际反勒索软件倡议峰会（The Second International Counter Ransomware Initiative［CRI］Summit），会议同意组建由澳大利亚领导的国际反勒索软件特别工作组（International Counter Ransomware Task Force，ICRTF）以打击勒索软件犯罪活动。美国政府称，工作组成员将通过共享信息和能力，打击金融领域的犯罪活动，工作目标包括：在立陶宛考纳斯的区域网络防御中心创建一个信息共享单位；提供勒索软件调查工具包；通过单一框架协调优先目标；开发能力建设工具，帮助各国利用公私伙伴关系打击勒索软件；每年进行两次反勒索软件演习；在公共和私营部门之间共享信息；制定统一框架和指南，预防和应对勒索软件；通过适当的多边形式解决勒索软件问题等。[2]

2. 美国网络安全与基础设施安全局成立网络安全新部门

11月2日，美国网络安全与基础设施安全局成立联邦企业改进小组（Federal Enterprise Improvement Team），负责同联邦各机构开展合作，使美国网络安全与基础设施安全局了解联邦机构的现有指标、意见以及各机构正在进行的网络

---

1 "韩国将重点培育12项国家战略技术"，https://cn.yna.co.kr/view/ACK20221028003200881，访问时间：2023年3月15日。

2 "FACT SHEET: The Second International Counter Ransomware Initiative Summit"，https://www.whitehouse.gov/briefing-room/statements-releases/2022/11/01/fact-sheet-the-second-international-counter-ransomware-initiative-summit/，访问时间：2023年3月1日。

任务。该小组专注联邦机构网络安全，集中关注资产可见性与资产管理、企业漏洞管理、可防御的架构与网络安全、事件管理与响应、网络供应链风险管理五个运营风险领域。[1]

3. 美国和新加坡举行首次网络对话

11月3日，美国和新加坡在第七届新加坡国际网络周（The 7th Singapore International Cyber Week）期间举行了首届美国—新加坡网络对话（United States-Singapore Cyber Dialogue，USSCD），讨论双边合作、信息共享、关键信息基础设施保护、打击勒索软件、供应链安全、区域网络能力建设、网络人才和劳动力发展以及打击数字诈骗等问题。双方决定在美国华盛顿特区举行下一届美国—新加坡网络对话，并在新加坡网络安全局和美国国家网络主任办公室（U.S. Office of the National Cyber Director）之间建立关于技术和网络的双边工作组。[2]

4. 印度建立首个生物学数据库

11月3日，印度成立首个生物学数据中心，用于存储公共资助研究中产生的各类生命科学数据。该中心位于生物技术区域中心，由生物技术部资助10亿卢布（约合人民币8734.7万元）建设，是印度第一个国家生命科学数据存储库，数据存储容量约为4PB，存储的数据包括核苷酸、蛋白质、人类基因组、作物基因组、RNA、医学影像、疾病和监测数据等。[3]

5. ICANN招募志愿者参与根区DNSSEC算法调整

11月3日，互联网名称与数字地址分配机构（ICANN）征召志愿者成立专家设计团队，编制域名系统根密钥签名密钥和区域签名密钥的加密算法更改计划，帮助确定实现算法轮转所需的步骤和时间表。该团队将提供一个框架，帮

---

1 "CISA promises bespoke cyber advice for agencies", https://fcw.com/security/2022/11/cisa-promises-bespoke-cyber-advice-agencies/379258/，访问时间：2023年3月1日。

2 "The Inaugural U.S.-Singapore Cyber Dialogue", https://www.state.gov/the-inaugural-u-s-singapore-cyber-dialogue/，访问时间：2023年3月1日。

3 "India rolls out first biology data repository", https://www.deccanherald.com/national/north-and-central/india-rolls-out-first-biology-data-repository-1158899.html，访问时间：2023年3月1日。

助ICANN社群和ICANN的全球合作伙伴做好技术和运营准备，应对未来签名算法的调整。[1]

6.日本正式加入北约合作网络防御卓越中心

11月4日，日本国防部宣布日本正式加入北约合作网络防御卓越中心，成为继韩国后第二个加入该中心的亚洲国家，并称后续将强化与各成员国的合作关系。北约作为一个军事组织，曾多次组织实战化网络攻防演习，并就入侵他国的关键基础设施进行模拟演练。北约曾公开宣称，《北大西洋公约》的"集体防御"条款适用于网络空间，一旦北约成员国遭遇网络袭击，其他国家在适当情况下将给予政治、经济、技术乃至军事支持。[2]

7.法国政府启动17个网络安全项目建设

11月4日，法国政府宣布投资3900万欧元，在法国"2030发展战略"框架下启动17个网络安全项目建设，目标是使法国成为全球网络安全领域的领先者。上述项目主要围绕开发网络安全创新解决方案、加强协作、增加培训机会等多个方面开展。[3]

8.中国发布首部关键信息基础设施安全保护国家标准

11月7日，中国国家市场监管总局标准技术司、国家互联网信息办公室网络安全协调局、公安部网络安全保卫局在北京联合发布《信息安全技术关键信息基础设施安全保护要求》（GB/T 39204-2022）国家标准，并于2023年5月1日正式实施。作为中国第一项关键信息基础设施安全保护的国家标准，标准提出了以关键业务为核心的整体防控、以风险管理为导向的动态防护、以信息共享

1　"ICANN Calls for Volunteers to Plan for Changing the Root Zone DNSSEC Algorithm", https://www.icann.org/en/announcements/details/icann-calls-for-volunteers-to-plan-for-changing-the-root-zone-dnssec-algorithm-03-11-2022-en，访问时间：2023年11月20日。

2　"Japan officially joins NATO's cyber defense center", https://www.theregister.com/2022/11/07/japan_joins_nato_cyber_defence/，访问时间：2023年3月1日。

3　"France 2030 soutient 17 projets pour la cybersécurité", https://www.gouvernement.fr/actualite/france-2030-soutient-17-projets-pour-la-cybersecurite，访问时间：2023年3月2日。

为基础的协同联防的关键信息基础设施安全保护三项基本原则，从分析识别、安全防护、检测评估、监测预警、主动防御、事件处置等方面提出了111条安全要求，为运营者开展关键信息基础设施保护工作需求提供标准保障。[1]

9. 美国国防部正式批准"零信任"战略

11月7日，美国国防部正式批准《联邦政府零信任战略》。该战略阐释了美国国防部实现"零信任"的方法，包括应用程序、自动化与分析等100多项活动和"支柱"，以确保关键数据的安全。"零信任"是网络安全的新范式，假设网络处于风险之中，对用户和设备进行持续验证。[2]

10. 2022年世界互联网大会乌镇峰会开幕

11月9日，2022年世界互联网大会乌镇峰会在浙江乌镇开幕。中国国家主席习近平向大会致贺信。[3] 大会以"共建网络世界　共创数字未来——携手构建网络空间命运共同体"为主题，120多个国家和地区的2100多名嘉宾以线上线下方式参会。峰会就全球网络空间焦点热点议题设置20个分论坛，涵盖合作与发展、技术与产业、人文与社会、治理与安全四大板块。[4] 峰会发布了成果文件《中国互联网发展报告2022》和《世界互联网发展报告2022》（简称蓝皮书），全面展示一年来中国和世界互联网发展的新态势新进展。[5]

11. 中国举办全球发展倡议数字合作论坛

11月9日，中国国家互联网信息办公室、工业和信息化部联合主办全球发

1　"我国首部关键信息基础设施安全保护国家标准在京发布"，http://www.cac.gov.cn/2022-11/11/c_1669799 139872481.htm，访问时间：2023年3月15日。

2　"DoD Prepping Near-Term Release of Zero Trust Strategy"，https://meritalk.com/articles/dod-prepping-near-term-release-of-zero-trust-strategy/，访问时间：2023年3月1日。

3　"习近平向2022年世界互联网大会乌镇峰会致贺信"，http://www.cac.gov.cn/2022-11/09/c_166962197452 3735.htm，访问时间：2023年3月15日。

4　"2022年世界互联网大会乌镇峰会将设20个分论坛"，https://m.gmw.cn/baijia/2022-10/31/36127168.html，访问时间：2023年3月15日。

5　"2022年世界互联网大会乌镇峰会开幕　李书磊宣读习近平主席贺信并发表主旨演讲"，http://www.cac.gov. cn/2022-11/09/c_1669621974744475.htm，访问时间：2023年3月15日。

展倡议数字合作论坛。作为全球发展高层对话会32项成果之一，论坛以"凝聚数字合作新共识 共创全球发展新时代"为主题，是落实全球发展倡议的重要行动。与会代表围绕深化数字经济国际合作、加强数字治理能力建设、共享数字技术发展红利等议题进行深入交流。中方提出三个方面倡议推进全球数字领域合作：一是深化数字经济国际合作，为全球经济发展增添动能；二是加强数字治理能力建设，打造数字治理合作新格局；三是共享数字技术发展红利，提升数字素养与技能，弥合数字鸿沟。[1]

12. 欧盟发布《加强应对网络威胁的行动》

11月10日，欧盟委员会和外交与安全政策高级代表就《欧盟网络防御政策》（EU Policy on Cyber Defence）和《军事机动行动计划2.0》（Action plan on military mobility 2.0）提出了一份联合通讯，以应对俄乌冲突爆发后不断恶化的安全环境。一是采取共同行动，加强欧盟网络防御，包括通过新的网络防御政策，加强军事和民用网络部门（民用、执法、外交和国防）之间的协调与合作；二是保护欧盟国防系统，包括采取措施提升欧盟国防系统的网络韧性，加强欧盟内部有效的网络危机管理，减少关键网络技术外部依赖，促进欧盟网络防御标准的互操作性和一致性等；三是加大网络防御能力投资，包括加大技术研发投资及欧洲国防技术工业基地投入，促进培训，吸引和留住网络人才；四是合作应对挑战，在现有安全和防御以及与伙伴国家的网络对话基础上，继续拓宽网络防御合作伙伴关系。[2]

13. 英国、加拿大和新加坡发表物联网安全联合声明

11月10日，英国、加拿大和新加坡发表声明，称三国将共同促进物联网产品网络安全；促进和支持国际标准与行业指南的制定；促进创新并鼓励采用符

---

1 "关于全球发展倡议数字合作的非文件"，http://www.cac.gov.cn/2022-11/08/c_1669535660689633.htm，访问时间：2023年3月15日。

2 "Cyber Defence: EU boosts action against cyber threats"，https://ec.europa.eu/commission/presscorner/detail/en/ip_22_6642，访问时间：2023年3月1日。

合国际公认安全要求的方法，避免各自为政；减少测试与评估的重复性；鼓励采用国际标准减轻网络风险；计划减少不必要的贸易和工业壁垒。[1]

14. 中国企业与南非企业签署合作备忘录助推非洲数字化升级

11月11日，中国国务院新闻办公室网站发表消息称[2]，中国移动国际有限公司（中移国际）与南非迈斯特派尔科技有限公司签署合作备忘录，双方将协作为电信、金融服务等企业构建互联网数据中心，提供解决方案。预计到2026年，非洲数据中心市场的投资将增长15%。南非迈斯特派尔科技有限公司首席执行官表示："为非洲构筑更美好的数字未来，最好的方式便是与客户以及合作伙伴建立起长期的合作关系。我们很高兴能够与中移国际协力建设数据中心基础设施，助力完善非洲数字生态，从而促进创新，提升经济韧性，拉动经济增长。"

15. 中国和东盟发布可持续发展联合声明加强数字化转型合作

11月11日，第25次中国—东盟领导人会议在柬埔寨金边举行，会议发布《关于加强中国—东盟共同的可持续发展联合声明》（ASEAN-China Joint Statement on Strengthening Common and Sustainable Development）。声明指出，双方将推进第四次工业革命和数字化转型合作，包括：智能制造和绿色工业化合作；落实《中国—东盟建设面向未来更加紧密的科技创新伙伴关系行动计划（2021—2025）》，拓展科技创新合作；落实中国东盟数字经济合作年成果，进一步加强双方在电子商务、智慧城市、人工智能、中小微企业、数字技术与应用领域人力资本开发、数字转型和网络安全等领域合作。[3]

1　"Joint statement of intent from the Agile Nations Working Group on Cyber Security for Consumer Connected Products", https://www.gov.uk/government/news/joint-statement-of-intent-from-the-for-agile-nations-working-group-on-cyber-security-for-consumer-connected-products，访问时间：2023年3月1日。

2　"中国与南非企业签署合作备忘录助推非洲数字化升级"，http://www.scio.gov.cn/31773/35507/35513/35521/Document/1733108/1733108.htm，访问时间：2023年3月3日。

3　"ASEAN-China Joint Statement on Strengthening Common and Sustainable Development", https://asean.org/asean-china-joint-statement-on-strengthening-common-and-sustainable-development/，访问时间：2023年3月1日。

16. 日本多家企业联合成立高端芯片公司

11月11日，日本政府表示将与日本电报电话公司（Nippon Telegraph and Telephone，NTT）、日本电气公司、软件银行集团公司等八家公司合资成立高端芯片公司Rapidus，未来将向该公司投资700亿日元，用于开展人工智能、智能城市建设等相关高端芯片的研发，并计划在2027年形成量产。此举目标是将Rapidus高端芯片公司打造成未来日本国内先进的芯片生产基地。[1]

17. 二十国集团领导人峰会聚焦数字化转型

11月15至16日，二十国集团领导人第十七次峰会在印度尼西亚巴厘岛召开。本次峰会主题为"共同复苏、强劲复苏"，围绕全球卫生基础设施、数字化转型和可持续的能源转型三大优先议题展开对话。中国国家主席习近平在峰会第一阶段会议上发表讲话，指出中方在二十国集团提出了数字创新合作行动计划，期待同各方一道营造开放、公平、非歧视的数字经济发展环境，缩小南北国家间数字鸿沟。[2]会议通过了《二十国集团领导人巴厘岛峰会宣言》，指出各国认识到数字互联互通以及打造有利、包容、开放、公平和非歧视的数字经济的重要性，将致力于进一步实现基于信任的数据自由流动和跨境数据流动，推进更加包容、以人民为中心、赋能和可持续的数字转型，鼓励就发展数字技能和数字素养、数字基础设施互联互通开展国际合作。

18. 中美俄首次共同参与网络安全演习

11月16至17日，东盟防长扩大会议（ASEAN Defense Minister's Meeting-Plus）网络安全专家工作组以视频方式举行第9次会议。韩国和马来西亚作为共同主席国主持会议，中国、美国、俄罗斯、日本、印度、澳大利亚、新西兰和东盟的10个成员国与会。会议内容包括跨国网络安全演习，这是中美俄首次共

---

1 "Japanese gov't and 8 leading firms launch new chip company"，https://www.chinadailyhk.com/article/299564，访问时间：2023年3月1日。

2 "习近平在二十国集团领导人第十七次峰会第一阶段会议上的讲话（全文）"，http://www.moj.gov.cn/pub/sfbgw/gwxw/ttxw/202211/t20221115_467315.html，访问时间：2023年3月1日。

同参与此类演习。16日，与会国讨论网络安全演习课题，以增强各方在网络安全领域制定和落实国防政策的能力。17日，与会国共同开展应对网络安全威胁的模拟演习。在演习中，两国组成一队，共同解决勒索软件攻击等网络安全问题。各方还将于2023年下半年在韩国开展面对面演习。[1]

19. 印度举办班加罗尔科技峰会

11月16至18日，亚洲最大的科技峰会——第25届班加罗尔科技峰会（The Bengaluru Tech Summit 2022）在印度班加罗尔软件技术园举行。峰会共吸引来自32个国家和地区的405名发言人、9356名代表、585家参展商、25738名注册嘉宾及超过5万名观众参会。峰会期间，与会各方共计签署了12份谅解备忘录。[2]印度总理纳伦德拉·莫迪在开幕致辞中表示印度将加大在基础设施建设、科技创新、准入规则改革等诸多方面的投入并鼓励青年人参与其中，同时也希望国际投资者能够继续关注印度科技发展。[3]

20. 亚太经合组织领导人非正式会议举行

11月18日，亚太经济合作组织第二十九次领导人非正式会议在泰国曼谷开幕。中国国家主席习近平在会上发表讲话指出，中方愿同有关各方全面高质量实施《区域全面经济伙伴关系协定》；将继续推进加入《全面与进步跨太平洋伙伴关系协定》和《数字经济伙伴关系协定》；强调要加强经济技术合作，加速数字化绿色化协同发展。[4]会议发表了《2022年亚太经合组织领导人宣言》（2022 Leaders' Declaration），并通过了《生物循环绿色经济曼谷目标》（Bangkok Goals on Bio-Circular-Green［BCG］Economy）文件。

1　"中美俄首次参与网络安全演习，韩媒：中美网络安全领域合作意义重大"，https://world.huanqiu.com/article/4AV5IppV9y2，访问时间：2023年3月15日。

2　"Bengaluru Tech Summit 25th edition of Bengaluru Tech Summit 2022 comes to a closure"，https://bengalurutechsummit.com/，访问时间：2023年1月30日。

3　"PM's address at the Bengaluru Tech Summit"，https://www.pmindia.gov.in/en/news_updates/pms-address-at-the-bengaluru-tech-summit/?comment=disable，访问时间：2023年1月30日。

4　"习近平出席亚太经合组织第二十九次领导人非正式会议并发表重要讲话"，http://www.gov.cn/xinwen/2022-11/18/content_5727739.htm，访问时间：2023年3月1日。

21. 印度担任新一届全球人工智能伙伴关系主席国

11月21日，印度正式担任新一届全球人工智能伙伴关系（GPAI）主席国。印度代表在致辞中表示，人工智能是当今时代推进技术进步和创新投资的主要动力，为此印度正在建立一个由开放、安全、信任和问责（trust and accountability）三大因素驱动的现代网络法律和框架生态系统。同时，印度将同GAPI成员国共同推动制定通行的国际准则或法律框架，以防止人工智能技术滥用特别是被用于犯罪，确保人工智能技术能够造福世界各国民众。[1]

延伸阅读

人工智能全球合作伙伴关系概况

人工智能全球合作伙伴关系由七国集团提议成立，在2020年正式创立，美国、法国、德国、加拿大、澳大利亚、印度、日本、韩国等15个国家是创始成员国。该组织汇集来自科学、工业、民间社会、国际组织和政府的专家，旨在推动AI从业者开展多学科研究，确定关键问题，加强国际合作，促进负责任使用人工智能。该组织设立四个专家工作组就负责任使用人工智能、数据治理、未来工作以及创新和商业化等主题开展研究与合作，并将其秘书处设在经济合作与发展组织，以促进该组织和经济合作与发展组织在人工智能问题上的协同。该组织还在法国巴黎和加拿大蒙特利尔建立两个专业知识与技术中心。

GPAI现有29个成员，分别是阿根廷、澳大利亚、比利时、巴西、加拿大、捷克、丹麦、法国、德国、印度、爱尔兰、以色列、意大利、日本、墨西哥、荷兰、新西兰、波兰、韩国、塞内加尔、塞尔维亚、新加坡、斯洛文尼亚、西班牙、瑞典、土耳其、英国、美国和欧盟。

---

1 "India takes over as Council Chair of Global Partnership on AI (GPAI) MoS Shri Rajeev Chandrasekhar represents India at the Summit", https://pib.gov.in/PressReleaseIframePage.aspx?PRID=1877739，访问时间：2023年1月31日。

该组织名义上对所有认同其价值观的国家及地区开放，每年举办一次峰会，轮换一次主席国。自成立以来，法国担任首任主席国，印度担任2023年主席国。

22. 中国公布《互联网信息服务深度合成管理规定》

11月25日，中国国家互联网信息办公室发布《互联网信息服务深度合成管理规定》，并于2023年1月10日起施行。该规定从数据和技术管理规范、监督检查与法律责任等方面提出具体要求，旨在加强互联网信息服务深度合成管理，弘扬社会主义核心价值观，维护国家安全和社会公共利益，保护公民、法人和其他组织的合法权益。[1]

23. 埃及举办第一届物联网论坛

11月27日，埃及国家电信管理局（National Telecom Regulatory Authority，NTRA）与信息技术产业发展局共同举办埃及第一届物联网服务论坛，旨在促进埃及物联网服务的发展并进一步加快埃及的数字化转型进程。此次论坛共有来自36个公共、私营和商业部门、技术制造商以及运营商的75名代表参加。论坛在培养物联网技术人才、鼓励中小企业家使用现代技术等方面达成诸多共识。[2]

延伸阅读 ———————————————————

"数字埃及"计划取得新进展

2020年10月，根据2016年所提出的"埃及2030年愿景"（Egypt Vision 2030）和埃及数字化转型战略，埃及政府正式决定启动"数字

---

1 "互联网信息服务深度合成管理规定"，http://www.cac.gov.cn/2022-12/11/c_1672221949354811.htm，访问时间：2023年3月15日。

2 "NTRA holds Egypt's first IoT Forum in presence of 75 participants"，https://www.tra.gov.eg/en/ntra-holds-egypts-first-iot-forum-in-presence-of-75-participants/，访问时间：2023年2月6日。

埃及"计划（Digital Egypt），旨在为埃及数字化转型、数字化技能、就业数字创新奠定社会基础。截至2022年，围绕"数字埃及"计划，埃及各级政府部门已先后实施包括"数字埃及平台"网站和应用程序、数字埃及司法项目、中东和非洲地区首个超级应用程序——Yalla（Super App）在内的一大批数字化战略项目。

24. 埃及推出该国首个元宇宙城市

11月30日，埃及创意公司Tutera公开宣布将正式打造埃及首个元宇宙城市——Metatut。[1] 根据公司计划，该项目设想让古埃及新王国时期第十八王朝的法老——图坦卡蒙通过现代技术回归，将打造一个描述古埃及国王生活的元宇宙城市。在元宇宙城市中，使用者可以在住房、商业、贸易、教育、娱乐等诸多领域进行各种互动，从而实现古代与现代的交融。公司在11月30日、12月12日和12月21日分三阶段陆续开放元宇宙城市的各个区域供使用者探索。

25. 中国进一步规范移动智能终端应用软件预置行为

11月30日，中国工业和信息化部、国家互联网信息办公室发布《关于进一步规范移动智能终端应用软件预置行为的通告》，旨在进一步规范移动智能终端应用软件预置行为，保护用户权益，提升移动互联网应用服务供给水平，构建更加安全、更有活力的产业生态，促进移动互联网持续繁荣发展。通告要求移动智能终端应用软件预置行为遵循依法合规、用户至上、安全便捷、最小必要的原则，落实企业主体责任，尊重并依法维护用户知情权、选择权，保障用户合法权益。[2]

---

1 "Egypt launches first city on metaverse"，https://www.al-monitor.com/originals/2022/12/egypt-launches-first-city-metaverse，访问时间：2023年2月6日。

2 "工业和信息化部 国家互联网信息办公室关于进一步规范移动智能终端应用软件预置行为的通告"，http://www.cac.gov.cn/2022-12/14/c_1672656825925035.htm，访问时间：2023年3月15日。

12月

1. 美国防部成立战略资本办公室支持下一代技术开发

12月1日，美国防部长宣布设立战略资本办公室（Office of Strategic Capital，OSC）。该办公室将与私人资本合作，帮助开发先进材料、下一代生物技术和量子科学等关键技术的"对国家安全至关重要"的技术公司获得市场转化资金，以促进规模化生产。国防部部长在声明中表示，美国正经历关键技术领导地位的全球竞争，战略资本办公室希望通过此方法帮助美国赢得这场竞争并建立持久的国家安全优势。[1]

2. 中国与阿尔及利亚签署重点领域三年（2022—2024）合作计划

12月1日，中国国家发展和改革委员会宣布，中国政府与阿尔及利亚政府正式签署《中华人民共和国政府与阿尔及利亚民主人民共和国政府关于重点领域三年（2022—2024）合作计划》。合作计划主要聚焦于重点领域投资合作，是积极推进中阿共建"一带一路"倡议的重要举措。中国国家发展和改革委员会将与阿尔及利亚外交和海外侨民部建立指导委员会，共同向两国企业推介交通、能源矿产、制造业及研发、信息技术、金融服务、医疗服务六个重点领域潜在合作项目。双方将按照"企业主体、政府引导、商业运作和互利共赢"原则推动合作计划实施，鼓励两国企业和金融机构在上述优先项目的研究、实施和运营等阶段开展合作，不断增进两国友好合作关系，促进互利共赢、共同发展。[2]

延伸阅读

阿尔及利亚颁布新投资法吸引外国企业投资

2022年7月，阿尔及利亚正式颁布新投资法，以刺激阿尔及利亚自

1　"Secretary of Defense Establishes Office of Strategic Capital"，https://www.defense.gov/News/Releases/Release/Article/3233377/secretary-of-defense-establishes-office-of-strategic-capital/，访问时间：2023年3月1日。

2　"中国与阿尔及利亚签署重点领域三年（2022—2024）合作计划"，https://www.ndrc.gov.cn/fzggw/jgsj/wzs/sjjdt/202212/t20221208_1343423.html，访问时间：2023年2月2日。

然资源、技术转让、创造就业机会和出口能力的发展。根据投资自由、透明和平等原则，阿尔及利亚政府积极鼓励外国企业赴阿投资。为此，阿政府将整合已有资源，将国家支持投资署更改为国家投资促进署以负责相关投资活动。该署还将为投资者创建数字平台以推动投资流程数字化。此外，阿尔及利亚还将建立一个隶属于共和国总统府，负责处理投资者提出的投诉和诉讼的高级别机制来保护投资者免受不平等待遇。

---

3. 美国防部资助美国太空探索技术公司开发"星盾"项目

12月2日，美国太空探索技术公司正式发布名为"星盾"的卫星互联网项目。该项目由美国国防部出资，太空探索技术公司负责卫星的制造、发射和后期运营服务，计划在近地轨道上部署超过1.5万颗卫星，为军队提供数据加密传输、战场信息感知等多项功能。"星盾"可看作太空探索技术公司"星链"项目的军用版本。[1]

4. 美国和以色列举行第七届"网络穹顶"联合演习

12月4日，美国和以色列联合举行第七届"网络穹顶"联合演习（Cyber Dome），共同训练如何应对信息威胁。该演习为期五天，训练网络位于美国网络司令部为专用网络靶场环境设立的训练服务器上，旨在模拟现实世界威胁、同步网络操作并建立互操作性。[2]

5. 美国与澳大利亚强调合作确保信息通信技术安全

12月6日，美国与澳大利亚举行年度澳美部长级磋商会议并发表联合声明，

---

1 "从'星链'到'星盾'，美图谋太空霸权野心昭然若揭"，http://www.xinhuanet.com/mil/2022-12/22/c_1211711522.htm，访问时间：2023年3月1日。

2 "U.S., Israeli cyber forces build partnership, interoperability during exercise Cyber Dome VII", https://www.army.mil/article/262622/u_s_israeli_cyber_forces_build_partnership_interoperability_during_exercise_cyber_dome_vii，访问时间：2023年3月1日。

强调美国和澳大利亚共同致力于支持信息和通信技术生态系统的安全，并将其作为扩大连通性和弥合数字鸿沟的重要基础。双方将促进供应商多元化和创新，在印太地区和全球建立更具弹性的供应链。双方还讨论了关于5G/开放无线网接入（Open RAN）、标准和供应链等主题的公私合作伙伴关系。[1]

6. 美国马里兰州宣布禁用TikTok等应用软件

12月6日，美国马里兰州州长宣布一项紧急网络安全指令，以网络安全风险为由，要求该州政府部门禁止使用TikTok等中国应用软件。根据该指令，国家机构必须从国家网络中移除任何此类产品。各机构还需要采取措施，防止这些产品的再次安装，并将制定基于网络的限制措施，防止使用或访问被禁止的服务。[2]

7. 英国和日本建立数字合作伙伴关系

12月7日，日本总务省、经济产业省、数字厅和英国数字、文化、传媒和体育部正式建立数字合作伙伴关系，将聚焦数字基础设施和技术、数据、数字监管和标准及数字化转型方面的合作。在数字基础设施和技术方面，双方将在电信多元化、提高网络韧性、半导体、人工智能领域开展合作，如提升5G供应链多样性、联合开发开放式无线接入网络、交流网络安全最佳实践、开展半导体研发合作、加强人工智能技术标准协调等。在数据方面，支持基于信任的数据自由流动，加强监管合作及数据创新。在数字监管和标准方面，加强在线安全保护政策及技术合作，交流数字市场监管最佳实践，采取措施协调技术标准制定，以多利益相关方为导向加强互联网治理合作。在数字化转型方面，加强数字政府转型合作及促进数字身份标准兼容性和互操作性。[3]

1　"Joint Statement on Australia-U.S. Ministerial Consultations (AUSMIN) 2022"，https://www.state.gov/joint-statement-on-australia-u-s-ministerial-consultations-ausmin-2022/，访问时间：2023年3月1日。

2　"Maryland Gov. Larry Hogan Bans TikTok in State Government"，https://www.nbcwashington.com/news/local/maryland-gov-larry-hogan-bans-tiktok-in-state-government/3226946/，访问时间：2023年3月1日。

3　"UK-Japan Digital Partnership"，https://www.gov.uk/government/publications/uk-japan-digital-partnership/uk-japan-digital-partnership，访问时间：2023年12月20日。

8.国际互联网协会发布2023年行动计划

12月7日，国际互联网协会发布2023年行动计划——《我们的互联网，我们的未来：保护今天和明天的互联网》（Our Internet, Our Future: Protecting the Internet for Today and Tomorrow）。行动计划主要包括三大部分：一是强化互联网，涉及增强加密、确保全球路由安全、分享前沿知识、避免互联网碎片化等；二是促进互联网增长，涉及连接未连接人群、培育可持续的基础设施、支持可持续技术社群；三是保障互联网重点资源安全、促进互联网人才培养等。[1]

9.ICANN向董事会呈交针对新通用顶级域的《运营设计评估》

12月12日，互联网名称与数字地址分配机构（ICANN）向董事会呈交了新通用顶级域后续流程运营设计阶段的最终成果——《运营设计评估》（Operational Design Assessment，ODA）报告。ODA旨在帮助ICANN董事会审议《新通用顶级域后续流程政策制定流程最终报告》中通用名称支持组织提出的政策建议。按照通用顶级域后续流程运营设计阶段范畴限定文件中所述，ICANN评估了依赖条件、潜在风险、预计资源需求、预期成本、时间表、各种假设、与《全球公共利益框架》的互动，以及与可能实施最终报告的300多项成果有关的其他事项。[2]

10.电气与电子工程师协会发布《科技对2023年及未来的影响》报告

12月12日，电气与电子工程师协会发布《IEEE全球调研：科技对2023年及未来的影响》调查结果。在本年度的全球调研中，通过对来自美国、英国、中国、印度和巴西五个国家共350位各行业的首席技术官、首席信息官和信息技术总监等行业及技术领袖进行访问，展望2023年及未来的科技发展趋

1　"Our Internet, Our Future: Protecting the Internet for Today and Tomorrow"，https://www.internetsociety.org/wp-content/uploads/2022/12/Internet-Society-Action-Plan-2023-EN.pdf，访问时间：2023年12月20日。

2　"ICANN Delivers Operational Design Assessment of SubPro Recommendations to Board"，https://www.icann.org/en/announcements/details/icann-delivers-operational-design-assessment-of-subpro-recommendations-to-board-12-12-2022-en，访问时间：2023年12月20日。

势。调研结果显示[1]，云计算（40%）、5G（38%）、元宇宙（37%）、电动汽车（35%）以及工业物联网（33%）将成为影响2023年最重要的技术；而无线通信（40%）、汽车及交通运输（39%）、能源（33%）以及金融服务业（33%）将会成为2023年受技术发展影响最深远的行业领域。[2]

11. ICANN升级根区管理系统

12月13日，互联网名称与数字地址分配机构通过互联网号码分配机构（Internet Assigned Numbers Authority，IANA）对根区管理系统进行重大升级，以更好地适应未来需求。升级后的新功能包括：顶级域经理人能够授权更多人员定制授权级别并与互联网号码分配机构展开互动；同时可以灵活地定制配置，以提高安全性。其他改进包括：允许同时提出多个请求，以及通过新的应用编程接口简化批量更新。[3]

12. 欧盟发布提高境内共同网络安全措施的指令

12月14日，欧洲议会和欧洲理事会发布关于在联盟境内采取共同网络安全措施的指令（EU）2022/2555（NIS 2.0），废除《网络和信息系统安全规则》（EU）2016/1148。新的立法扩大实体管辖范围，能源、交通、银行、金融市场基础设施、饮用水、废水、医疗保健和数字基础设施、信息通信技术服务管理、公共行政、空间、邮政和快递服务、废物管理、化学品的生产和分销、重要制造业、数字服务商、研究组织等供应商均被纳入管辖。指令将供应商分为重要实体和基本实体，要求所有实体在24小时内报告网络安全事件、修补软件漏洞和准备风险管理措施。如果不遵守规定，基本实体将罚款年营业额的2%，重要实体最高罚款为年营业额的1.4%。[4] 指令在2023年1月16日正式生效，成员国必须在指令生效后的21个月内将指令规定纳入国家法律。

1　"The Impact of Technology in 2023 and Beyond: an IEEE Global Study"，https://life.ieee.org/the-impact-of-technology-in-2023-and-beyond-an-ieee-global-study/，访问时间：2023年12月20日。

2　括号中比例体现参与调研的受访者投票情况。

3　"ICANN Launches Root Zone Management System Upgrade"，https://www.icann.org/en/announcements/details/icann-launches-root-zone-management-system-upgrade-13-12-2022-en，访问时间：2023年12月30日。

4　"EUR-Lex-32022L2555-EN-EUR-Lex"，https://eur-lex.europa.eu/eli/dir/2022/2555，访问时间：2023年3月2日。

13. 欧盟发布《欧洲数字权利与原则宣言》

12月15日，欧盟委员会、欧洲议会和欧盟理事会共同签署了《欧洲数字权利与原则宣言》（European Declaration on Digital Rights and Principles），确立了欧盟及其成员国数字转型的主要实施原则，为欧盟《2030数字指南针：欧洲数字十年之路》（2030 Digital Compass：the European Way for the Digital Decade）计划的实施提供指导。宣言指出，欧盟的数字化转型须以人为中心；强调数字化转型中的团结和包容；重申选择自由和公平的数字环境的重要性；提出促进公民在数字公共空间的参与性；指出要加强数字环境中的安全、安保建设，特别强调儿童和青年应享有的保护和权利；明确要推动数字产品和服务的可持续性发展。[1]

14. 美国与韩国举行网络安全会议

12月15日，美国和韩国官员举行第六次美韩网络政策磋商会议（The 6th U.S.-ROK Cyber Policy Consultations）。双方探讨交流网络政策情况，提出要改善关键基础设施韧性和防护水平，提升互联网互操作水平、安全性和可靠性，特别是应对来自朝鲜的网络威胁。[2]

15. 美国与韩国举行第三次商用太空对话

12月16日，美国与韩国举行第三次美韩商用太空对话（Third United States-Republic of Korea Civil Space Dialogue），内容涉及外层空间可持续利用、空间政策和治理、商业空间活动、空间技术、卫星导航系统和地球观测。此外，双方讨论了太空探索和科学领域的合作，包括阿尔忒弥斯计划、国际空间站、商业月球有效载荷服务以及侧重于民用海域的太空活动等。两国计划在2023年美韩同盟成立70周年之际加强联盟，进一步扩大双边太空合作。[3]

---

1 "Digital Rights and Principles: Presidents of the Commission, the European Parliament and the Council sign European Declaration", https://ec.europa.eu/commission/presscorner/detail/en/ip_22_7683，访问时间：2023年3月1日。

2 "The 6th U.S.-Republic of Korea Cyber Policy Consultations", https://www.state.gov/the-6th-u-s-republic-of-korea-cyber-policy-consultations/，访问时间：2023年3月1日。

3 "Third United States-Republic of Korea Civil Space Dialogue", https://www.state.gov/third-united-states-republic-of-korea-civil-space-dialogue/，访问时间：2023年3月1日。

16. 日本新安保文件允许网络防御"先发制人"

12月17日，日本在最新修改的安保文件中纳入加强太空、网络、电磁波等"新领域"的防卫能力。文件首次引入"能动性网络防御"，指可以入侵敌方服务器或解除其破坏力的一种防御。围绕网络领域，文件提出"使应对能力提升至与欧美主要国家同等及以上水平"，并把"内阁网络安全中心"进行扩充改组；此外还将大幅加强自卫队的网络应对能力。[1]

17. 德国、法国和荷兰加大量子领域合作

12月19日，德国、法国和荷兰共同签署《量子技术合作联合声明》，意在加强三方量子生态间的协作，并构建适合人才发展的国际环境。三方希望定期举行会面，就量子技术的研究、教育、政策和实施等最新进展交换意见，持续探索在量子领域有效协作的可能性；同时加强政策和资金投入的一致性。[2]

18. 韩国发布"印太战略"细则

12月28日，韩国政府公开《自由·和平·繁荣的印度太平洋战略》（Strategy for Free, Peaceful, Prosperous Indo-Pacific）最终版本。文件列出多项重点任务，包括：构建以规则和规范为基础的秩序；强化尖端科技领域合作与消除区域数字鸿沟；加强地区间发展与合作伙伴关系；促进人文交流等。此外，该战略文件提出"韩国—东盟团结倡议"，计划在电动汽车和数字技术领域加强与他国的数字贸易合作。这是韩国首次制定区域外交战略，该战略还强调应与中国保持合作，共同实现区域和平与繁荣。[3]

---

1 "日媒：日本新安保文件允许网络防御'先发制人'"，http://www.news.cn/mil/2022-12/20/c_1211710638.htm，访问时间：2023年3月2日。

2 "THE NETHERLANDS, FRANCE AND GERMANY INTEND TO JOIN FORCES TO PUT EUROPE AHEAD IN THE QUANTUM TECH"，https://quantumdelta.nl/news/the-netherlands-france-and-germany-intend-to-join-forces-to-put-europe-ahead-in-the-quantum-tech-race，访问时间：2023年5月25日。

3 "S. Korea unveils details of Indo-Pacific strategy"，https://en.yna.co.kr/view/AEN20221228003000315，访问时间：2023年3月1日。

19. 阿根廷批准《可靠和智能电信服务总则》

12月28日，阿根廷国家通信局正式批准《可靠和智能电信服务总则》，进一步规范5G频谱分配。此外，阿根廷国家通信局将批准九个连接项目，并制订"农村地区公共机构互联网基础设施发展计划"，通过卫星和无线互联网为农村地区的公共教育、卫生和安全机构提供更优质网络服务。[1]

延伸阅读

阿根廷《人工智能国家计划》

2019年，阿根廷政府正式公布为期十年的《人工智能国家计划》（El Plan Nacional de Inteligencia Artificia）。该计划由阿根廷科技创新部总体负责，多部门参与，计划在十年内通过制定符合道德和法律原则的人工智能系统设计指南、鼓励发展人工智能科技创新能力、积极培养一批人工智能领域优秀人才、开展跨部门跨行业跨国多层次合作等方式，创造有利于人工智能技术发展的外部条件，积极巩固与人工智能领域相关的各项基础设施，努力实现包容性和可持续性的人工智能发展，进而深挖阿根廷经济潜力。2022年年底，阿根廷科技创新部宣布，阿根廷计划在2023年春正式投入一台耗资约8.85亿阿根廷比索（约合人民币1835.47万元）、提供约15.7PB的峰值吞吐量的全新超级计算机。该超级计算机将由国家气象局托管并用于药物开发、生物信息、数据科学、人工智能、大气建模等科学目的。

1　"Rules for 5G technology approved by Argentine authorities—MercoPress"，https://en.mercopress.com/2022/12/28/rules-for-5g-technology-approved-by-argentine-authorities，访问时间：2023年2月17日。

名词附录

[说明：1.按中文拼音排序；2.本附录顺序为部门、机构、国际组织、行业组织及多边机制等，宣言、战略规划、法案等文件，互联网平台、媒体、企业分类，其他名词，国家。]

部门、机构、国际组织、行业组织及多边机制等

宣言、战略规划、法案等文件

互联网平台、媒体、企业分类

人名

其他名词

后　记

知古可以鉴今，察往可以知来。在中共中央网络安全和信息化委员会办公室的指导下，中国网络空间研究院连续两年牵头编纂《网络空间全球治理大事长编》，旨在客观反映2022年度全球互联网重点领域发展新情况、新动态，为业内研究人员提供一份可借鉴的史料，为关注网络空间国际治理的人士提供一些有价值的思考和启示。

《网络空间全球治理大事长编（2022）》（下称《长编》）对2022年以来网络空间全球治理领域的重要事件、重要法案、重要会议等进行了全景式记录和解析，并尝试在客观记录的过程中，挖掘和探讨网络空间全球治理领域中的规律性问题，以及未来可能面临的挑战和机遇。《长编》总体延续第一本的体例和框架，重点梳理联合国网络空间治理、数字货币治理、数据治理、平台发展与治理、网络空间供应链产业链调整等领域的发展变化情况，着重展示美欧网络空间竞争与合作及俄乌网络冲突最新进展，并择要收录了2022年度网络空间全球治理大事记。我院网络国际问题研究所（原国际治理研究所）参考了大量国内外媒体报道、政府文件以及学术研究报告，进行了多次审校和修订，力求确保本书内容的客观性、准确性和权威性。

本书的编纂得到了各方的支持和帮助。中国网络空间研究院成立编委会，由网络国际问题研究所牵头，组织来自中国社会科学院、对外经贸大学、北京邮电大学、中国传媒大学、中国人民公安大学、四川外国语大学、中国国际问题研究院、中国信息通信研究院、伏羲智库、国家计算机网络应急处理协调中心黑龙江分中心等机构专家学者共同编撰。

参与编写的人员包括：中国网络空间研究院夏学平、宣兴章、李颖新、钱贤良、刘颖、江洋、叶蓓、沈瑜、蔡杨、邓珏霜、李阳春、龙青哲、宋首友、杨笑寒、刘超超、王奕彤、廖瑾、李博文、程义峰、姜伟、邹潇湘、姜淑丽、李灿、王猛、吴晓璐，中国传媒大学徐培喜、王同媛，对外经贸大学周念利，中国信息通信研究院刘越，北京邮电大学李宏兵、翟瑞瑞，中国人民公安大学韩娜、杨关生、景一珈，中国国际问题研究院袁莎，中国社会科学院张誉馨，四川外国语大学朱天祥、谢乐天、王敏、全蕙霖，国家计算机网络应急处理协调中心黑龙江分中心潘宏远，伏羲智库杨晓波、李娜，中国现代国际关系研究院李建钢。

参与本书资料收集和编译的学生包括：北京邮电大学孙丽棠、韦婕、常绮倩、谷瀛蔓、李淼、李爽，对外经贸大学于美月、李思蕙、刘志龙、孙乐妍、刘志龙、王达，中国传媒大学彭菲、刘鹏、李嘉宜、张梦莹，中国人民公安大学杨振楠、孙颖等。

在全书编写过程中，中国现代国际关系研究院张力、中国社科院郎平、中国国际经济交流中心张茉楠、北京邮电大学闫丹凤、北京邮电大学谢永江、中国国际问题研究院徐龙第、国务院发展研究中心李苍舒、中国科学院金钟等专家对本书的编辑和审改工作提供了很多宝贵意见。谨在此对全体参与者表示衷心的感谢。

《长编》一书的顺利出版离不开社会各界的支持和帮助，特别感谢商务印书馆编辑团队对本书的辛勤付出。鉴于该书涉及面广、编写者经验和能力有限，编辑出版工作浩繁，不足与疏漏在所难免，敬请各界人士批评指正，以便我们在今后工作中改进完善。

中国网络空间研究院